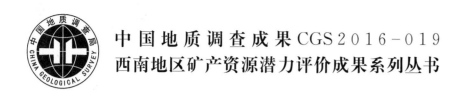

中国地质调查成果 CGS2016-019
西南地区矿产资源潜力评价成果系列丛书

中国西南地区重磁场特征及地质应用研究

ZHONGGUO XINAN DIQU ZHONGCICHANG TEZHENG JI DIZHI YINGYONG YANJIU

李 富 曾琴琴 王永华 焦彦杰 等编著

内容提要

本书是基于"西南地区矿产资源潜力评价"工作的重要成果之一。在收集前人调查成果的基础上，对西南地区重磁资料进行集成、处理与分析，编制了西南地区重磁系列图件，对重磁场异常特征进行划分。对西南地区上扬子、西南三江等重要成矿带重磁异常特征进行分析，并提出一些新认识。利用重磁梯度、位场谱分析等数据处理新方法、新技术，对构造、岩体和盆地展布特征进行识别，推断了西南地区构造、岩浆岩体及盆地的分布位置，并对重要断裂、盆地的重磁场特征进行了描述。针对西南地区存在的基础地质问题，如康滇地轴延伸状况、龙门山断裂构造带地壳结构等认识开展深入研究，为区内地质问题研究提供了重磁参考资料。根据西南地区的磁性矿产分布特征及资源量预测方法，进行了磁性矿产资源量预测，评估了西南地区磁性矿产资源潜力。结合西南地区物探应用实例，探讨了重力、磁法和电法等综合地球物理方法技术在西南地区铁、铜、铅锌和金等典型矿床调查评价中的应用效果。本书可供从事地质、物探、化探等相关专业的科研、生产和教学人员参考。

图书在版编目（CIP）数据

中国西南地区重磁场特征及地质应用研究/李富等编著. —武汉：中国地质大学出版社，2016.11.
（西南地区矿产资源潜力评价成果系列丛书）

ISBN 978-7-5625-3936-0

Ⅰ.①中…
Ⅱ.①李…
Ⅲ.①成矿带-重磁场-研究-西南地区
Ⅳ.①P31

中国版本图书馆 CIP 数据核字（2016）第 281933 号

| 中国西南地区重磁场特征及地质应用研究 | 李 富 曾琴琴 王永华 焦彦杰 等编著 |

| 责任编辑：李 晶 | 选题策划：刘桂涛 | 责任校对：张咏梅 |

出版发行：中国地质大学出版社（武汉市洪山区鲁磨路388号）　　邮编：430074
电　　话：(027) 67883511　　传真：(027) 67883580　　E-mail：cbb@cug.edu.cn
经　　销：全国新华书店　　　　　　　　　　　　　　　　　http://www.cugp.cug.edu.cn

开本：880毫米×1230毫米 1/16　　　　字数：451千字　　印张：14.25
版次：2016年11月第1版　　　　　　　印次：2016年11月第1次印刷
印刷：武汉中远印务有限公司　　　　　印数：1—1000册

ISBN 978-7-5625-3936-0　　　　　　　　　　　　　　　　定价：196.00元

如有印装质量问题请与印刷厂联系调换

《西南地区矿产资源潜力评价成果系列丛书》
编委会

主　　任：丁　俊　　秦建华

委　　员：尹福光　廖震文　王永华　张建龙　刘才泽　孙　洁

　　　　　刘增铁　王方国　李　富　刘小霞　张启明　曾琴琴

　　　　　焦彦杰　耿全如　范文玉　李光明　孙志明　李奋其

　　　　　祝向平　段志明　王　玉

《中国西南地区重磁场特征及地质应用研究》
编委会

编写人员： 李 富　曾琴琴　王永华　焦彦杰　杨 剑　李 华

　　　　　李明雄　陈元坤　姚 炼　朱大友　范小平　杨 荣

　　　　　计克谦　王 桥　吴文贤　张 伟

序

中国西南地区雄踞青藏造山系南部和扬子陆块西部。青藏造山系是最年轻的造山系，扬子陆块是最古老的陆块之一。从地质年代来讲，最古老到最年轻是一个漫长的地质历史过程，其间经历过多期复杂的地质作用和丰富多彩的成矿过程。从全球角度看，中国西南地区位于世界三大巨型成矿带之一的特提斯成矿带东段，称为东特提斯成矿域。中国西南地区孕育着丰富的矿产资源，其中的西南三江、冈底斯、班公湖-怒江、上扬子等重要成矿区带都被列为全国重点勘查成矿区带。

《西南地区矿产资源潜力评价成果系列丛书》主要是在"全国矿产资源潜力评价"计划项目（2006—2013）下设工作项目——"西南地区矿产资源潜力评价与综合"（2006—2013）研究成果的基础上编著的。诸多数据、资料都引用和参考了 1999 年以来实施的"新一轮国土资源大调查专项""青藏专项"及相关地质调查专项在西南地区实施的若干个矿产调查评价类项目的成果报告。

该套丛书包括：

《中国西南区域地质》

《中国西南地区矿产资源》

《中国西南地区重要矿产成矿规律》

《西南三江成矿地质》

《上扬子陆块区成矿地质》

《西藏冈底斯-喜马拉雅地质与成矿》

《西藏班公湖-怒江成矿带成矿地质》

《中国西南地区地球化学图集》

《中国西南地区重磁场特征及地质应用研究》

这套丛书系统介绍了西南地区的区域地质背景、地球化学特征和找矿模型、重磁资料和地质应用、矿产资源特征及区域成矿规律，以最新的成矿理论和丰富的矿床勘查资料深入地研究了西南三江地区、上扬子陆块区、冈底斯地区、班公湖-怒江地区的成矿地质特征。

《中国西南区域地质》对西南地区成矿地质背景按大地构造相分析方法，编制了西南地区 1∶150 万大地构造图，并明确了不同级别构造单元的地质特征及其鉴别标志。西南地区大地构造五要素图及大地构造图为区内矿产总结出不同预测方法类型的矿产的成矿规律，为矿产资源潜力评价和预测提供了大地构造背景。同时对一些重大地质问题进行了研究，如上扬子陆块基底、三江造山带前寒武纪地质，秦祁昆造山带与扬子陆块分界线、保山地块归属、南盘江盆地归属，西南三江地区特提斯大洋两大陆块的早古生代增生造山作用。对西南地区大地构造环境及其特征的研究，为成矿地质背景和成矿地质作用研究建立了坚实的成矿地质背景基础，为矿产预测提供了评价的依据，为基础地质研究服务于矿产资源潜力评价提供了示范。为西南地区各种尺度的矿产资源潜力评价和成矿预测提供了全新的地质构造背景，已被有关矿产资源勘查决策部门应用于潜力评价和成矿预测，并为国家找矿突破战略行动、整装勘查部署，国土规划编制、重大工程建设和生态环境保护以及政府宏观决策等提供了重要的基础资料。这是迄今为止应用板块构造理论及从大陆动力学视角观察认识西南地区大地构造方面最全面系统的重大系列成果。

《中国西南地区矿产资源》对该区非能源矿产资源进行了较为全面系统的总结,分别对黑色金属矿产、有色金属矿产、贵金属矿产、稀有稀土金属矿产、非金属矿产等47种矿产资源,从性质用途、资源概况、资源分布情况、勘查程度、矿床类型、重要矿床、成矿潜力与找矿方向等方面进行了系统全面的介绍,是一部全面展示中国西南地区非能源矿产资源全貌的手册性专著。

《中国西南地区重要矿产成矿规律》对区内铜、铅、锌、铬铁矿等重要矿产的成矿规律进行了系统的创新性研究和论述,强化了区域成矿规律综合研究,划分了矿床成矿系列。对西南地区地质历史中重要地质作用与成矿,按照前寒武纪、古生代、中生代和新生代4个时期,从成矿构造环境与演化、重要矿产与分布、重要地质作用与成矿等方面进行了系统的研究和总结,并提出或完善了"扬子型"铅锌矿、走滑断裂控制斑岩型矿床等新认识。

该套丛书还对一些重点成矿区带的成矿特征进行了详细的总结,以区域成矿构造环境和成矿特色,对上扬子地区、西南三江(金沙江、怒江、澜沧江)地区、冈底斯地区和班公湖-怒江4个地区的重要矿集区的矿产特征、典型矿床、成矿作用与成矿模式等方面进行了系统研究与全面总结。按大地构造相分析方法全面系统地论述了区域地质背景,重新厘定了地层、构造格架,详细阐述了成矿的区域地球物理、地球化学特征;重新划分了区域成矿单元,详细论述了各单元成矿特征;论述了重要矿集区的成矿作用,包括主要矿产特征、典型矿床研究、成矿作用分析、资源潜力及勘查方向分析。

《西南三江成矿地质》以新的构造思维全面系统地论述了西南三江区域地质背景,重新厘定了地层、构造格架,详细阐述了成矿的区域地球物理、地球化学特征;重新划分了区域成矿单元;重点论述了若干重要矿集区的成矿作用,包括地质简况、主要矿产特征、典型矿床、成矿作用分析、资源潜力及勘查方向分析;强化了区域成矿规律的综合研究,划分了矿床成矿系列;根据洋-陆构造体制演化特征与成矿环境类型、成矿系统主控要素与作用过程、矿床组合与矿床成因类型等建立了成矿系统;揭示了控制三江地区成矿作用的重大关键地质作用。该研究对部署西南三江地区地质矿产调查工作具有重要的指导意义。

《上扬子陆块区成矿地质》系统论述了位于特提斯-喜马拉雅与滨太平洋两大全球巨型构造成矿域结合部位的上扬子陆块成矿地质。其地质构造复杂,沉积建造多样,陆块周缘岩浆活动频繁,变质作用强烈。一系列深大断裂的发生、发展,对该区地壳的演化起着至关重要的控制作用,往往成为不同特点地质结构岩块(地质构造单元)的边界条件,与它们所伴生的构造成矿带,亦具有明显的区带特征。较稳定的陆块演化性质的地质背景,决定了该地区矿床类型以沉积、层控、低温热液为显著特点,并在其周缘构造-岩浆活动带背景下形成了与岩浆-热液有关的中高温矿床。区内的优势矿种铁、铜、铅、锌、金、银、锡、锰、钒、钛、铝土矿、磷、煤等在我国占有重要地位。目前已发现有色金属、黑色金属、贵金属和稀有金属矿产地1494余处,为社会经济发展提供了大量的矿产资源。

《西藏冈底斯-喜马拉雅地质与成矿》对冈底斯、喜马拉雅成矿带"十二五"以来地质找矿成果进行了系统的总结与梳理。结合新的认识,按照岩石建造与成矿系列理论,将冈底斯-喜马拉雅成矿带划分为南冈底斯、念青唐古拉和北喜马拉雅3个Ⅳ级成矿亚带,对各Ⅳ级成矿亚带在特提斯演化和亚洲-印度大陆碰撞过程中的关键建造-岩浆事件与成矿系统进行了深入的分析与研究，同时对 16 个重要大型矿集区的成矿地质背景、成矿作用、成矿规律与找矿潜力进行了总结，建立了冈底斯成矿带主要矿床类型的区域预测找矿模型和预测评价指标体系，并采用 MRAS 资源评价系统对其开展了成矿预测，圈定了系列的找矿靶区，对指导区域找矿和下一步工作部署有着重要意义。

《西藏班公湖-怒江成矿带成矿地质》对班公湖-怒江成矿带成矿地质进行系统总结。班公湖-怒江成矿带是青藏高原地质矿产调查的重点之一。近年来，先后在多不杂、波龙、荣那、拿若发现大型富金斑岩铜矿，在尕尔穷和嘎拉勒发现大型矽卡岩型金铜矿，在弗野发现矽卡岩型富磁铁矿和铜铅锌多金属矿床等。这些成矿作用主要集中在班公湖-怒江结合带南、北两侧的岩浆弧中，是班公湖-怒江成矿带特提斯洋俯冲、消减和闭合阶段的产物。目前的班公湖-怒江成矿带指的并不是该结合带的本身，而主要是其南、北两侧的岩浆弧。研究发现，班公湖-怒江成矿带北部、南部的日土-多龙岩浆弧和昂龙岗日-班戈岩浆弧分别都存在东段、西段的差异，表现在岩浆弧的时代、基底和成矿作用类型等方面都各具特色。

《中国西南地区地球化学图集》在全面收集 1∶20 万、1∶50 万区域化探调查成果资料的基础上，利用海量的地球化学数据，进行了系统集成与编图研究，编制了铜、铅、锌、金、银等 39 种元素（含常量元素氧化物）的地球化学图和异常图等图件，实现青藏高原区域地球化学成果资料的综合整装，客观展示了西南地区地球化学元素在水系沉积物中的区域分布状况和地球化学异常分布规律。该图集的编制，为西南地区地质矿产的展布规律及其找矿方向提供了较精准的战略方向。

《中国西南地区重磁场特征及地质应用研究》在收集与总结前人资料的基础上，对西南地区重磁数据进行集成、处理和分析，编制了西南地区重磁基础与解释图件，实现了中国西南区域重磁成果资料的综合整装。利用重磁异常的梯度、水平导数等边界识别的新方法和新技术，对西南三江、上扬子、班公湖-怒江和冈底斯等重要矿集区的重磁数据进行处理，对异常特征进行分析和解释；利用区域重磁场特征对断裂构造、岩体进行综合推断和解释，对主要盆地的重磁场特征进行分析和研究。针对西南地区存在的基础地质问题，论述了重磁资料在康滇地轴、龙门山等重要地质问题研究中的应用与认识。同时介绍了西南地区物探资料在铁、铜、铅、锌和金等矿矿产资源潜力评价中的应用效果。

中国西南地区蕴藏着丰富的矿产资源，加强该区的地质矿产勘查和研究工作，对于缓解国家资源危机、贯彻西部大开发战略、繁荣边疆民族经济和促进地质科学发展均具有重要的战略意义。该套丛书系统收集和整理了西南地区矿产勘查与研究，并对所获得的海量的矿床学资料、成矿带的地质背景和矿床类型进行了总结性研究，为区域矿产资源勘查评价提供了重要资料。自然科学研究的重大突破和发现，都凝聚着一代又一代研究者的不懈努力及卓越成就。中国西南地区矿产资源潜力评价成果的集成和综合研究，必将为深化中国西南地区成矿地质背景、成矿规律与成矿预测研究、矿产资源勘查和开发与社会经济发展规划提供重要的科学依据。

该丛书是一套关于中国西南地区矿产资源潜力的最新、最实用的参考书，可供政府矿产资源管理人员、矿业投资者，以及从事矿产勘查、科研、教学的人员和对西南地区地质矿产资源感兴趣的社会公众参考。

编委会
2016 年 1 月 26 日

前　言

国土资源部于2007年发出《关于开展全国矿产资源潜力评价工作的通知》，部署开展全国矿产资源潜力评价工作，目的是通过全面系统总结我国地质调查和矿产勘查工作成果，全面系统掌握矿产资源现状，科学评价矿产资源潜力，建立真实准确的矿产资源数据，为实现找矿重大突破提供科学依据。"西南地区矿产资源潜力评价"是"全国矿产资源潜力评价"计划项目的下设工作项目，承担单位是中国地质调查局成都地质调查中心、重庆地质矿产研究院、四川省地质调查院、西藏自治区地质调查院、贵州省地质调查院、云南省地质调查局。项目起止时间为2006—2013年，计划项目实施单位是中国地质科学院矿产资源研究所。

《西南地区重磁场特征及地质应用研究》是基于"西南地区矿产资源潜力评价"项目工作的重要内容之一。本书主要任务目标是在收集与总结前人资料的基础上，对西南地区重磁数据进行集成、处理和分析，编制西南地区重磁基础与解释图件，西南地区重力、航磁和地磁工作程度图3张，重磁基础图件5张，重磁推断成果图件4张。对西南地区的重磁场进行了分区，并对各区的重磁场特征进行了详细的描述。对西南三江、上扬子等重要矿集区的重磁异常特征进行分析，利用西南地区重磁场特征对断裂构造、岩体进行综合推断解释，对主要盆地的重磁场特征进行研究。论述了重磁资料在康滇地轴、龙门山等重要地质问题的应用与认识，预测了西南地区磁性矿产资源量；介绍了物探资料在铁、铜和铅锌等矿资源潜力评价中的应用效果。

本书由5章共17节组成，由中国地质调查局成都地质调查中心主持完成。主编李富，副主编曾琴琴、王永华；李富负责统稿与校核本书全稿。第一章、第二章第一节由李富完成，第二章第二、三、四节由曾琴琴、李富、王永华完成，第三章、第四章由曾琴琴、李富、王永华、焦彦杰、李明雄、陈元坤、朱大友、范小平、姚炼、杨荣、计克谦等完成。第五章由李富、曾琴琴、杨荣、李明雄、陈元坤、焦彦杰、杨剑、李华、王桥、张伟、吴文贤等完成。

在成书的过程中，得到了《西南地区矿产资源潜力评价成果系列丛书》编委和全国重力汇总组、全国磁测汇总组、兄弟大区物探项目组、西南五省（区、市）物探课题组等各级领导的关心与支持，在此深表感谢；同时对范正国、张明华、乔计花、曾春芳、孙中任、袁平、赵牧华、刘宽厚、冯治汉、赵更新等专家的技术指导，对周平、周道卿、张洪瑞、杨雪等提供的帮助以及其他课题组成员的大力支持，在此一并表示衷心的感谢！

本书引用了四川省地质调查院、云南省地质调查院、贵州省地质调查院、西藏自治区地质调查院和重庆市地质矿产研究所等矿产资源潜力评价项目的最新资料。在编写过程中，引用了国内外很多学者、专家的研究资料，在主要参考文献中已尽量予以了全部标注，如有遗漏，请有关单位与作者谅解。

本书可供从事物探、地质、化探等相关专业的生产、教学、研究人员参考。由于我们经验不足，水平有限，书中的不足之处在所难免，望读者批评指正。

编著者
2016年10月

目 录

第一章 绪 论 (1)
  第一节 自然地理及地质工作程度概况 (1)
    一、自然地理概况 (1)
    二、地质工作程度概况 (2)
  第二节 区域地质概况 (2)
    一、地层层序 (3)
    二、岩浆岩 (3)
    三、变质岩 (13)
    四、构造 (18)
  第三节 区域矿产概况 (18)

第二章 西南地区重磁场特征 (21)
  第一节 西南地区重磁工作程度 (21)
    一、西南地区重力工作程度 (21)
    二、西南地区航地磁工作程度 (24)
  第二节 区域物性特征 (32)
    一、密度特征 (32)
    二、磁性特征 (42)
  第三节 区域重磁场特征 (53)
    一、区域重力场特征 (53)
    二、区域航磁磁场特征 (55)
  第四节 重磁场分区划分原则及特征 (57)
    一、重磁场分区划分原则 (57)
    二、重磁场分区异常特征 (58)

第三章 重要成矿带重磁异常特征研究 (64)
  第一节 上扬子成矿带重磁异常特征及地质认识 (64)
    一、上扬子成矿带重力场特征 (64)
    二、上扬子成矿带磁异常场特征 (68)
    三、上扬子成矿带重磁资料及地质认识 (71)
  第二节 西南三江成矿带重磁异常特征及地质认识 (75)
    一、西南三江成矿带重力异常特征 (75)
    二、西南三江成矿带航磁异常特征 (76)
    三、西南三江成矿带地壳结构 (79)
  第三节 班公湖-怒江成矿带重磁异常特征及地质认识 (83)
    一、班公湖-怒江成矿带重力场特征 (83)
    二、班公湖-怒江成矿带磁场特征 (87)
    三、班公湖-怒江成矿带重磁资料及地质认识 (87)
  第四节 冈底斯成矿带重磁异常特征及地质认识 (93)

一、冈底斯成矿带重力异常特征 …………………………………………………………… (95)
　　二、冈底斯成矿带航磁异常特征 …………………………………………………………… (98)
　　三、冈底斯成矿带重磁资料及地质认识 …………………………………………………… (102)
第四章　西南地区重磁推断成果及地质认识 ……………………………………………………… (105)
　第一节　重磁推断断裂构造 ………………………………………………………………………… (105)
　　一、重磁推断断裂依据及概况 ……………………………………………………………… (105)
　　二、重磁推断主要断裂构造剖析 …………………………………………………………… (107)
　第二节　重磁推断岩浆岩 …………………………………………………………………………… (117)
　　一、重磁推断岩体概况与岩体的定量解释 ………………………………………………… (117)
　　二、重磁推断岩体的分布规律 ……………………………………………………………… (118)
　第三节　重磁推断盆地 ……………………………………………………………………………… (125)
　　一、盆地信息识别 …………………………………………………………………………… (125)
　　二、盆地要素确定方法 ……………………………………………………………………… (125)
　　三、羌塘盆地重磁异常特征及地质认识 …………………………………………………… (126)
　　四、措勤盆地重磁异常特征及地质认识 …………………………………………………… (135)
　　五、四川盆地重磁异常特征及地质认识 …………………………………………………… (142)
　第四节　重磁资料在重要地质问题中的应用研究 ………………………………………………… (148)
　　一、康滇地轴重磁场特征及地质认识 ……………………………………………………… (148)
　　二、龙门山重磁场特征及地质认识 ………………………………………………………… (155)
第五章　西南地区物探资料在地质矿产中的应用 ………………………………………………… (160)
　第一节　磁性矿产资源潜力预测 …………………………………………………………………… (160)
　　一、西南地区磁异常分布及找矿意义 ……………………………………………………… (160)
　　二、磁性矿产资源潜力预测方法 …………………………………………………………… (161)
　　三、磁性矿产预测结果 ……………………………………………………………………… (164)
　第二节　物探资料在西南地区矿产资源潜力评价中的应用实例 ………………………………… (166)
　　一、物探资料在攀枝花钒钛磁铁矿资源潜力评价中的应用实例 ………………………… (166)
　　二、物探资料在西藏多龙铜矿资源潜力评价中的应用实例 ……………………………… (173)
　　三、物探资料在铅锌矿资源潜力评价中的应用实例 ……………………………………… (181)
　　四、物探资料在金矿资源潜力评价中的应用实例 ………………………………………… (190)
主要参考文献 ……………………………………………………………………………………………… (213)

第一章 绪 论

第一节 自然地理及地质工作程度概况

一、自然地理概况

中国西南地区，包括四川省、云南省、贵州省、西藏自治区和重庆市，与巴基斯坦、印度、尼泊尔、不丹、缅甸、老挝和越南等国家接壤。自然地理主要属于我国第三级地貌单元，部分居于第三级地貌单元和第二级地貌单元的过渡部位，主体属于我国"长江上游生态屏障"，包含中国2个七大地理分区（西南湿暖区、青藏高寒区），主要的地貌类型有青藏高原、云贵高原、四川盆地以及环绕其间的许多著名的山脉，如喜马拉雅山、冈底斯山、唐古拉山、龙门山和横断山等。本区中部和北部以长江流域的河流为主，南部和西部则分属珠江流域、元江（红河）流域、澜沧江（湄公河）流域、怒江（萨尔温江）流域、伊洛瓦底江流域等；藏北内流区还有众多的内流河汇入大小高原湖泊。主要的河流有雅鲁藏布江、金沙江、怒江、澜沧江，以及长江上游和珠江上游的重要水系。新构造运动强烈，高原抬升，山势巍峨，河流深切，江河奔腾，蕴含巨大水能。地质遗迹珍贵，地质奇观诱人。这里有世界最高峰——珠穆朗玛峰，海拔8844m，海拔大于7000m的山峰有66座，号称"世界第三极"。区内海拔最低的为云南河口瑶族自治县所处的元江河谷，海拔仅76.4m。高差较大，气候多变，气象万千。在中国气象部门发布的全国一级气象地理区划中，西南地区是11个一级区域之一。全国一级气象地理区划有重庆、四川、云南、贵州。全国二级气象地理区划包括川西高原和云南西北部部分地区在内的北部，云南和四川西南部等地的南部以及贵州和四川东部。

截至2014年，西南地区总人口19 566.4万人，约占全国的14.3%。其中，四川省人口数量排名第4，云南省、贵州省和重庆市的人口排名为全国前20名。西南地区面积为236.7万 km^2，约占我国陆域面积的24.6%，西藏自治区面积最大，排名全国第2，四川省与云南省的面积全国排名前10。2014年西南地区生产总值为65 736.8亿元，占全国的10.3%，其中，仅四川省、重庆市和云南省三省市生产总值上万亿元，西藏自治区生产总值最低，不足千亿元，排名位于全国的最后一位，详见表1-1。西南地区区内56个少数民族都有分布，但人口在20万以上的有19个。主要的少数民族是藏族、彝族、苗族、羌族、布依族、白族、回族、壮族等。

表1-1 西南地区自然地理概况

省区市	人口数量（万人）	全国人口排名	各省（自治区）生产总值（亿元）	全国排名	面积（万 km^2）	全国面积排名
四川省	8107	4	28 500	8	48.6	5
云南省	4687	12	12 800	23	39.4	8
贵州省	3502.22	19	9251	26	17.62	16
重庆市	2970	20	14 265	21	8.24	26
西藏自治区	300.2	31	920.8	31	122.84	2

二、地质工作程度概况

西南地区从20世纪50年代开始有计划地开展1:20万区域地质调查。四川、云南、贵州于50年代后期组建区域地质调查（以下简称"区调"）队，80年代中期相继完成了西南各省的1:20万区调；西藏自治区于80年代后期开展了1:20万区调，至90年代后期完成了27幅，其中藏东-三江地区19幅、拉萨地区8幅。

20世纪80年代西南三省相继开展了1:5万区调，主要部署于各省成矿区带，90年代逐渐转到重要的基础地质地区、造山带走廊、城市地区、经济建设区、地质灾害多发地区，少部分图幅进行了现代生态调查试点。

1999年国务院批准了由中国地质调查局组织实施的十二年国土资源大调查专项工程。以填补青藏高原地质空白区为重点，开展了1:25万区域地质调查工作，完成了空白区1:25万区域地质调查图幅61幅，填图面积83万km²，填补了我国陆域中小比例尺区域地质调查空白，提供了一批基础性地质资料，发现了一批重要矿产地，为规划部署工作提供了依据，取得了一批基础地质的新资料、新发现和新认识，大大提升了青藏高原地质研究程度，为进一步的科学研究奠定了基础。

在三峡库区、西南三江地质走廊带、南水北调西线、重要经济建设区、地质灾害多发地区开展了1:25万地质修测和1:5万区域地质调查工作。完成1:25万修测图幅31幅，修测面积67.96万km²；1:5万区域地质调查图幅36幅，填图面积约1.7万km²。累计完成填图和修测面积1 436 914 km²。

至2009年，四川省完成了1:5万区调图幅280幅，面积12.6335万km²，占全省面积（48.6万km²）的25.83%；云南省完成了1:5万区调图幅210幅（其中17幅不完整），面积84 095 km²，占全省面积（39.4万km²）的21.34%；贵州省完成1:5万地质填图148幅，面积约6.706万km²，约占全省总面积（17.6万km²）的38.10%；重庆市完成了1:5万区调图幅40幅，面积1.4712万km²，占全市面积（9.27万km²）的15.87%；西藏自治区完成了1:5万区调图幅39幅，面积约17 160 km²，占全自治区面积（122.84万km²）的1.4%。西南地区共完成1:5万区调图幅717幅，面积30.4449万km²（尹福光，2013）。

第二节 区域地质概况

西南地区区域地质复杂，成矿条件优越，矿产资源丰富，构造上主体属于特提斯构造域，大致以龙门山断裂带—哀牢山断裂带为界，把西南地区分为东部陆块区和西部造山带。

西部造山带为青藏高原的主体，是环球纬向特提斯造山系的东部主体，具有复杂而独特的巨厚地壳和岩石圈结构，是一个在特提斯消亡过程中，北部边缘—泛华夏陆块西南缘和南部边缘—冈瓦纳大陆北缘之间洋盆不断萎缩消减、弧-弧、弧-陆碰撞的复杂构造域，经历了漫长的构造变动历史。古生代以来，形成古岛弧弧盆体系，具条块镶嵌结构。东部是扬子陆块的主体，具有古老基底及稳定盖层。基底分别由块状无序的结晶基底及成层无序的褶皱基底两个构造层组成，沉积盖层稳定分布于陆块内部及基底岩系周缘，沉积厚度超万米，分布不均衡。由于后期印度板块向北强烈顶撞，在它的左右犄角处分别形成帕米尔和横断山构造结及相应的弧形弯折，在东西两端改变了原来东西向展布的构造面貌。加之华北和扬子刚性陆块的阻抗与陆内俯冲对原有构造，特别是深部地幔构造的改造，造成了本区独特的构造、地貌景观。

西南地区区内沉积地层覆盖面积约占全区的70%，自元古宇至第四系均有出露。古生代至第三纪（古近纪＋新近纪）地层古生物门类繁多，生物区系复杂，具有不同地理区（系）生物混生特点；古生代至第三纪地层岩相与建造类型多，区内沉积盆地类型多种多样，不同时期的弧后盆地、弧间裂谷盆地、弧前盆地、前陆盆地、被动边缘盆地等，特别是中、新生代盆地往往具有多成因复合特点。盆地的构造属性在地史演化过程中发生多阶段转换，形成独具特色的岩相组合与沉积建造。区内岩浆活动频繁而强烈,火山岩和深成岩都有大面积出露。中酸性侵入岩的侵入时代可划分为晋宁期、加里东期、海西期、印支期、燕山早期、燕山晚期、燕山晚期—喜马拉雅早期、喜马拉雅晚期8个期次。伴随有强烈的火山作用,巨厚的火山岩系从前震旦纪到第四纪都有不同程度的发育,每个时期的火山活动在空间上都具有各自的活动中心,形成特征的火山岩带(尹福光,2013)。

一、地层层序

参照"全国地层多重划分与对比研究"方案,西南地区的岩石地层区划主要属于华南地层大区和藏滇地层大区,仅西藏南部低喜马拉雅带以南跨入印度地层大区及北部跨入西北、华北地层大区。华南地层大区进一步划分为巴颜喀拉地层区、扬子地层区、东南地层区、羌北-昌都-思茅地层区,藏滇地层大区进一步划分为羌南-保山地层区、冈底斯-腾冲地层区、喜马拉雅地层区,印度地层大区在本区只有西瓦里克地层区(图1-1,表1-2)。

现将主要地层区特征阐述如下。

1. 西北地层大区

该地层区只在西北角出露,为南昆仑断裂带以北地区,主要由晚古生代碳酸盐岩夹碎屑岩组成。

2. 华北地层大区

该地层区只出露在西倾山一带,其南与华南地层大区以玛沁断裂、塔藏断裂、略阳断裂为界,为南秦岭-大别山地层区。出露的地层主要为晚古生代碳酸盐岩夹碎屑岩。

3. 华南地层大区

该地层区大致以龙木错-双湖构造带和昌宁-孟连断裂带为界,其以北、以东的广大地区,涵盖西藏北部、东部,四川、重庆、贵州全境,以及云南东部。

巴颜喀拉地层区:位处玛沁断裂、塔藏断裂、略阳断裂以南,金沙江断裂带以东,龙门山断裂带以西的三角地带。本区为广大的三叠纪盆地,三叠系出露范围占全区面积的90%以上。

扬子地层区:位于龙门山—康定—丽江及点苍山—哀牢山一线以东,开远—师宗—兴义—凯里一线以北的川、渝、黔、滇地区。本区地层发育齐全,新太古界—第四系均有出露。

东南地层区:位于扬子地层区之南,包括滇东南和黔南地区。本区地层普遍缺失志留系、侏罗系,白垩系和古近系分布也极为零星。前震旦系大片出露于黔东南地区。

羌北-昌都-思茅地层区:夹持于金沙江-哀牢山与昌宁-孟连两大断裂带之间,主体为中生代盆地,古生代及其以前的地层多分布于盆地的东、西两侧。三叠纪以后由浅海环境逐步向陆相转化,形成侏罗纪—古近纪红色盆地。

4. 藏滇地层大区

该地层区位于龙木错-双湖断裂以南、昌宁-孟连断裂以西,包括羌南至喜马拉雅山脉南坡边界断裂之间的西藏自治区大部,以及滇西地区。

羌南-保山地层区:指双湖-龙木错断裂、昌宁-孟连断裂以西(南)和怒江以东(北)的地区,为古生代—中生代稳定地块。

冈底斯-腾冲地层区:位于藏北地区怒江与雅鲁藏布江之间的冈底斯-念青唐古拉山系,东经八宿,向南转至伯舒拉岭、高黎贡山及其以西地区。前震旦系—新生界均有出露,以上古生界分布最为广泛。

喜马拉雅地层区:位于雅鲁藏布江以南、喜马拉雅山南坡以北地区。前震旦系大片出露于高喜马拉雅地区,古生界以珠穆朗玛峰地区发育最完整,中生界广泛发育于高喜马拉雅及其以北的广大地区,新生界发育古近系及上新统—更新统,缺失渐新统—中新统。

5. 印度地层大区

该地层区位于喜马拉雅山南麓至国境线一带,称西瓦里克地层区。分布地层称西瓦里克群,属新近纪—更新世山麓磨拉石堆积石。此外,尚有第四纪松散状洪冲积碎屑堆积(尹福光,2013)。

二、岩浆岩

西南地区岩浆岩发育,岩浆活动频繁,岩石类型齐全。火山岩除川东北及重庆市外,几乎广布全区;侵

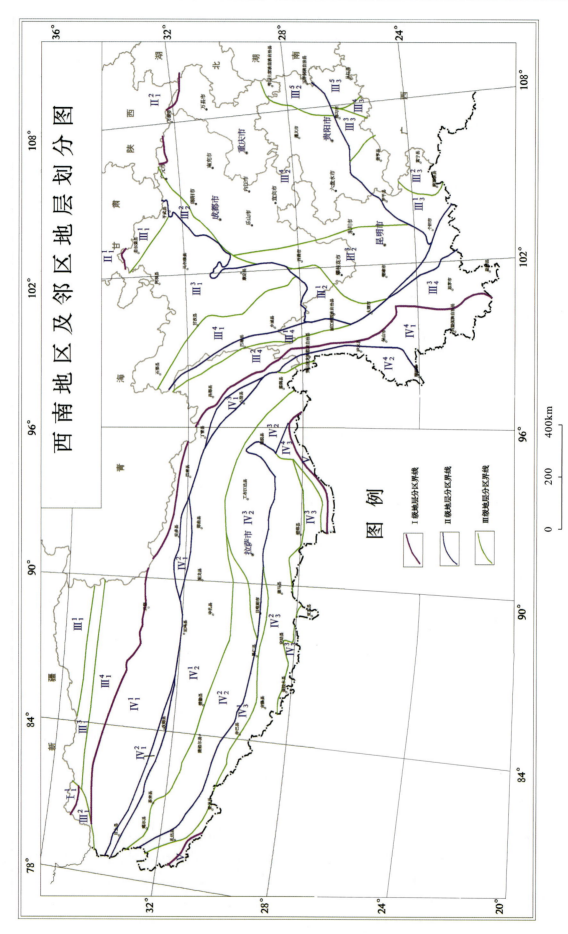

图1-1 西南地区及邻区地层划分图

表1-2 西南地区岩石地层区划分表

地层大区	地层区	地层分区
西北地层大区（Ⅰ）	南昆仑地层区（Ⅰ$_1$）	古里雅-木孜塔克地层分区（Ⅰ$_1^1$）
华北地层大区（Ⅱ）	南秦岭-大别山地层区（Ⅱ$_1$）	降扎（迭部-旬阳）地层分区（Ⅱ$_1^1$）
		大巴山（十堰-随州）地层分区（Ⅱ$_1^2$）
华南地层大区（Ⅲ）	巴颜喀拉地层区（Ⅲ$_1$）	塔藏（阿尼玛卿）地层分区（Ⅲ$_1^1$）
		喀喇塔格（北喀喇昆仑）地层分区（Ⅲ$_1^2$）
		玛多-马尔康地层分区（Ⅲ$_1^3$）
		玉树-中甸地层分区（Ⅲ$_1^4$）
	扬子地层区（Ⅲ$_2$）	盐源-丽江地层分区（Ⅲ$_2^1$）
		木里-龙门山-米仓山地层分区（Ⅲ$_2^2$）
		康滇地层分区（Ⅲ$_2^3$）
		上扬子地层分区（Ⅲ$_2^4$）
		江南（黔东南）地层分区（Ⅲ$_2^5$）
	东南地层区（Ⅲ$_3$）	个旧地层分区（Ⅲ$_3^1$）
		右江地层分区（Ⅲ$_3^2$）
		黔南地层分区（Ⅲ$_3^3$）
		湘中（三都—黎平）地层分区（Ⅲ$_3^4$）
		桂、湘、赣（独山）地层分区（Ⅲ$_3^5$）
	羌北-昌都-思茅地层区（Ⅲ$_4$）	西金乌兰-金沙江地层分区（Ⅲ$_4^1$）
		唐古拉-昌都地层分区（Ⅲ$_4^2$）
		兰坪-思茅地层分区（Ⅲ$_4^3$）
藏滇地层大区（Ⅳ）	羌南-保山地层区（Ⅳ$_1$）	双湖（南羌塘）-类乌齐地层分区（Ⅳ$_1^1$）
		木嘎岗日地层分区（Ⅳ$_1^2$）
		乌兰乌拉湖-北澜江地层分区（Ⅳ$_1^3$）
		保山地层分区（Ⅳ$_1^4$）
	冈底斯-腾冲地层区（Ⅳ$_2$）	那曲-比如（隆渡口）地层分区（Ⅳ$_2^1$）
		措勤-申扎地层分区（Ⅳ$_2^2$）
		拉萨-察隅地层分区（Ⅳ$_2^3$）
		腾冲地层分区（Ⅳ$_2^4$）
	喜马拉雅地层区（Ⅳ$_3$）	雅鲁藏布江地层分区（Ⅳ$_3^1$）
		北喜马拉雅地层分区（Ⅳ$_3^2$）
		高喜马拉雅地层分区（Ⅳ$_3^3$）
		低喜马拉雅地层分区（Ⅳ$_3^4$）
印度地层大区（Ⅴ）	西瓦里克地层区（Ⅳ$_1$）	

入岩主要集中分布于扬子陆块（程裕淇，1994）西缘及其以西的"三江"和唐古拉山以南的广大区域，出露面积达 185 100km²，约占全区总面积的 8%，其中近 95% 为中—酸性侵入岩类。

（一）侵入岩

西南地区侵入岩十分发育，岩石类型齐全，岩浆活动期次多，形成的大地构造环境复杂多样，时代遍布古元古代—新近纪中新世，区域分布上以青藏高原及其周缘、扬子板块西缘及西南缘大量出露，另在扬子板块东南缘也有少量出露。

通过区域对比，在对西南地区侵入岩岩石构造组合、时代格架及侵入岩大地构造相、亚相全面厘定划分的基础上，将西南地区侵入岩主要划分为构造岩浆系统，并把构造岩浆系统单元共划分为五级，又厘定了构造岩浆带构造环境，研究了西南地区侵入岩代表的主洋盆关闭俯冲 TTG 岩石构造组合，确定了板块俯冲方向，并可直接在图上读出构造环境及其演化的总体框架。

西南地区侵入岩大地构造研究中，西南地区共划分出一级侵入构造岩浆岩省 6 个，二级侵入构造岩浆岩带（亚省）18 个，三级侵入岩浆岩亚带 58 个（图 1-2，表 1-3）。

按照《成矿地质背景研究技术要求》（叶天竺等，2010），火成岩可分为以下 5 个主要岩浆旋回。

1. 前南华纪旋回

南华纪以前为元古宙侵入岩，中酸性岩区内主要发育在扬子板块西南缘云南省境内，主要为以俯冲-碰撞环境下中酸性片麻状花岗岩为主，如元谋杂岩（TTG）、哀牢山杂岩（TTG）、点苍山杂岩、高黎贡山片麻状花岗岩（TTG），侵入时代皆为古元古代，在瑶山地区主要发育裂谷双峰式侵入岩组合花岗岩。另在贵州梵净山、雪峰山地区少量发育青白口纪的花岗岩。

基性超基性岩主要发育在扬子地块康滇基底断隆菜园子—东川一带，另外在大宝山、米仓山一带还有少许出露，皆属于与哥伦比亚（Columbia）超大陆裂解有关的侵入岩。

2. 南华纪—中泥盆世旋回

该期旋回的侵入岩，中酸性岩区内主要出露在扬子板块西缘米仓山—大巴山—康定—攀枝花一线，过去习称"彭灌杂岩""康定杂岩"等，为罗迪尼亚（Rodinia）超大陆会聚俯冲、碰撞、转换伸展的产物：俯冲型花岗岩以彭灌杂岩、康定杂岩（Pt_{2-3}）为代表，碰撞型花岗岩以米仓山一带光雾顶花岗岩（Z）为代表，转换伸展的后造山型花岗岩以石棉县一带的二长花岗岩-正长花岗岩（Z_1）为代表。在米仓山地区有由南向北侵入岩组合分布，还呈现出很好的花岗岩极性。

其他中酸性侵入岩有云南东川东部、个旧—马关一带志留纪碰撞型的花岗岩，贵州麻江一带的陆块内含金刚石的金伯利岩，西藏察隅西、米林一带俯冲型花岗岩，藏南喜马拉雅一带俯冲-碰撞型的花岗岩。

中泥盆世以后，西南地区进入特提斯演化阶段。

3. 晚泥盆世—中三叠世旋回

晚古生代—中三叠世时期，受古特提斯大洋向东俯冲消减作用的制约，扬子板块的西南缘发育晚古生代多岛弧盆系。前锋弧之后（东侧）发育有昆中-昆南、勉县-略阳、北澜沧江、南澜沧江、金沙江-哀牢山、甘孜-理塘等蛇绿混杂岩带，在这些蛇绿混杂岩带演化过程中，一系列弧-弧、弧-陆碰撞造成了羌塘-三江地区以中酸性为主的侵入岩发育。最新的 1:25 万区调资料显示，冈底斯工布江达县发育有深色花岗闪长岩"包体"（262.3Ma），经研究认为是与冈底斯带晚古生代俯冲的岛弧型侵入体有关（王立全等，2008；朱弟成等，2008）。

这一旋回内，另一个引人注目的岩浆活动事件是峨眉山地幔柱演化。其中心喷发位置，学界普遍认为在四川攀枝花一带，其形成的侵入岩主要为在攀枝花一带的碱性花岗岩和基性—超基性岩墙。

4. 晚三叠世—白垩纪旋回

由于古特提斯大洋向南的进一步俯冲消减，早—中三叠世冈底斯岛弧带从冈瓦纳大陆北缘裂离，雅鲁藏布江弧后洋盆初始形成；至晚三叠世时期，冈底斯岛弧带中北部沿狮泉河—纳木错—嘉黎一线撕裂，狮泉河—纳木错—嘉黎弧间洋盆开始形成。至此，奠定了中生代特提斯大洋南侧冈瓦纳大陆北缘喜

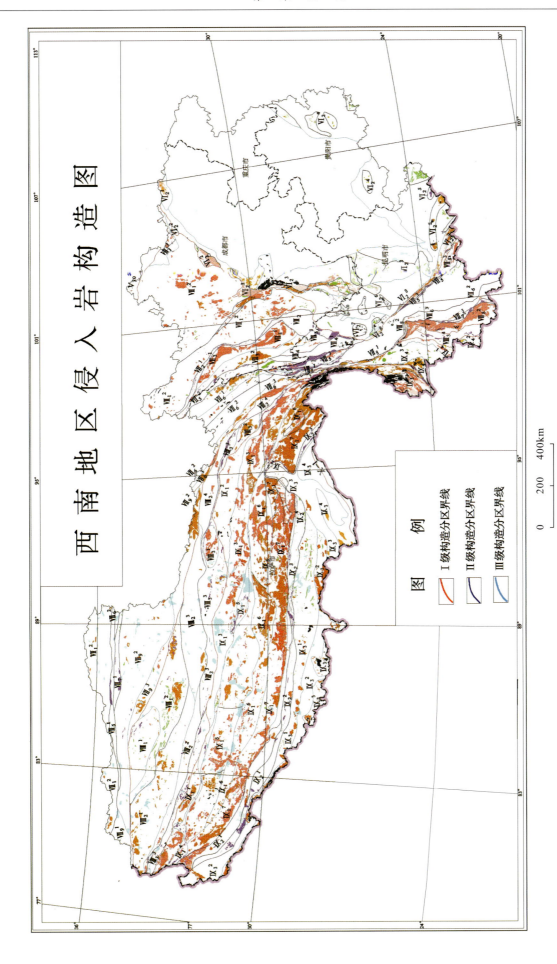

图1-2 西南地区侵入岩构造图

表 1-3 西南地区侵入岩分区表

一级	二级	三级
秦祁昆侵入构造岩浆岩省（Ⅰ）		南秦岭侵入岩浆岩亚带（Ⅰ-1-1）
扬子侵入构造岩浆岩省（Ⅱ）	上扬子侵入构造岩浆岩亚省（Ⅱ-2）	米仓山古陆缘侵入岩弧亚带（Ⅱ-2-1）
		龙门山古岛弧侵入岩亚带（Pt_{2-3}、P_2）（Ⅱ-2-2）
		康滇基底断隆复合侵入岩弧亚带（Ⅱ-2-3）
		上扬子东南缘侵入岩亚带（Ⅱ-2-4）
		南盘江-个旧侵入岩亚带（Ⅱ-2-5）
		元谋-楚雄侵入岩亚带（Ⅱ-2-6）
		盐源-丽江侵入岩亚带（Ⅱ-2-7）
		哀牢山-点苍山复合侵入岩弧亚带（Ⅱ-2-8）
		金平侵入岩亚带（P_2、T、K_1）（Ⅱ-2-9）
北羌塘-三江多岛弧盆侵入构造岩浆岩省（Ⅲ）	可可西里-巴颜喀拉侵入岩弧带（Ⅲ-1）	黄龙俯冲侵入岩亚带（Ⅲ-1-1）
		可可西里-巴颜喀拉侵入岩亚带（Ⅲ-1-2）
	甘孜-理塘蛇绿混杂岩带（P—T）（Ⅲ-2）	
	义敦-沙鲁侵入岩弧带（Ⅲ-3）	义敦侵入岩弧亚带（T_3—K）（Ⅲ-3-1）
		莫隆-格聂碰撞花岗岩亚带（K—E）（Ⅲ-3-2）
		普朗侵入岩弧亚带（T_{2-3}）（Ⅲ-3-3）
	中咱地块侵入岩带（E）（Ⅲ-4）	
	西金乌兰-金沙江-哀牢山变质区岩浆岩带（Ⅲ-5）	西金乌兰蛇绿混杂岩亚带（P—T_2）（Ⅲ-5-1）
		金沙江蛇绿混杂岩亚带（Ⅲ-5-2）
		哀牢山蛇绿混杂岩亚带（P—T）（Ⅲ-5-3）
	甜水海-北羌塘-昌都-兰坪-思茅双向俯冲弧陆侵入岩带（Ⅲ-6）	甜水地块侵入岩亚带（T_3）（Ⅲ-6-1）
		北羌塘岩浆岩亚带（Ⅲ-6-2）
		昌都-兰坪陆块侵入岩亚带（P-T）（Ⅲ-6-3）
		思茅侵入岩亚带（P—T）（Ⅲ-6-4）
	乌兰乌拉-澜沧江蛇绿岩混杂岩带（Ⅲ-7）	乌兰乌拉蛇绿混杂岩亚带（C—P）（Ⅲ-7-1）
		北澜沧江蛇绿混杂岩亚带（P—T）（Ⅲ-7-2）
		南澜沧江俯冲增生亚带（P—T）（Ⅲ-7-3）
	本松错-冈塘错-唐古拉-他念他翁-临沧侵入岩带（Ⅲ-8）	本松错-冈塘错花岗岩段（Ⅲ-8-1）
		唐古拉花岗岩亚带（Mz）（Ⅲ-8-2）
		他念他翁侵入岩弧亚带（Pt、P—T）（Ⅲ-8-3）
		碧落雪山-临沧构造岩浆岩亚带（Pt、T—K）（Ⅲ-8-4）
班公湖-双湖-怒江蛇绿混杂岩浆岩省（Ⅳ）	龙木错-双湖蛇绿混杂岩带（Ⅳ-1）	龙木错-双湖蛇绿混杂岩亚带（C—P）（Ⅳ-1-1）
		查多岗日洋岛增生杂岩带（P_2）（Ⅳ-1-2）
	多玛-南羌塘-左贡侵入岩带（Ⅳ-2）	多玛地块碰撞侵入岩亚带（D_2、J_3—K_2）（Ⅳ-2-1）
		扎普-多不杂-热那错侵入岩弧亚带（K_1）（Ⅳ-2-2）
		吉塘-左贡侵入岩弧亚带（C—T）（Ⅳ-2-3）
	班公湖-怒江蛇绿混杂岩带（Ⅳ-3）	聂荣增生复合侵入岩弧亚带（Pt_{2-3}、J_1）（Ⅳ-3-1）
		嘉玉桥增生复合侵入岩亚带（Pt_{2-3}—J_1）（Ⅳ-3-2）
		班公湖-怒江蛇绿岩亚带（Ⅳ-3-3）
	昌宁-孟连蛇绿混杂岩带（O—T_3）（Ⅳ-4）	

续表 1-3

一级	二级	三级
冈底斯-喜马拉雅多岛弧侵入构造岩浆岩省（V）	冈底斯-察隅多岛弧盆侵入构造岩浆岩带（V-1）	昂龙岗日侵入岩弧亚带（$K_1—E_2$）（V-1-1）
		那曲-洛隆弧前盆地 侵入岩亚带（$J_3、K_1、K_2—E$）（V-1-2）
		班戈-腾冲侵入岩浆弧亚带（V-1-3）
		噶尔-拉果错-嘉黎蛇绿岩亚带（V-1-4）
		措勤-申扎侵入岩弧亚带（V-1-5）
		隆格尔-工布江达复合侵入岩弧亚带（V-1-6）
		南冈底斯-下察隅侵入岩弧亚带（V-1-7）
	雅鲁藏布江蛇绿混杂岩带（V-2）	西段：萨嘎-扎达蛇绿混杂岩亚带（J—K）（V-2-1）
		中段：昂仁-仁布蛇绿混杂岩亚带（J—K）（V-2-2）
		东段：仁布-泽当-大拐弯蛇绿混杂岩亚带（T_3-K_1）（V-2-3）
		朗杰学增生楔侵入岩亚带（T_3）（V-2-4）
	喜马拉雅侵入构造岩浆岩带（V-3）	拉轨岗日被动陆缘弧亚带（O、J、K、N）（V-3-1）
		北喜马拉雅侵入构造岩浆岩亚带（N）（V-3-2）
		高喜马拉雅侵入构造岩浆岩亚带（N_1）（V-3-3）
		低喜马拉雅侵入构造岩浆岩亚带（∈、N）（V-3-4）
	保山侵入构造岩浆岩带（V-4）	耿马被动陆缘弧亚带（T_3、E）（V-4-1）
		西盟古岛弧（Pt_1）（V-4-2）
		施甸板内裂谷侵入岩亚带（P）（V-4-3）
		潞西被动边缘弧亚带（Ⅸ-4-4）
	潞西三台山蛇绿混杂岩带（V-5）	
印度陆块侵入构造岩浆岩省（Ⅵ）		

马拉雅-冈底斯多岛弧盆系的基本格局，从北向南顺序表现为昂龙岗日岩浆弧→狮泉河-纳木错蛇绿混杂岩带→班戈-腾冲岩浆弧→噶尔-拉果错-嘉黎蛇绿岩→措勤-申扎侵入岩岛弧→隆格尔-工布江达复合侵入岩弧→南冈底斯-下察隅侵入岩弧。

5. 古近纪—第四纪旋回

在青藏高原地区，由于印度-欧亚碰撞在西藏冈底斯带形成新生代的碰撞型花岗岩（E_1—N_1），如念青唐古拉山（N_1）。

扬子陆块区域，因新生代以来处于印度-欧亚碰撞后转换伸展阶段，于是在其西缘、西南缘广泛发育后造山型花岗岩、（正长）花岗斑岩，如北衙等。其次在贵州南部出露陆块内的煌斑岩。

（二）火山岩

全面系统地研究了西南地区火山岩岩石组合、火山岩相、火山喷发类型、火山岩系列、成因类型、大地构造属性等，划分了火山岩各级构造岩浆岩带（省、带、亚带），将西南地区火山岩共划分出5个火山岩构造岩浆岩省、17个火山岩带、54个火山岩亚带及其时空结构主要特征，并划分了构造岩浆旋回、亚旋回和活动期，划分了火山岩大地构造属性（图1-3，表1-4）。

西南地区的火山岩从古元古界到第四系都有分布，先后有3次大规模的裂谷岩浆事件：长城纪、南华纪和中晚二叠世，这3次裂谷火山事件，与3次超大陆裂解相关：第一次是哥伦比亚超大陆裂解、第

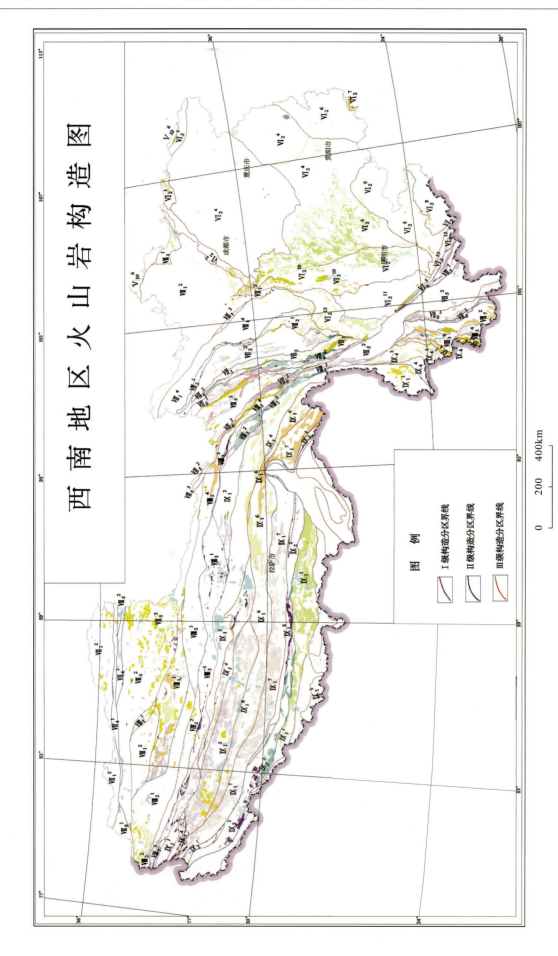

图1-3 西南地区火山岩构造图

表 1-4 西南地区火山岩分区表

一级	二级	三级
秦祁昆火山岩构造岩浆岩省（Ⅰ）	秦岭弧盆系火山岩带（Ⅰ-1）	西倾山-南秦岭陆缘裂谷火山岩亚带（Ⅰ-1-1）
		南昆仑-玛多-勉略火山岩段（C—T）（Ⅰ-1-2）
上扬子北缘火山岩构造岩浆岩省（Ⅱ）	米仓山-大巴山被动大陆边缘火山岩带（Z-T₂）（Ⅱ-1）	米仓山古岛弧火山岩亚带（Pt$_{2-3}$）（Ⅱ-1-1）
		龙门山被动大陆边缘火山岩亚带（Z—T₂）（Ⅱ-1-2）
	上扬子东南缘火山岩带（Ⅱ-2）	梵净山古增生楔火山岩亚带（Pt$_3$）（Ⅱ-2-1）
		雪峰山陆缘裂谷火山岩亚带（Nh）（Ⅱ-2-2）
		黔东都匀-镇远稳定陆块金伯利岩亚带（S）（遵义-梵净山底火山岩段，Z—O）（Ⅱ-2-3）
		南盘江-右江前陆盆地火山岩亚带（T）（Ⅱ-2-4）
	上扬子西缘火山岩带（Ⅱ-3）	盐源-丽江陆缘裂谷火山岩亚带（Pz$_2$）（Ⅵ-3-1）
		康滇基底断隆火山岩亚带（攀西上叠裂谷火山岩亚带，T）（Ⅵ-3-2）
		峨眉山裂谷火山岩亚带（Ⅵ-3-3）
		滇东-黔西裂谷火山岩亚带（P$_{2-3}$）（Ⅵ-3-4）
羌塘-三江火山岩构造岩浆岩省（Ⅲ）	巴颜喀拉火山岩带（Ⅲ-1）	碧口古岛弧火山岩亚带（Pt$_{2-3}$）（Ⅲ-1-1）
		巴颜喀拉火山岩亚带（P）（Ⅲ-1-2）
		炉霍-道孚裂谷火山岩亚带（P—T$_1$）（Ⅲ-1-3）
		雅江洋岛火山岩亚带（T$_3$）（Ⅲ-1-4）
	甘孜-理塘-三江口增生楔火山岩带（P—T）（Ⅲ-2）	甘孜-理塘蛇绿混杂岩带（P—T$_3$）（Ⅶ-2-1）
		义敦-沙鲁岛弧火山岩亚带（T$_3$）（Ⅶ-2-2）
	中甸陆缘裂谷火山岩带（P）（Ⅲ-3）	
	西金乌兰-金沙江-哀牢山火山岩带（Ⅲ-4）	西金乌兰蛇绿混杂岩亚带（Ⅲ-4-1）
		金沙江蛇绿混杂岩带（D$_3$—P$_3$）（Ⅲ-4-2）
		哀牢山蛇绿混杂岩带（C—P）（Ⅲ-4-3）
	甜水海-北羌塘-昌都-兰坪-思茅火山岩带（Ⅲ-5）	治多-江达-维西陆缘弧火山岩亚带（P$_2$—T）（Ⅲ-5-1）
		北羌塘-昌都-兰坪-思茅后碰撞火山岩亚带（Ⅶ-5-2）
		加若山-杂多-景洪岩浆弧火山岩亚带（P$_2$—T）（Ⅶ-5-3）
	乌兰乌拉-澜沧江火山岩带（P$_2$—T$_2$）（Ⅲ-6）	乌兰乌拉湖蛇绿混杂岩亚带（Ⅲ-6-1）
		北澜沧江蛇绿混杂岩亚带（Ⅲ-6-2）
		南澜沧江俯冲增生（蛇绿混杂岩）杂岩亚带（C—P）（Ⅲ-6-3）
	那底岗日-格拉丹冬-他念他翁-崇山-临沧火山岩带（Ⅲ-7）	拉底岗日-格拉丹冬火山岩段（Ⅲ-7-1）
		乌兰乌拉湖火山岩段（Ⅲ-7-2）
		北澜沧江火山岩段（Ⅲ-7-3）
		临沧岩浆弧火山岩亚带（P—T）（Ⅲ-7-4）

续表 1-4

一级	二级	三级
班公湖-怒江-昌宁-孟连火山岩构造岩浆岩省（Ⅳ）	龙木错-双湖-类乌齐火山岩带（Ⅳ-1）	龙木错-双湖火山岩段（Ⅳ-1-1）
	多玛-南羌塘-左贡增生弧盆系火山岩带（Ⅳ-2）	多玛地块增生火山岩亚带（Pz）（Ⅳ-2-1）
		南羌塘增生盆地火山岩亚带（Pz）（T_3—J）（Ⅳ-2-2）
		扎普-多不杂岩浆弧火山岩亚带（J_3—K_1）（Ⅳ-2-3）
	班公湖-怒江火山岩带（Ⅳ-3）	班公湖-改则火山岩段（Ⅳ-3-1）
		东巧-安多火山岩段（Ⅳ-3-2）
	昌宁-孟连火山岩带（Pz_2）（Ⅳ-4）	曼信深海平原火山岩段（D—C）（Ⅳ-4-1）
		铜厂街-牛井山-孟连蛇绿混杂岩段（C）（Ⅳ-4-2）
		四排山-景信洋岛-海山火山岩段（D_3—P）（Ⅳ-4-3）
冈底斯-喜马拉雅火山岩构造岩浆岩省（Ⅴ）	冈底斯-察隅弧盆系火山岩带（Ⅴ-1）	昂龙岗日岩浆弧（Ⅴ-1-1）
		那曲-洛隆弧前盆地（T_2—K）（Ⅴ-1-2）
		班戈-腾冲岩浆弧火山岩亚带（C—K）（Ⅴ-1-3）
		拉果错-嘉黎蛇绿混杂岩亚带（T_3—K）（Ⅴ-1-4）
		措勤-申扎岩浆弧（J—K）（Ⅴ-1-5）
		隆格尔-工布江达复合岛弧带（C—K）（Ⅴ-1-6）
		冈底斯-下察隅火山岩亚带（J—E）（Ⅴ-1-7）
		日喀则构造火山岩亚带（K）（Ⅴ-1-8）
	雅鲁藏布江构造火山岩带（Ⅴ-2）	雅鲁藏布蛇绿混杂岩亚带（T—K）（Ⅴ-2-1）
		朗杰学增生火山岩亚带（T_3）（Ⅴ-2-2）
		仲巴增生楔蛇绿混杂岩亚带（Pz—T）（Ⅴ-2-3）
	喜马拉雅构造火山岩带（Ⅴ-3）	康马-隆子构造火山岩亚带（Ⅴ-3-1）
	保山火山岩带（Ⅴ-4）	保山陆表海火山岩亚带（∈—T_2）（Ⅴ-4-1）
		潞西构造火山岩亚带（Ⅴ-4-2）

二次是罗迪尼亚超大陆裂解，第三次是冈瓦纳（Gandwana）超大陆裂解。西南地区先后有 3 期多岛弧盆系火山活动，第一次是早古生代，第二次是晚古生代，第三次是三叠纪—新生代。前两次已经形成碰撞造山系，第三次仅在特提斯-喜马拉雅形成碰撞造山系（尹福光，2013）。

(1) 前南华纪火山岩主要出露于扬子西缘之上，在扬子陆块北缘及西缘有时代为中新元古代的古老火山岩出露。变质或轻微变质的前南华纪火山岩主要出露在地块上。如冈底斯地块、中甸地块、昌都地块、保山地块等其上或边缘都有中新元古代变质或轻微变质的火山岩出露，大部分属于古岛弧火山岩，还有一部分属于古裂谷火山岩。

(2) 南华纪—震旦纪火山岩（本书界定的南华纪下限为 820Ma）主要出露于扬子地块之上（包括内部及周缘）。在西南该期火山岩总体表现为双峰式，被许多地质学家看作是 Rodinia 超大陆裂解的构造岩浆事件响应（夏林圻等，2002）。陆松年等（2012）认为这次裂谷事件除了此点以外，还在于它是大陆地壳克拉通化的重要标志。

(3) 早古生代的火山岩岩浆活动较为微弱，冈底斯弧被断隆，尼玛县帮勒村一带有少量分布，并以川西高原金沙江地区呈带状分布的基性火山岩及火山碎屑岩为特征。时代多属震旦纪—奥陶纪，在义敦、木里、宝兴、康定等地也有零星分布，时代可延续至泥盆纪，累计厚度均达数百米，偶逾千米。海西晚期至燕山早期是四川境内岩浆活动的又一高峰期，随着川西高原地区"沟—弧—盆"体系的发育和完善，岩浆活动尤为频繁和强烈，在义敦地区形成了火山弧。

（4）泥盆纪火山岩在兰坪-思茅构造岩浆岩带上以发育弧后盆地的火山-沉积岩组合为特征。火山岩的主要赋存层位有志留纪—泥盆纪大凹子组、无量山岩群、石登群、龙洞河组、邦沙组、吉东龙组、沙木组、羊八寨组等，分布十分广泛。说明这期火山岩的喷发背景是大陆地壳伸展环境。然而这期火山岩并未形成裂谷，只是反映在碰撞造山之后大陆地壳由挤压转换为伸展的过程。因此，可视为后造山环境的火山活动。

（5）石炭纪—二叠纪火山岩主要出露于羌塘-三江造山系、班公湖-双湖-怒江对接带，甚至在雅鲁藏布江俯冲增生杂岩带中也有所出露，大多以构造岩块形式卷入到俯冲增生杂岩带中。

（6）二叠纪峨眉山裂谷玄武岩事件，其波及范围不限于上扬子陆块西部的川、黔、滇、桂，而且波及到羌塘-三江造山系东部的川西、滇西地区，如大石包组玄武岩及其相当层位的玄武岩。在产出的地理环境上不仅有陆相，而且有海相。这一事件，现已被全球地学界公认为一次与地幔柱活动相关的大火成岩省事件。值得关注的是在冈底斯地块上也有同期的二叠纪玄武岩出露，其喷发的地球动力学背景可能与冈瓦纳大陆的裂解相关。

（7）三叠纪—新生代火山岩主要出露在羌塘-三江造山系、班公湖-双湖-怒江对接带、冈底斯-喜马拉雅造山系。中国西南地区以弧盆系火山岩组合、增生楔火山岩组合及后碰撞火山岩组合为主，构成西南地区中新特提斯多岛弧盆系，以及同碰撞弧火山岩组合和后碰撞 SH 系列火山岩组合。值得特别指出的是，伴随着青藏高原特提斯-喜马拉雅造山系的扩展和岩石圈增厚，后碰撞火山岩已经波及到塔里木陆块南缘的西昆仑一带。这些火山岩在岩石组合上大都以安山岩-英安岩-流纹岩为主，其形成的构造环境暂时归于后造山环境。

三、变质岩

对西南地区变质岩系进行了详细的变质地质体的形成时代、变质时代、岩浆岩年代学、岩石地球化学研究，研究了变质相或相系构造环境（大地构造亚相、相）及其时空分布规律，归纳了岩石构造组合类型和所属大地构造属性。西南地区共划分一级变质域 6 个，二级变质区 17 个，三级变质带 69 个，四级变质岩带 123 个（图 1-4，表 1-5）。

西南地区变质岩出露比较广泛，变质岩类、变质作用类型和变质强度（相及相系）亦较齐全，以区域变质作用及其变质岩类为主。从区域变质岩类的出露型式上看，可分面型和线型两种。面型出露者，多属前寒武纪和古生代以来构成各大小陆块基底的各活动型盆地；线型分布者，则与各构造-岩浆带，特别是板块边界相吻合。依其区域变质特征可进一步划分为东部陆块区、西部造山带。

东部陆块区主要为扬子变质域，扬子变质域（陆块区）的西界为哀牢山断裂带，西北界为程江-木里断裂带、龙门山断裂带，北界为大巴山-略阳-勉县（勉略）-城口-房县-襄樊-广济（襄广）断裂带，构造带南界为江山-绍兴-萍乡-衡阳-双牌-贵港-凭祥断裂带。扬子变质域变质基底形成于约 820Ma 结束的晋宁-武陵造山运动，基底之上不整合覆盖未变质的沉积盖层，从青白口纪晚期的板溪群到南华系—震旦系直至显生宙地层。

扬子变质域内仅零星出露太古宙的岩层，它们主要出露在湖北崆岭地区，主要为一套中深变质杂岩系，习称黄陵杂岩、崆岭杂岩或崆岭群，组成黄陵背斜地区的变质基底岩系。我们综合前人研究成果，将以 TTG 为主的灰色片麻岩及其中一套混合岩化的斜长角闪岩与黑云斜长变粒岩包体统称为东冲河片麻杂岩，形成于中—新太古代；另一套统称为水月寺岩群，主要为一套石英岩、黑云变粒岩、含石墨富铝矿物片（麻）岩、云母片岩、大理岩组合，原岩为一套陆源碎屑岩、含碳富铝泥质岩、碳酸盐岩和铁硅质岩，属较典型孔兹岩系，遭受高角闪岩相区域变质作用，形成于古元古代。

浅变质的中—新元古代岩层分布范围较前寒武系广泛，在扬子陆块区西缘绿片岩相变质的大红山群形成时代接近 1.7Ga，与其时代接近或年轻的有河口群（~1.7Ga）和通安组（1~4 段），时代更新的依次为东川群和昆阳群等以碳酸盐岩为主的沉积层。它们的变质程度均较低，以低绿片岩相为主。扬子陆块区黄陵背斜北侧的神农架地区分布着具有盖层特点的神农架群，属中元古代地层。尽管扬子变质域

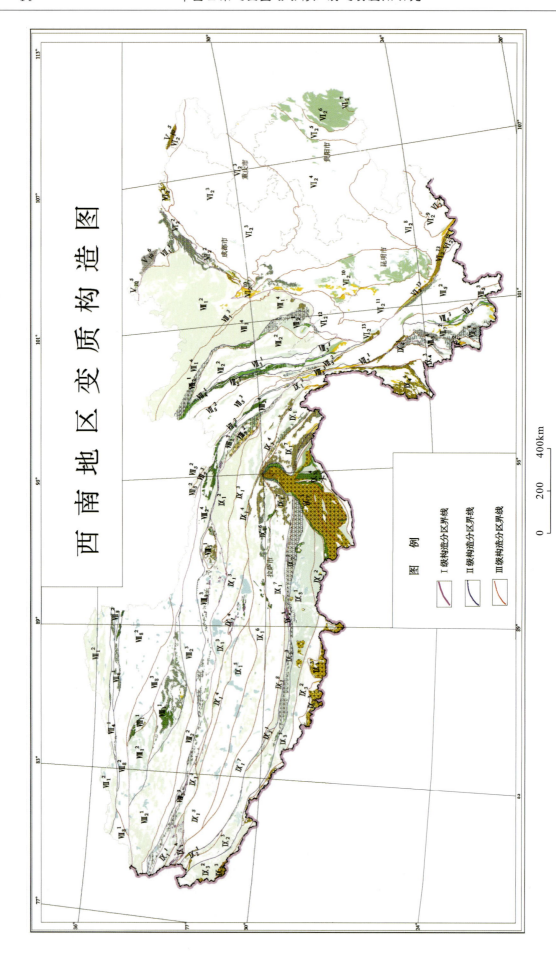

图1-4 西南地区变质构造图

表1-5 西南地区变质岩分区表

一级	二级	三级
秦祁昆变质域（Ⅰ）	秦岭变质区（Ⅰ-1）	西倾山-南秦岭变质带（Ⅰ-1-1）
		勉略蛇绿混杂岩变质带（Ⅰ-1-2）
扬子变质域（Ⅱ）	上扬子变质区（Ⅱ-1）	米仓山-大巴山变质带（Ⅱ-1-1）
		龙门山变质带（Ⅱ-1-2）
		川中变质带（Ⅱ-1-3）
		扬子陆块南部变质带（Ⅱ-1-4）
		上扬子东南缘变质带（Ⅱ-1-5）
		雪峰山变质带（Ⅱ-1-6）
		上扬子东南缘变质带（Ⅱ-1-7）
		南盘江-右江变质带（Ⅱ-1-8）
		富宁-那坡变质带（Ⅱ-1-9）
		康滇基底断隆变质带（Ⅱ-1-10）
		楚雄变质带（Ⅱ-1-11）
		盐源-丽江变质带（Ⅱ-1-12）
		哀牢山-点苍山变质带（Ⅱ-1-13）
		都龙变质带（Ⅱ-1-14）
羌塘-三江变质域（Ⅲ）	巴颜喀拉变质区（Ⅲ-1）	碧口-黄龙变质带（Ⅲ-1-1）
		巴颜喀拉变质带（Ⅲ-1-2）
		炉霍-道孚蛇绿混杂岩变质带（Ⅲ-1-3）
		雅江变质带（Ⅲ-1-4）
	甘孜-理塘变质区（Ⅲ-2）	甘孜-理塘蛇绿混杂岩变质带（Ⅲ-2-1）
		义敦-沙鲁变质带（Ⅲ-2-2）
	中咱-中甸变质区（Ⅲ-3）	中咱变质带（Ⅲ-3-1）
	西金乌兰-金沙江-哀牢山变质区（Ⅲ-4）	西金乌兰含蛇绿混杂岩变质带（Ⅲ-4-1）
		金沙江蛇绿混杂岩变质带（Ⅲ-4-2）
		哀牢山蛇绿混杂岩变质带（Ⅲ-4-3）
	甜水海-北羌塘-昌都-兰坪-思茅变质区（Ⅲ-5）	甜水海-北羌塘变质带（Ⅲ-5-1）
		昌都变质带（Ⅲ-5-2）
		兰坪-思茅变质带（Ⅶ-5-3）
	乌兰乌拉-澜沧变质区（Ⅲ-6）	乌兰乌拉蛇绿混杂岩变质带（Ⅲ-6-1）
		北澜沧江蛇绿混杂岩变质带（Ⅲ-6-2）
		南澜沧江俯冲增生杂岩变质带（Ⅲ-6-3）
	崇山-临沧变质区（Ⅲ-7）	碧罗雪山-崇山变质带（Ⅲ-7-1）
		临沧变质带（Ⅲ-7-2）

续表 1-5

一级	二级	三级
班公湖-怒江昌宁-孟连变质域（Ⅳ）	龙木错-双湖变质区（Ⅳ-1）	龙木错-双湖-曲登蛇绿混杂岩变质带（Ⅳ-1-1）
		查多岗日洋岛增生杂岩变质带（Ⅳ-1-2）
		查桑-查布增生杂岩变质带（Ⅳ-1-3）
		蓝岭高压变质带（Ⅳ-1-4）
	南塘-左贡变质区（Ⅳ-2）	多玛变质带（Ⅳ-2-1）
		南羌塘变质带（Ⅳ-2-2）
		扎普-多不杂变质带（Ⅳ-2-3）
		吉塘-左贡变质带（Ⅳ-2-4）
		类乌齐变质带（Ⅳ-2-5）
	班公湖-怒江变质区（Ⅳ-3）	聂荣（地体）变质带（Ⅳ-3-1）
		嘉玉桥（地体）变质带（Ⅳ-3-2）
		班公湖-怒江蛇绿岩变质带（Ⅳ-3-3）
	昌宁-孟连变质带（Ⅳ-4）	
冈底斯-喜马拉雅变质域（Ⅴ）	冈底斯-察隅变质区（Ⅴ-1）	昂龙岗日变质带（Ⅴ-1-1）
		那曲-洛隆变质带（Ⅴ-1-2）
		班戈-腾冲变质带（Ⅴ-1-3）
		拉果错-嘉黎蛇绿混杂岩变质带（Ⅴ-1-4）
		措勤-申扎变质带（Ⅴ-1-5）
		隆格尔-工布江达变质带（Ⅴ-1-6）
		冈底斯-下察隅变质带（Ⅴ-1-7）
		日喀则变质带（Ⅴ-1-8）
	雅鲁藏布江结合带（Ⅴ-2）	雅鲁藏布蛇绿混杂岩变质带（Ⅴ-2-1）
		朗杰学变质带（Ⅴ-2-2）
		仲巴变质带（Ⅴ-2-3）
	喜马拉雅变质区（Ⅴ-3）	拉轨岗日变质带（Ⅴ-3-1）
		北喜马拉雅变质带（Ⅴ-3-2）
		高喜马拉雅变质带（Ⅴ-3-3）
		低喜马拉雅变质带（Ⅴ-3-4）
	保山变质区（Ⅴ-4）	耿马变质带（Ⅴ-4-1）
		西盟变质带（Ⅴ-4-2）
		保山变质带（Ⅴ-4-3）
		潞西变质带（Ⅴ-4-4）
印度变质域（Ⅵ）		

全区范围受到"晋宁造山运动"的影响，但神农架群似乎处在"安全岛"的构造部位，新元古代早期构造运动对其影响甚微。

特别引人注目的是扬子陆块区的绝大部分地区受到新元古代早期构造运动的明显影响，形成与弧有关的地层系统，如扬子东南缘的双桥山群、冷家溪群、梵净山群、四堡群等接近 900~820Ma 形成的地层和一系列侵入体。其上不整合覆盖新元古代中—晚期具盖层性质的南华系、震旦系等，指示晋宁造山运动结束后，陆块区基底完成了克拉通化，进入到构造相对稳定期，但边缘的少数地区仍受到洋-陆碰撞作用的影响。

西部造山带主要包括羌塘-三江变质域、班公湖-怒江变质域和冈底斯-喜马拉雅变质域。

古元古代变质作用是西藏地区基底的固结阶段，主要变质地层是聂拉木群、念青唐古拉山群、吉塘群、阿木岗群的下部。变质作用为中压区域动力热流变质作用，形成绿片岩相到角闪岩相的前进变质带，并伴生超变质的混合岩化作用；在西南地区涉及云南全部划属古元古界，即高黎贡山岩群、西盟岩群、崇山岩群、大勐龙岩群、雪龙山岩群、石鼓岩群、苍山岩群、哀牢山岩群、普登岩群、瑶山岩群、猛洞岩群，是一次区域动力热流变质作用。所形成的变质地体构成了云南地壳的结晶基底，岩石变质强度达角闪岩相，并伴有混合岩化作用。

新元古代变质作用是指发生在1000~850Ma时期的变质作用，相当于整个青白口纪地史时期。西南地区变质作用主要表现在云南境内。涉及怒江断裂带-沧源断裂带以东的中、新元古界，即大红山岩群、苴林岩群、澜沧岩群、团梁子岩组、巨甸岩群、洱源岩群、昆阳群、大营盘组、柳坝塘组等，它们经受区域低温动力变质作用，变质强度达低绿片—高绿片岩相，形成了云南中东部地壳的褶皱基底。

金沙江变质地带的海西期变质作用发生在扬子地块西部边缘的震旦系—下二叠统活动带中。变质作用早期出现低压相系的变质热穹隆，形成低绿片岩相到角闪岩相的绢云母-绿泥石、黑云母、红柱石-石榴石、堇青石-镁铁闪石的矽线石带的前进矿物带。晚期出现大面积的区域低温动力变质作用，形成低绿片岩相的变质岩。这种情况在昆仑变质地带的新疆大红柳滩地区也出现。它们的形成可能与古特提斯海大洋壳向东或向北的俯冲作用而导致的弧型深成作用有联系。

怒江变质岩带的加玉桥群为海西期中高压型区域低温动力变质作用。双湖-澜沧江变质地带为海西期变质作用，在双湖地区的绿片岩相为区域低温动力变质作用，在戈木日地区的蓝闪石片岩相为高压型埋深变质作用。这些不同类型的变质地体与吉塘群和阿木岗群下部晚元古代的变质地体在空间上共生。因此这些变质作用可能是泛非集成事件的重要组成部分。

印支期变质作用主要发生在可可西里-金沙江变质区、昌都变质地带和昆仑-巴颜喀拉变质区。变质作用类型主要有高压型蓝闪石片岩相和葡萄石-绿纤石相的埋藏变质作用，以及广泛分布的区域低温动力变质作用。

高压埋深标志作用沿着萨玛绥加日-金沙江缝合带出现，西段在可可西里地区的迎春口、狮头山和黑熊山带，原岩主要是玄武质火山岩和含基性火山岩的复理石建造。此外沿着缝合带向南在四川和云南境内也有这种埋深变质作用出现。这种变质作用是由古特提斯海洋壳俯冲带被埋深而引起的。本期区域低温动力变质作用分布广泛，但主要出现在古特提斯海东西或南北两侧的陆缘沉积建造中，它们由古特提斯海封闭引起的碰撞造山作用而发生，是印支期变质旋回的晚期标志作用。

燕山期变质作用主要发生在班公湖-怒江缝合带及其两侧地区，变质作用类型有中高压型埋深标志作用、低压区域动力热流变质作用以及区域低温动力标志作用。这些变质作用的发生主要受到班公湖-怒江褶弧边缘海洋壳俯冲作用及其封闭导致的弧-陆碰撞作用的控制，洋壳的俯冲深埋导致了日土变质岩和丁青地区的中高压型葡萄石-绿纤石相的低绿片岩相的变质作用。洋壳朝南向冈底斯-念青唐古拉岛弧之下的俯冲，同样导致了班戈-洛隆地区与花岗岩类深成作用共生的低压高温型绿片岩相到角闪岩相的前进变质作用。这两类变质作用大致同时期地形成了一对双变质带。缝合带两侧的低绿片岩相（千枚岩型）的区域低温动力变质作用是由这个弧后盆地封闭导致的弧-陆碰撞作用产生的，它们是燕山期标志旋回的晚期变质作用。

值得提出的是双湖-澜沧江标志地带的燕山期低温动力变质作用以及昌都地区印支—燕山期葡萄石-绿帘石相的埋深变质作用，可能是由萨玛绥加日-金沙江缝合带陆内会聚作用引起的。因此它们应属于印支期的变质作用。

燕山晚期到喜马拉雅期的标志作用主要发生在藏中南变质地区和高喜马拉雅变质地区。变质作用的类型有低压型区域动力热流变质作用、高压型埋深变质作用、中压型区域动力热流变质作用和区域低温动力变质作用。这些变质作用分别发生在新特提斯海收缩、封闭而导致大陆碰撞和陆内会聚的各个阶段中，构成了一个良好的燕山晚期—喜马拉雅期变质旋回（尹福光，2013）。

四、构造

本区构造骨架断裂的划分和标定，根据各省"区域地质志"（1987，1988）对大地构造单元的划分，结合《中国区域地质概论》（程裕淇，1994）和《青藏高原及邻区地质图》（1∶150万）（成都地质矿产研究所，2010）的划分，以分割地层-构造大区的板块结合带划分一级构造单元，板块内部区域性断裂带划分二级构造单元，构成本区构造单元的基本骨架。其主要有两类：一类是板块结合带断裂带（相当于全国性的一类断裂，多为地层大区或地层区分区断裂），主要有班公湖-怒江断裂带、澜沧江断裂带、金沙江-红河断裂带、甘孜-理塘断裂带、阿尼玛卿断裂带等；二类是地区性的大断裂（相当于全国的二类断裂，多为地层区或地层分区的分区断裂）。西南地区划分为3个一级构造单元（图1-5），即华北板块南缘、东特提斯构造域、印度大陆北缘。北部为秦岭（-昆仑）构造区，属华北板块南缘；西南部喜马拉雅陆块、冈底斯陆块、腾冲陆块属东特提斯洋南西缘多岛弧盆系；95%以上的地区属东特提斯构造域，可进一步分上扬子陆块构造区、松潘-北羌塘-昌都-思茅构造区（东特提斯洋北东缘多岛弧盆系）、南羌塘-左贡-保山构造区（特提斯洋）等次级构造单元（尹福光，2013）。

第三节　区域矿产概况

西南地区地质构造复杂，成矿地质条件优越，矿产资源丰富。在大地构造上，西南地区主要横跨2个一级构造单元：特提斯构造域、古华夏构造域，其北少部分涉及到昆仑-秦祁构造域。其中在古华夏构造域中主要为扬子地台西南缘，少部分属华南褶皱系（黄汲清，1980）。大致与Ⅰ级构造单元对应。西南地区主要可划分为2个Ⅰ级成矿域：特提斯-喜马拉雅成矿域、滨太平洋成矿域（南西部）。

西南地区在国内已知的重要矿种上均有发现，在沉积类矿产中，煤、铝土矿、磷、锰、重晶石、钾盐等是西南地区的优势矿产，内生矿产中金、铜、铁、铅锌银、锡、汞、铬、锶等均在全国占有重要的地位。初步统计，西南地区已发现矿种155种，已探明储量的矿种89种。据不完全统计，在西南地区发现除石油、天然气以外的各种矿产地11 000处以上，其中大中型以上矿床规模的矿产地约1000个。

西南地区在铁、铜、铝、铅、锌、锰、镍、钨、锡、钾盐、金等国家重要矿种上探明储量所占全国的比例：钛（磁铁）（93%）、铬（36%）、铂族元素（35%）、锡（30%）、铜（29%）、锌（28%）、锰（25%）、铅（23%）、锑（22%）、铝（21%）、铁（18%）、金（15%）、银（15%）、镍（12%）。

西南地区各省市区资源概况如下：

西藏位于特提斯-喜马拉雅成矿域，矿产资源勘查工作始于西藏和平解放以后，随着西藏社会经济的发展，矿产资源勘查评价工作才得以逐步展开。尤其是20世纪70年代以来，对西藏已知的重要成矿区带相继开展了1∶20万区域地质调查，1∶20万、1∶50万区域地球化学勘查，为矿产资源勘查奠定了一定的基础，先后探明了罗布莎铬铁矿、玉龙铜钼矿、崩纳藏布砂金矿、扎布耶硼锂矿、美多锑矿、羊八井地热田、伦坡拉油气等一大批代表性矿床。截至2012年底，据不完全统计，西藏已发现矿床、矿点及矿化点（矿化线索）4000余处，矿产地3000多处。已发现矿种125种，其中有查明资源储量的41种。大型矿床71个，中型矿床83个，小型矿床175个。西藏优势矿产资源主要有铬、铜、铅锌银多金属、钼、铁、锑、金、盐湖锂硼钾矿、高温地热等，同时油气资源也有很好的找矿前景。在现有查明矿产资源或储量的矿产中，有12种矿产居全国前5位，18个矿种居前10位，其中铬、铜的保有资源或储量以及盐湖锂矿的资源远景列全国第1位。

云南地处西南"三江"成矿带、扬子成矿区和华南成矿带结合部位，矿产资源丰富。云南矿产地质工作程度十分不均衡，交通便利、矿产开发较早的滇中、滇东地区勘查程度较高，其余地区勘查程度较低。据统计，云南省发现的各类金属、非金属矿产资源有155种，占全国已发现矿产（171种）的90.64%。已发现的矿产，其中查明资源储量矿产有86种，包括能源矿产2种，金属矿产39种，非金属矿产45种。据不完全统计，发现各类矿床（点）2700余处，至2010年底列于《云南省矿产资源储

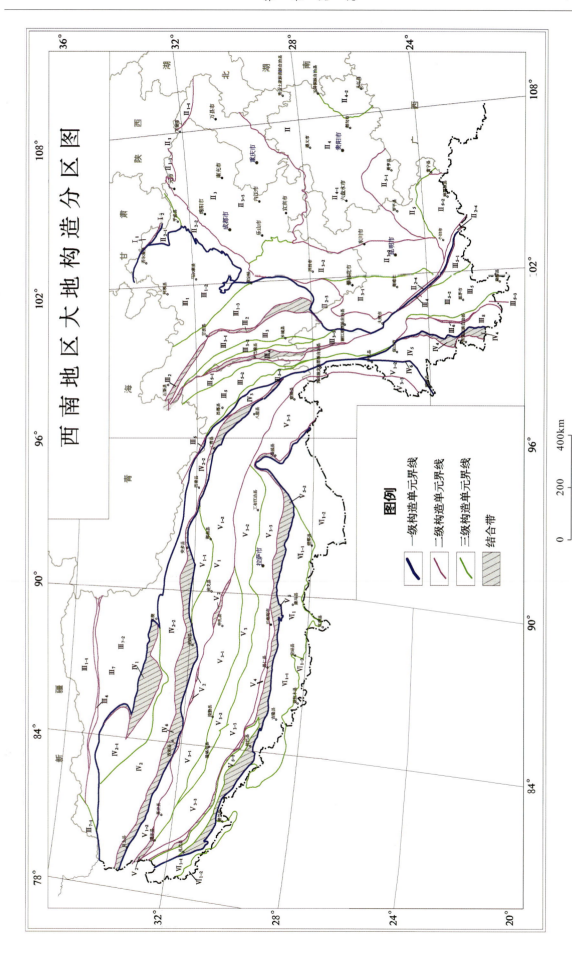

图1-5 西南地区大地构造分区图

量简表》的矿产地1338个，其中大型矿区119个，中型矿区285个，小型矿区934个。勘查程度达到勘探的占30%左右，余为详查和普查。据国土资源部截至2010年底《全国矿产资源储量通报》统计，云南有65种固体矿产保有资源储量排在全国前10位，其中能源矿产1种，金属矿产32种，非金属矿产32种。居全国第1位的有锡、锌、铟、铊、镉、磷、蓝石棉7种；居第2位的有铅、钛铁砂矿、铂族金属、钾盐、砷、硅灰石6种；居第3位的有铜、镍、银、锶、锗、芒硝矿石、霞石正长岩、水泥配料用砂岩、水泥用凝灰岩9种。

四川地质构造上横跨扬子陆块区、西藏-三江造山系和秦祁昆造山系3个构造单元。根据四川省2011年《矿产资源年报》，至2010年底，四川省已发现矿种135种，具有查明资源储量的矿种有82种。这些矿产主要有煤炭、石油、天然气、铀、铁、锰、铬、钛、钒、铜、铅、锌、铝土、镁、镍、钴、钨、锡、铋、钼、汞、锑、铂族金属、金、银、铌、钽、铍、锂、锆、铷、铯、稀土（轻稀土矿）、锗、镓、铟、镉、硒、碲、盐矿、磷矿、硫铁矿、芒硝、石灰岩、白云岩等。除石油、天然气、铀矿、地下热水和矿泉水以外，其矿产地分布于2149个矿区（分矿区、矿段统计），其矿产地数量按矿类分为煤616个、黑色金属矿产256个、有色金属矿产371个、贵金属矿产160个、稀有及稀土金属矿产81个、冶金辅助原料非金属矿产68个、化工原料非金属矿产226个、建材和其他非金属矿产371个。根据国土资源部《2010年全国矿产资源储量通报》的最新统计，除石油、水气矿产外，包括天然气在内，在四川已查明及开采利用的矿种（包括同一矿种的不同矿产形式）有36种矿产在全国同类矿产中居前3位。钒矿（V_2O_5）、钛矿（TiO_2）、锂矿（Li）、硫铁矿（矿石）、芒硝（矿石）、轻稀土矿（氧化物总量2010年未纳入统计，据2009年统计资料）、盐矿（矿石）等在全国排名第1位，其中，查明资源量同全国总量相比，芒硝占71.6%，锂矿（Li）占55.25%，轻稀土矿氧化物占40.24%，硫铁矿矿石占19.34%；铁矿、钴矿、铂钯矿（未分）、镉矿、天然气、化肥用石灰岩、石墨、石棉（矿物）等为第2位；铂族金属（合计）、铂矿（金属量）、钯矿（金属量）、铍（绿柱石）、锂矿（LiCl、锂辉石）、锆矿（ZrO_2）、熔剂用石灰岩、毒重石等为第3名。

贵州位于扬子陆块西南缘，先后受江南造山带和东部环太平洋成矿域与西部的特提斯成矿域两大成矿构造域共同控制和作用，形成了较好的成矿地质条件。据不完全统计，贵州已发现矿产（点）3000余处，发现矿种107种。在已发现的123个矿种，已探明的大中型矿床有735个。在探明储量的74种矿产中，有51种矿产被不同程度地开发利用。其中尤以煤、磷、铝、汞、锑、锰、金、铅锌、银、非金属建材等具有优势和资源潜力。贵州是著名的汞省，长期居我国之首；铝土矿位居全国第2，锰矿位居全国第3。此外，磷、重晶石、锑在我国均占有很重要的地位，而镍钼钒等也是其优势矿产。

重庆构造上属上扬子陆块。据不完全统计，已发现矿产82种，矿床、矿点、矿化点1000余个，其中探明储量的矿产有38种，发现各类矿床303个，其中，大型矿床40个，中型矿床83个。毒重石、岩盐、汞、锶、锰和铝土矿等矿产是重庆的优势矿产（刘才泽，2013）。

第二章 西南地区重磁场特征

第一节 西南地区重磁工作程度

一、西南地区重力工作程度

（一）西南地区重力工作程度

总体来说，西南地区重力工作程度较低（图 2-1）。西藏自治区重力工作程度最低，大部分以 1：100 万重力为主；四川省、重庆市重力工作程度次之，以 1：50 万为主，局部有 1：20 万；贵州省与云南省重力工作程度略高，主要以 1：20 万为主，云南省在重要矿带开展过少量的 1：10 万、1：5 万的重力工作。各省区的具体重力工作情况如下：

（1）西藏自治区区域重力调查工作程度低，数据测量比例尺全部为 1：100 万（石油系统开展的 1：20 万重力资料未收集到），数据包括经度、纬度、高程和布格重力异常值。其中西藏中部地区的重力数据，仅包括经度、纬度、布格重力异常值，无高程值。数据分为 5 个工区：狮泉河-康西瓦地区（2005）、改则-茫崖地区（2007）、玉树-海西地区（2002）、拉萨地区（2003）和玉树-昌都地区（2000）。

（2）云南省重力数据包括昆明、武定、会理（云南部分）、东川、弥勒、邱北、西林（云南部分）、建水、个旧、文山、富宁、百色（云南部分）、丽江、兰坪、鹤庆、南伞、耿马、景谷、墨江 19 个 1：20 万区域重力调查图幅的重力数据（20 世纪 80 年代初至 2007 年完成），以及除 1：20 万区域重力调查图幅外的云南境域内 1：50 万、1：100 万重力数据（1985 年以前完成）。在此基础上补充了云南物探队完成的 1：20 万区域重力调查数据，包括金平幅、元阳幅、马关幅、中甸幅、盐边幅区域重力数据，维西、古学、永宁-宁蒗地区、楚雄盆地（含鹤庆幅、永仁幅、大理幅、大姚幅、巍山幅、楚雄幅的部分区域）及武定幅、会理幅区域重力数据缺失的数据。另外，补充了云南西南部区内 1：5 万、1：10 万重力测量数据，1：5 万腾冲地热工区共 293 个点、1：10 万核桃坪工区共 364 个点。

（3）四川省区域重力调查资料比例尺为 1：20 万、1：50 万和 1：100 万 3 种。其中 1：100 万区域重力调查 27 万 km^2，1：50 万重力调查 33.46 万 km^2（其中区域重力调查 19.56km^2、石油重力普查 13.90km^2），1：20 万重力调查 10.15 万 km^2（其中区域重力调查 5km^2、石油重力详查 5.04km^2），1：10 万石油重力详查 2.48 万 km^2。全省有国家基本重力基点 3 个：成都、西昌、康定（3 个基本点引点），Ⅰ级重力基点 3 个，Ⅱ级重力基点 172 个，其中，川西高原Ⅱ级基点网有 62 个、秦岭-大巴山地区Ⅱ级基点网有 59 个、川西南Ⅱ级基点网有 51 个。

（4）四川省石油管理局于 1953—1963 年做油气重力普查，比例尺为 1：10 万、1：20 万和 1：50 万 3 种，以 1：50 万为主，覆盖重庆全市，其中 1：10 万、1：20 万、1：50 万重力资料覆盖面积分别为 1.03 万 km^2、1.88 万 km^2 和 4.80 万 km^2，存放于四川省石油管理局，无法收集，在对重庆市作评价时不能利用。1963 年四川省石油管理局地质调查处将 1：10 万、1：20 万、1：50 万等不同比例尺资料统一联测改算为全国统一的 1：100 万重力资料，存放于四川省石油管理局。1988 年四川省地质矿产局物探队收集了改算后的 1：100 万重力资料，中国人民解放军总参谋部、陕西省第一测绘大队、原国

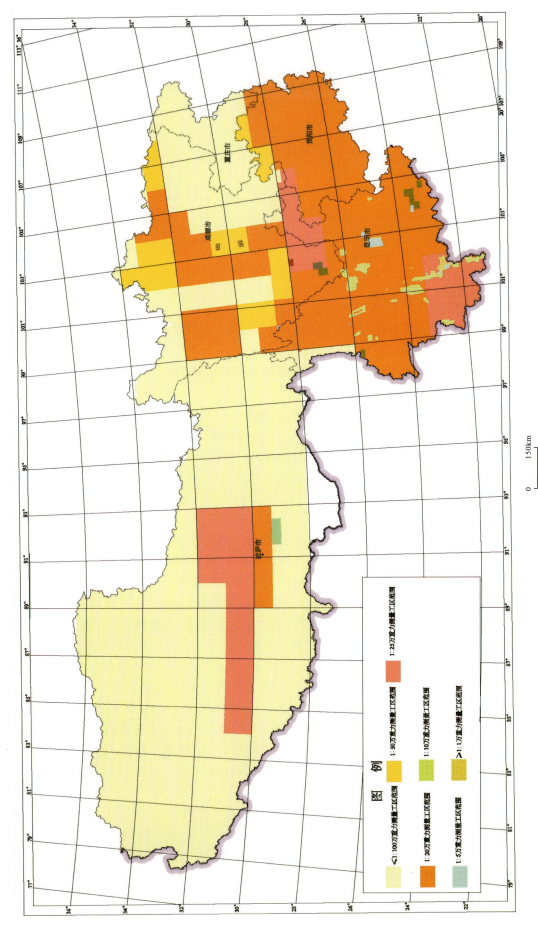

图2-1 西南地区重力工作程度图(1:1200万)

家测绘总局等单位对重力资料按"五统一"要求进行统一改算为1∶100万重力资料，资料存放于四川省物探队。

（5）贵州省区域重力调查均按规范网度要求，1∶50万和1∶100万区域重力调查已覆盖，并于20世纪70年代至80年代初编制了贵州省1∶50万布格重力异常图及1∶50万区域重力调查技术说明书。1∶20万区域重力调查于20世纪80年代初开始，到现在已完成面积约16.9万 km²，除西部、北部少数地区未工作外，其余大部地区均已覆盖。大比例尺重力工作在20世纪六七十年代在贵州赫章铁矿区做过少量试验工作，由于当时仪器精度及地形改正精度均较差，效果也较差，本次潜力评价工作未应用此资料。1∶20万区域重力调查工作，始于1980年初，终于2005年初，历时25年。野外重力调查涉及32个1∶20万图幅，覆盖省内外面积约16.9万 km²，实测重力点30 789个，已提交重力调查技术说明书25份，提交片区重力异常解释报告6份。

2007—2014年间，西藏罗布莎铬铁矿周边布设了8幅1∶5万的区域重力测量，云南腾冲地区、薄竹山地区共开展5幅，云南文山南温河地区开展2幅1∶5万区域重力测量，四川攀西地区开展4幅1∶5万区域重力测量。开展拉萨幅、隆子幅、泽当幅、洛扎幅、班戈幅、那曲幅、当雄幅、门巴幅8幅1∶20万区域重力测量，滇东北地区开展8幅1∶20万重力测量，开展平武、宜宾、泸州等6幅1∶20万重力测量。由于上述部分项目未结题，未提交资料，工作程度图暂未表示。

（二）西南地区重力资料网度和精度

1. 西藏自治区

西藏自治区整理提供的1∶100万布格重力数据，东部包括玉树-昌都工区、玉树-海西工区、拉萨工区三部分，重力总精度为$\pm 1.65\times 10^{-5}\mathrm{m/s^2}$；中部为改则-芒崖工区的2km×2km网格数据，重力总精度为$\pm 0.4365\times 10^{-5}\mathrm{m/s^2}$；西部为狮泉河-康西瓦工区，重力总精度为$\pm 0.7505\times 10^{-5}\mathrm{m/s^2}$。

2. 云南省

云南省重力数据资料均统一采用1985国家重力基本网系统、1954年北京坐标系和1985国家高程基准、IAG推荐的1980正常场公式、高精度重力高度改正系数和中间层密度值$2.67\mathrm{g/cm^3}$、166.7km的地形改正半径进行整理的"五统一"重力资料。

1∶100万重力资料的布格重力异常总精度为$\pm 0.972\times 10^{-5}\mathrm{m/s^2}$。

1∶50万重力资料的布格重力异常总精度为$\pm 0.721\times 10^{-5}\mathrm{m/s^2}$。

1∶20万重力资料的布格重力异常总精度为$\pm (0.366\sim 0.736)\times 10^{-5}\mathrm{m/s^2}$。

3. 四川省

1）四川盆地

（1）1963年四川省石油管理局将不同比例尺重力资料（1∶10万、1∶20万、1∶50万）进行统一改算，成图比例尺1∶100万，布格重力异常总精度为$\pm (1.009\sim 1.120)\times 10^{-5}\mathrm{m/s^2}$。

（2）1988年四川省地质矿产局物探队收集了四川省石油管理局1963年统一联测改算成图的1∶100万重力资料，中国人民解放军总参谋部、陕西省第一测绘大队、原国家测绘总局重力对等单位重力资料，按"五统一"要求进行统一改算（以1∶10万图幅为单位重力点密度，30～130km²/点，平均密度为50～70km²/点），布格重力异常总精度为$\pm 1.189\times 10^{-5}\mathrm{m/s^2}$。资料存放于四川省物探队，也是本次使用的重力资料。

（3）无大比例尺重力资料。

2）川西川北地区

（1）1∶20万重力资料，测点平均密度为5～6km²/点，布格重力异常总精度小于$\pm 1.0\times 10^{-5}\mathrm{m/s^2}$。

（2）1∶50万重力资料，测点平均密度为30～40km²/点，布格重力异常总精度小于$\pm 2.0\times 10^{-5}\mathrm{m/s^2}$（其中个别1∶20万图幅布格重力异常精度为$\pm (2.0\sim 3.8)\times 10^{-5}\mathrm{m/s^2}$）。

（3）1∶100万重力资料，测点平均密度160km²/点，布格重力异常总精度小于$\pm (0.7\sim 1.2)\times$

10^{-5}m/s^2（其中个别1:20万图幅布格重力异常精度为$\pm 2.610\times 10^{-5}\text{m/s}^2$）。

(4) 无大比例尺重力资料。

4. 重庆市

(1) 四川省石油管理局于1963年统一改算为1:100万重力资料中1:10万、1:20万、1:50万不同比例尺重力资料布格异常总精度为$\pm(1.009\sim 1.120)\times 10^{-5}\text{m/s}^2$。

(2) 1988年四川省地质矿产局物探队收集了四川省石油管理局1963年统一联测改算的1:100万重力资料，中国人民解放军总参谋部、陕西省第一测绘大队、原国家测绘总局重力对等单位重力资料，按"五统一"要求进行统一改算为1:100万重力资料，按1:10万图幅为单位重力点密度30~130km^2/点，平均密度为50~70km^2/点，布格重力异常总精度为$\pm 1.189\times 10^{-5}\text{m/s}^2$。资料存放于四川省物探队，也是本次使用的重力资料。

(3) 全市无大比例尺重力资料。

5. 贵州省

贵州省区域重力资料由全国矿产资源潜力评价项目组统一收集，1:100万区域重力资料布格异常总精度为$\pm 0.972\times 10^{-5}\text{m/s}^2$，总点数为2837点，网度为62$\text{km}^2$/点；1:50万区域重力资料布格异常总精度为$\pm 0.721\times 10^{-5}\text{m/s}^2$，总点数为3941点；1:20万区域重力资料布格异常总精度在2000年以前均用1:1万地形图和1:4.5万航片确定测点点位和高程，布格异常总精度为$\pm(0.750\sim 0.850)\times 10^{-5}\text{m/s}^2$之间。2000年以后应用测地型GPS确定测点点位和高程，布格异常总精度为$\pm(0.280\sim 0.330)\times 10^{-5}\text{m/s}^2$之间，网度均小于6$\text{km}^2$/点。应用测地型GPS确定测点点位和高程的1:20万图幅有会同幅和威宁幅，其余均为应用1:1万地形图和1:4.5万航片确定测点点位和高程。

二、西南地区航地磁工作程度

(一) 航磁工作程度

西南地区航磁工作程度图收集了1954—2003年的航磁资料，历时50年，工作比例尺为1:5万~1:100万，为编制西南地区航磁基础图件和异常研究工作奠定了基础。但还有油田进行过的1:5万~1:40万四川盆地及周边的航磁数据未收集到，冶金、核工业系统进行过的1:5万~1:10万局部小范围的航磁工作资料也未收集到。航空磁测工作程度见图2-2。

西南地区的航空磁测主要分为45个区块，详见表2-1西南地区航磁工作程度统计表。西南地区主要以1:100万和1:50万航磁数据为主，主要表现在西藏西部与东部，四川、贵州大部分地区，重庆和云南东部。其中有西藏—江两河地区、云南西南地区、黔西南和黔东南部分有局部的大于1:25万的航磁资料；总体来说，西南地区的航磁工作程度较低，且大部分飞行年代较早，数据的精度较差。2007年以后开展的攀枝花-安益地区1:5万航磁调查，川西-藏东航磁调查、广元北航磁调查、石渠西航磁调查等资料暂未收集到。

(二) 地磁工作程度

西南地区地面磁测工作程度低且不均匀（图2-3，表2-2）。相对来说云南省开展的地面磁测较多，云南地磁工作亦始于1958年，多是结合地质找矿工作而进行的中大比例尺、局部地区、小面积的磁测工作，共有95个测区有地面磁测资料。2007年后在麻栗坡、镇康、腾冲、东川、易门等地开展1:5万地面高精度磁测工作。四川开展的地磁主要在川西攀枝花-西昌-马尔康地区、川北南江-旺苍地区和四川盆地地区，四川盆地开展的1:10万磁测扫面面积较大，为石油系统开展的工作；2007年后在攀枝花、会东、川西高原、平武、广元等地开展少量的1:5万高精度磁测，资料未收集到。西藏仅在尼雄、当曲、加多岭、江拉、吉塘、罗布莎等几个铁矿区进行过地面中到大比例尺高精度磁测工作。其中，江西省地质调查研究院在尼雄铁矿区做过1:5万地面高精度磁测，获得400km^2磁测ΔT资料；当曲做过1:5万地面高精度磁测，获得ΔT资料；加多岭获得1:5000地面磁测ΔZ资料；吉塘

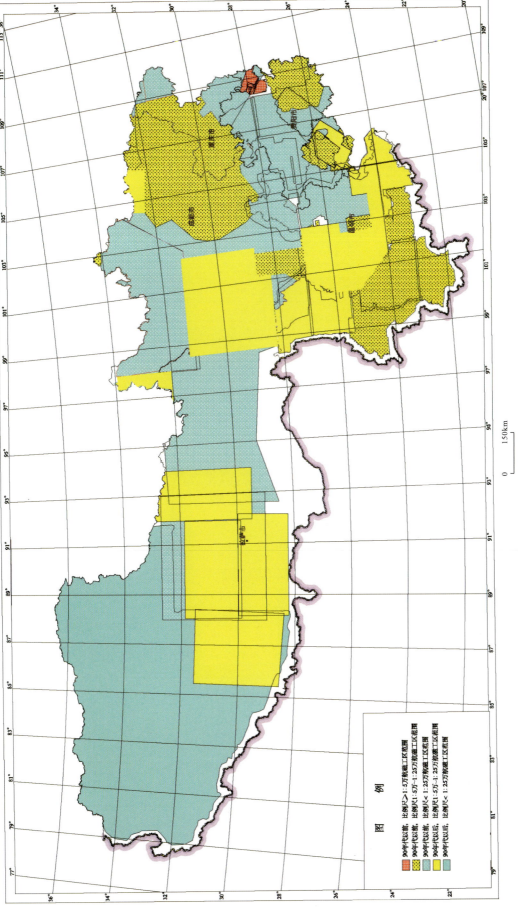

图2-2 西南地区航磁工作程度图(1：1200万)

表 2-1 西南地区航磁工作程度统计表

序号	勘查区名称	测量比例尺	工作日期
1	青藏高原中西部地区	1∶100 万	1998—1999 年
2	一江两河地区西段	1∶20 万	2000 年
3	西藏中部地区	1∶50 万	1969—1972 年
4	西藏申扎-那曲地区	1∶20 万	2003—2004 年
5	一江两河地区东段	1∶20 万	2000—2001 年
6	川西藏东地区	1∶50 万	1978—1981 年
7	一江两河北部地区	1∶20 万	2002—2003 年
8	川青地区	1∶50 万	1975—1977 年
9	四川盆地川中地区	1∶20 万	1966 年
10	四川盆地地区	1∶20 万（部分 1∶40 万）	1970—1972 年
11	四川盆地及秦岭地区	1∶100 万	1964 年 11 月—1965 年 5 月
12	川南滇北地区	1∶20 万，局部 1∶10 万及 1∶5 万	1965—1966 年
13	川青地区	1∶50 万	1976 年
14	川西藏东地区	1∶100 万	1978 年 4 月—5 月，1980—1981 年
15	滇黔桂地区	1∶100 万	1958—1959 年
16	甘南-海南地区	1∶20 万	1971 年
17	陕南地区	1∶10 万	1965 年 9 月—12 月
18	秦岭西段（陕甘川地区）	1∶5 万	1967 年 5 月—11 月，1968 年 6 月—8 月
19	长江三峡地区	1∶40 万	1973 年 8 月—10 月
20	长江中上游地区	1∶100 万	1959 年 6 月
21	滇黔桂及周围地区	1∶100 万	1958—1959 年
22	川南滇北地区	1∶20 万	1965—1966 年
23	云南哀牢山、邦马山北段地区	1∶20 万	1974—1975 年
24	云南南部地区	1∶10 万～1∶20 万	1978—1979 年
25	藏东川西地区	1∶50 万～1∶100 万	1980 年
26	滇中及川南地区	1∶10 万	1980 年
27	云南西南部保山地区	1∶20 万	1983 年
28	云南石屏-元阳地区	1∶10 万	1988 年
29	云南广南-广西隆林地区	1∶10 万	1992 年
30	云南罗平-文山地区	1∶10 万	1996—1997 年
31	云南大理-丽江地区	1∶20 万	1998 年
32	云南维西-宁蒗地区	1∶20 万	2001 年
33	滇黔桂及周围 AC	1∶100 万	1958—1959 年
34	贵州梵净山 ABC	1∶5 万	1971 年
35	贵州上扬子 AB	1∶40 万	1984—1985 年
36	云南广南广西隆林	1∶10 万	1992—1994 年
37	湘黔桂地区	1∶20 万	1963—1964 年
38	四川盆地	1∶100 万	1970—1972 年
39	四川盆地 A	1∶40 万	1966 年
40	四川盆地 B	1∶20 万	1971 年
41	黔西南地区	1∶10 万	1978 年
42	桂西北黔西南	1∶10 万	1986—1988 年
43	贵州兴仁罗甸地区	1∶10 万	1989—1991 年
44	云南罗平文山	1∶10 万	1996—1998 年
45	长江中上游平原	1∶100 万	1958—1959 年

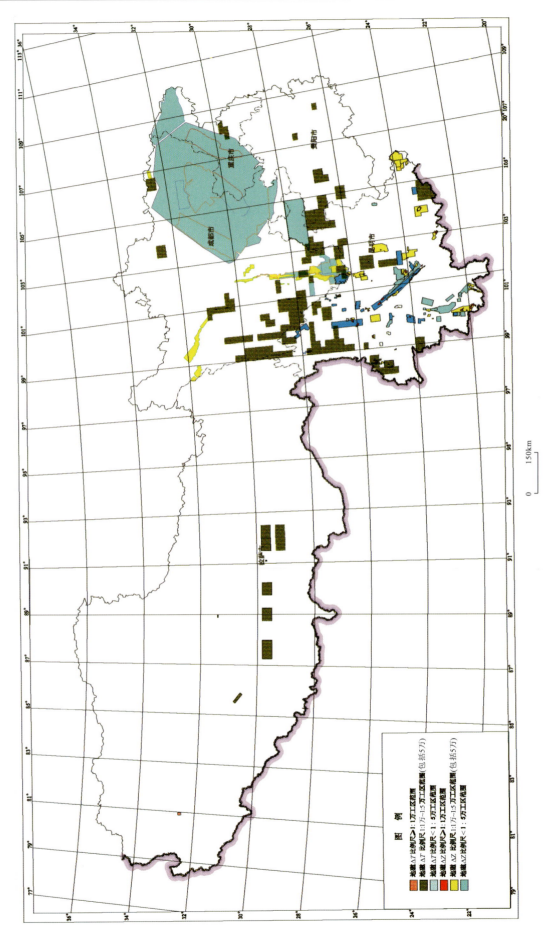

图2-3 西南地区地磁工作程度图(1∶1200万)

表 2-2 西南地区地磁工作程度统计表

序号	项目名称	比例尺	工作时间
1	云南省德钦县东竹林、谷龙、苏鲁超基性岩群地球物理（化学）探测	1:1万	1966—1967年
2	云南省维西县楚格扎地球物理（化学）探测普查	1:10万	1978年
3	云南省维西县楚格扎详查区地球物理（化学）探测	1:1万	1978年
4	云南省中甸县红山矿区外围地球物理（化学）探测普查	1:5万	1960年
5	滇东北地区地球物理（化学）区域测量	1:20万	1960年
6	大理苍山－丽江玉龙山一带地球物理（化学）探测普查	1:5万	1960年
7	云南省北衙马头湾地区地球物理探测	1:1万	1960年
8	云南省北衙马头湾地区地球物理探测	1:2.5万	1960年
9	云南省洱源县凤羽工区地球物理（化学）探测	1:1万	1974—1976年
10	云南省大理市九顶山地区地球物理探测	1:1万	1960年
11	云南省宾川地区航磁异常检查	1:1万～1:5万	1971—1973年
12	云南省宾川县平川街一带普查区地球物理（化学）探测	1:5万	1973年
13	云南省华坪、永胜、宁浪地区航磁异常踏勘检查	1:5万～1:10万	1970—1971年
14	云南省华坪县航磁M104异常地面磁测普查	1:2.5万～1:5万	1971年
15	云南省永仁、元谋普查区地球物理探测	1:5万	1959年
16	云南省永仁地区麂子厂-小啊喇基性-超基性岩体地球物理（化学）探测	1:1万	1969年
17	云南省元谋县姜驿工区地球物理（化学）探测	1:2.5万	1977年
18	云南省元谋县姜驿工区地球物理（化学）探测	1:1万	1966—1967年
19	云南省元谋-牟定地区地球物理（化学）探测	1:1万	1962—1964年
20	云南省元谋-牟定普查区地球物理（化学）探测	1:2.5万	1962年
21	云南省禄丰县罗茨温泉地球物理（化学）探测	1:1万	1965—1966年
22	云南省昆明工区地球物理（化学）探测	1:2.5万～1:5万	1961年
23	云南省昆明市西华工区地球物理探测	1:1万	1972年
24	云南省罗平工区磁力探测	1:10万	1959年
25	云南省腾冲县滇滩地区地球物理（化学）探测	1:5万	1966年
26	云南腾冲、镇东、大雪山、黄连沟地球物理探测	1:2.5万	1959年
27	云南省腾冲-梁河磁测普查	1:10万	1960年
28	云南省龙陵镇东地球物理探测	1:2万	1959年
29	云南省永平县卓潘地区地球物理（化学）探测	1:1万	1961年
30	云南省永平县卓潘地区磁法普查	1:2.5万	1958年
31	云南省临沧地区凤庆县凤庆工区航磁异常检查	1:10万	1975—1976年
32	云南省临沧地区凤庆县凤庆工区航磁异常检查	1:5万	1975—1976年
33	云南省弥渡县德苴-弥渡城工区地球物理（化学）探测	1:5万	1978年
34	云南省弥渡县德苴M23航磁异常地面地球物理（化学）探测详查	1:1万	1978—1980年

续表 2-2

序号	项目名称	比例尺	工作时间
35	云南省哀牢山物（化）普查区四分区马家村-多依厂工区地球物理（化学）探测普查	1:5万	1973 年
36	云南省弥渡县 M81 航磁异常和金宝山-五顶山工区地球物理探测	1:1万	1974—1976 年
37	云南省哀牢山北段地球物理（化学）探测普查	1:5万	1972 年
38	云南省南华县青木林—白沙地一带地球物理（化学）探测普查	1:2.5万	1970 年
39	云南省景东县学堂丫口-森林所超基性岩带地球物理探测普查	1:2万	1970 年
40	云南省景东县学堂丫口-森林所超基性岩带地球物理探测普查	1:2.5万	1970 年
41	云南省思茅地区地球物理（化学）探测	1:2.5万	1959 年
42	云南省思茅地区地球物理（化学）探测	1:1万	1959 年
43	云南省镇源县麻洋-学堂地区地球物理（化学）探测普查	1:2.5万	1970 年
44	云南省墨江地区地球物理（化学）探测	1:2.5万～1:5万	1958 年
45	云南省新平县双沟地区地球物理（化学）探测	1:1万～1:2万	1973—1976 年
46	云南墨江地区地球物理（化学）探测	1:1万	1958 年
47	云南省双柏县 M61、M104 航磁异常区地球物理（化学）探测普查	1:10万	1978 年
48	云南省新平县大红山铁、铜矿区及外围地球物理（化学）探测普查	1:5万	1965—1967 年
49	云南省新平县大红山铁、铜矿区及外围地球物理（化学）探测详查	1:1万	1965—1967 年
50	云南省新平县大红山矿区外围元江-达诺地球物理（化学）探测普查	1:10万	1974—1977 年
51	云南省新平县大红山矿区外围元江-达诺地球物理（化学）探测普查	1:5万	1974—1977 年
52	云南省新平县大红山矿区外围元江-达诺地球物理（化学）探测普查	1:2.5万	1977 年
53	云南省新平县鲁奎山铁矿区地球物理（化学）探测试验	1:1万	1979—1980 年
54	云南省石屏县龙朋地区地球物理（化学）探测普查	1:5万	1975 年
55	云南省云县-双江航磁异常区地球物理（化学）普查（幸福）	1:5万	1978—1979 年
56	云南省云县-双江航磁异常区地球物理（化学）普查（勐库）	1:5万	1978—1979 年
57	云南省云县-双江航磁异常区地球物理（化学）探测	1:1万	1978—1979 年
58	云南省思茅地区地球物理（化学）探测	1:5万	1959 年
59	云南省澜沧江南端航磁异常检查	1:20万	1978—1980 年
60	云南省澜沧县南甸航磁异常（98 号）地面地球物理（化学）探测	1:5万	1980 年
61	西双版纳铁矿西矿带勐海-澜沧地区地球物理（化学）探测	1:5万	1977—1978 年
62	西双版纳铁矿西矿带惠民工区地球物理（化学）探测	1:1万	1977—1978 年
63	云南省勐海-澜沧地区铁矿地球物理（化学）详测（吉量）	1:1万	1980 年
64	西双版纳铁矿西矿带西定工区地球物理（化学）探测	1:1万	1977—1978 年
65	云南省勐海-澜沧地区铁矿地球物理（化学）详测（南木林）	1:1万	1979 年
66	云南省景洪地区航磁异常检查	1:20万	1981 年
67	云南省思茅地球物理（化学）探测	1:2.5万	1959 年
68	云南省景洪县曼老-曼龙迈、橄榄坝工区地球物理（化学）探测普查	1:5万	1976 年

续表 2-2

序号	项目名称	比例尺	工作时间
69	云南省景洪县曼老-曼龙迈、橄榄坝工区地球物理（化学）探测普查	1：2.5万	1975年
70	云南省景洪县小街磁异常（M011）磁法详查	1：1万	1981年
71	云南省金平白马寨普查区地球物理（化学）探测	1：2万	1960年
72	云南省金平白马寨地区超基性岩地球物理（化学）探测普查	1：1万	1961—1963年
73	云南省金平县金平Ⅰ—Ⅲ工区地球物理（化学）探测	1：2万	1958—1959年
74	云南省文山县白牛厂—薄竹山地区地球物理（化学）探测	1：5万	1981—1982年
75	云南省富宁城东北地球物理（化学）探测普查	1：2.5万	1959年
76	云南省富宁城东北地球物理（化学）探测普查	1：2.5万	1960年
77	云南省富宁城东北地球物理（化学）探测普查	1；5万	1960年
78	云南省富宁地区镍矿地球物理探测详查	1：1万	1959年
79	云南省富宁地区镍矿地球物理探测详查	1：2.5万	1959年
80	云南省富宁县板仑工区地球物理探矿普查	1：2.5万	1958年
81	云南省腾冲县大硐厂工区地球物理（化学）探测	1：1万	1982年
82	云南省腾冲县瑞滇热田地球物理探测	1：1万	1980—1982年
83	腾冲、朗蒲寨幅区域地质调查地球物理（化学）探测	1：5万	1983—1984年
84	云南省梁河县来利山锡矿区地球物理（化学）探测	1：2万	1982—1983年
85	区域地质矿产地球物理（化学）探测调查（蛇街幅、大仓幅）	1：5万	1984—1985年
86	峨山、塔甸幅区域地质调查地球物理（化学）探测	1：5万	1985年
87	云南省景洪县景洪-大勐龙磁异常带地球物理探测及异常查证	1：2.5万	1978年
88	云南省景洪县景洪-大勐龙磁异常带地球物理探测及异常查证	1：1万	1975—1977年
89	1：5万西畴幅区域地质调查地球物理（化学）探测	1：5万	1984—1985年
90	马关大丫口锡多金属矿普查	1：2万	1975年
91	云南省中部峨山石屏工区钨锡矿地球物理（化学）探测普查	1：5万	1981—1983年
92	云南省保山柯街地质勘查磁测	1：5万	2004年
93	云南省保山双麦地质勘查地球物理探测	1：5万	2005年
94	云南省临沧邦六地质勘查地球物理探测	1：5万	2005年
95	云南省鹤庆县北衙地区地球物理（化学）探测工作	1：5万	2005年
96	江北县龙王洞背斜铜罗峡背斜地区地面磁力调查	1：1万～1：10万	1976年
97	万县、梁平、长寿地区重力、地面磁力调查	1：10万	1971年
98	涪陵、南川地区重力、地面磁力调查	1：10万	1972年
99	大巴山地区重力、地面磁力调查	1：20万	1960年
100	綦江-万县地区重力、地面磁力调查	1：50万	1953—1955年
101	渝、鄂西地区重力、地面磁力调查	1：50万	1966年

续表 2-2

序号	项目名称	比例尺	工作时间
102	成都平原地区重力调查	1：10 万	1954—1955 年
103	隆昌圣灯山地区重力调查	1：10 万	1955 年
104	盐亭—南充地区重力调查	1：10 万	1956 年
105	泸江、合江、江安地区重力调查	1：10 万	1956 年
106	资阳-自贡-宜宾-乐山-洪雅地区重力调查	1：10 万	1958—1959 年
107	华蓥山、南充、潼南地区重力调查	1：10 万	1957 年
108	阆中地区重力调查	1：20 万	1965—1966 年
109	四川盆地重力调查	1：50 万	1953—1955 年
110	内江-资中-安岳-铜梁-富顺地区重力调查	1：20 万	1956 年
111	南江旺苍北部地区重力调查	1：5 万	1960 年
112	南江县坪河-河坝地区重力调查	1：5 万	1962 年
113	广元曾家河-旺苍盐井河地区重力调查	1：5 万	1974 年
114	旺苍东北部重力调查	1：2.5 万~1：5 万	1972 年
115	会理地区重力调查	1：10 万	1955 年
116	会理普威地区重力调查	1：10 万	1956 年
117	会理地区重力调查	1：5 万	1956 年
118	会理地区重力调查	1：10 万	1956 年
119	会理县 18、20 测区重力调查	1：5 万	1956 年
120	会理地区重力调查	1：10 万	1957 年
121	会理地区重力调查	1：10 万	1957 年
122	西昌专区重力调查	1：5 万	1958 年
123	会理天宝山地区重力调查	1：5 万	1958 年
124	冕宁泸宁至金矿联合乡地区重力调查	1：5 万	1959 年
125	盐源地区重力调查	1：20 万	1960 年
126	冕宁县大桥区重力调查	1：5 万	1962 年
127	冕宁幅地区重力调查	1：5 万	1962 年
128	米易幅地区重力调查	1：20 万	1964 年
129	盐源白灵乡老果房社地区重力调查	1：5 万	1966 年

获得 1：2000 地面磁测 ΔZ 资料。重庆市仅收集到江北县区块、武隆地区开展 1：5 万地面磁测的资料。贵州仅在黔西北地区有少量的地面磁测资料，分布于织金、六盘水、安顺、瓮安、雷公山一带。总体来说，中国西南地区的地磁工作程度比中国东部地区低很多。

（三）使用的磁测资料概况

本次工作采用的数据源于中国国土资源航空物探遥感中心下发的西南地区三省一市一自治区航磁数据库，数据是已经过调平，本次对数据直接运用，收集数据年限至 2007 年。该航磁数据库由中国国土资源航空物探遥感中心于 2002 年开始建设，汇集了航空磁测数据和相关信息，主要内容包括坐标数据参数、磁力值、航磁工区参数信息等。坐标数据，记录与磁力值对应的坐标值。磁力值，记录航空磁测 ΔT 数据。航磁工区参数，记录磁测中工作区有关工作单位、时间、设备、飞行高度、测量精度等信息。

航空磁测数据是按照"全国磁测资料信息评价"项目要求提取的各省航磁网格数据，间隔为 2km×2km，西南地区的边界略有外延。

地面磁测资料主要来源于做过大比例尺地面磁测工作的、极少数以直接找磁性铁矿为目的的典型铁矿床地质（或物探）工作报告，比例尺大小从 1∶2000 到 1∶5 万不等；有的是 ΔZ，有的是 ΔT；有的是电子文档资料，多数为纸质资料。

1. 航磁资料使用概况

西南地区航磁资料为 1∶10 万、1∶20 万、1∶40 万、1∶50 万及 1∶100 万资料，大部分以 1∶50 万或 1∶100 万为主，少部分为大于 1∶20 万的航磁资料。使用的资料为表 2-2 中 45 个区块的航磁数据。

2. 地磁资料使用概况

西南地区地磁资料主要集中在云南，各省的工作程度不一。本次工作主要收集西南地区各省级采用的地磁资料编制的预测工作区和典型矿床资料，对其资料进行直接运用。地磁资料截至 2006 年的归档资料，且有一部分地磁资料未收集到。

第二节 区域物性特征

一、密度特征

根据西南地区的大地构造单元划分原则，由于各省的物性差异较大，并且不属于同一个板块构造域，对各省的岩石物性对比较难。本次统计岩（矿）石的物性是根据各省的统计结果进行相应的汇总，本书仅介绍密度与磁性特征。

（一）西藏自治区

根据西藏自治区重力工作对各地区岩矿石密度测定的资料，通过分别叙述喜马拉雅-雅鲁藏布江中段及藏南地区与三个造山带地区（即"三江"造山带、可可西里-巴颜喀拉造山带、东昆仑造山带）重力测量所作物性工作研究结果，基本可以归纳全自治区岩矿石密度基本特征。

1. 喜马拉雅-雅鲁藏布江中段及藏南地区岩石密度与磁性特征

喜马拉雅-雅鲁藏布江中段的岩矿石密度资料、罗布莎矿区岩矿石密度统计及藏南实测岩石密度统计分别见表 2-3～表 2-5。

由表 2-3 至表 2-5 可以看出以下特征。

（1）新生界与其下部的地层之间有一个约 0.5g/cm³ 的密度界面存在。

（2）矿石密度大，与其围岩超镁铁岩之间有一个明显的密度界面。

（3）岩体中超镁铁岩与其围岩相比，密度略高。

（4）铬铁矿密度较大，与周围超镁铁岩之间存在明显的密度差。

（5）沉积岩一般属低密度岩类，密度变化范围较大，一般为 $(1.76\sim2.64)\times10^3\text{kg/m}^3$，灰岩密度较高可达 $2.72\times10^3\text{kg/m}^3$。

（6）中酸性火山岩类岩石密度与部分沉积岩密度相当，变化范围 $(2.57\sim2.65)\times10^3\text{kg/m}^3$。

（7）中酸性侵入花岗岩类密度一般为 $(2.61\sim2.64)\times10^3\text{kg/m}^3$，而黑云母花岗岩密度较大，可达 $2.74\times10^3\text{kg/m}^3$，超基性岩类密度达 $2.93\times10^3\text{kg/m}^3$。

表 2-3 喜马拉雅-雅鲁藏布江中段岩石密度表

地质时代	岩石名称	密度（×10³kg/m³）	平均值（×10³kg/m³）
第四纪	黏砂土	1.90	1.90
第三纪（古近纪＋新近纪）	砂岩	2.15	2.15
喜马拉雅山期	火山碎屑岩	2.31	2.47
	火山角砾岩	2.37	
	安山岩	2.44	
	碳酸盐化安山岩	2.76	
	花岗岩	2.45	
喜马拉雅期—燕山期	超基性岩	2.91	2.91
白垩纪	大理岩	2.46	2.55
	砂岩	2.67	
	板岩	2.66	
	砾岩	2.49	
	硅质岩	2.66	
	高岭土岩	2.37	
	长英岩	2.60	
	凝灰岩	2.52	
燕山期	变质花岗岩	2.58	2.63
	花岗岩	2.59	
	硅化花岗岩	2.60	
	花岗片麻岩	2.61	
	花岗斑岩	2.59	
	闪长岩	2.79	
三叠纪	千枚岩板岩	2.60	2.63
	变质石灰岩	2.65	
古生代	石英岩	2.60	2.60
	云英岩	2.59	
前寒武纪	花岗片麻岩、黑云母片麻岩	2.62	2.62

注：据焦荣昌，《喜马拉雅—雅鲁藏布江中段地球物理场特征及其初步分析》，1982。

表 2-4 罗布莎矿区岩矿石密度统计表

类别	岩矿石名称	标本数（块）	密度变化范围（×10³kg/m³）	平均值（×10³kg/m³）
矿石	致密块状铬铁矿	119	3.49～4.34	4.20
	稠密浸染状铬铁矿	30	2.83～4.28	3.60
	稀疏浸染状铬铁矿	17	2.74～3.05	2.91
超镁铁岩	纯橄岩	85	2.08～3.04	2.62
	斜辉辉橄岩	767	2.07～3.18	2.75
	斜辉橄榄岩	273	2.31～3.30	3.04
脉岩	辉长辉绿岩	8	2.91～3.14	3.03
三叠系	千枚岩	35	2.38～2.69	2.57
	结晶灰岩	4	2.64～2.66	2.65
第三系（古近系＋新近系）	砂砾岩	7	2.62～2.85	2.75
酸性岩	花岗岩	10	2.58～2.91	2.63

注：据张浩勇，《罗布莎铬铁矿床研究》，1996。

表 2-5 藏南实测岩石密度统计表

岩类	岩性	标本数（块）	密度平均值（$\times 10^3 \text{kg/m}^3$）
沉积岩	含砾亚砂土	10	1.76
	砂砾岩	30	2.03
	粉砂质泥岩	100	2.56
	砂质、泥质、粉砂质页岩	100	2.62
	粉砂岩、砂岩	80	2.64
	灰岩	110	2.72
火山岩	中酸性火山凝灰岩	30	2.57
	安山岩、安山玢岩	60	2.65
侵入岩	花岗岩（γ_6^1）	30	2.61
	花岗岩（γ_{5-6}^3）	120	2.61
	花岗岩（γ_5^3）	30	2.64
	黑云母花岗岩（$\gamma\beta_5^2$）	30	2.74
	辉石橄榄岩*		2.93
变质岩	大理岩	60	2.66
	变砂岩	30	2.69
	板岩	30	2.72
	花岗片岩	60	2.72

注：* 来源于西藏物探大队吴钦提供的物性资料表。

（8）变质岩的密度较沉积岩、火山岩、花岗岩类岩石总体偏高，变化范围为（2.69～2.72）×10^3kg/m^3。

2. 三个造山带地区岩石密度特征

对"三江"造山带、可可西里-巴颜喀拉造山带、东昆仑造山带 3 个不同地区地层密度的对比分析可知，同一地层在不同地区的密度亦有差异。由于是由 3 个不同的大型构造单元拼贴缝合而成，因此密度统计中注重按不同构造单元分块进行统计，其物性资料综合统计结果见表 2-6。

表 2-6 三个造山带物性资料综合统计表

构造层	地层	"三江"造山带密度平均值	可可西里-巴颜喀拉造山带密度平均值	东昆仑造山带密度平均值	全区密度平均值	界面密度差
上地壳	新生界		2.11		2.11	
						0.45
	中生界	2.55	2.57		2.56	
						0.11
	古生界	2.69	2.64	2.69	2.67	
						0.10
	前寒武系	2.75	2.74	2.81	2.77	
						-0.16
低密度层	花岗质岩层	2.60	2.62	2.61	2.61	
						0.24
中地壳	角闪岩层	2.83	2.85	2.86	2.85	
						0.17
下地壳	玄武岩或辉长岩层	3.01	3.01	3.04	3.02	
						0.31
上地幔	橄榄岩层	3.35	3.33	3.32	3.33	

注：1. 密度单位为 $\times 10^3 \text{kg/m}^3$；2. "可可西里-巴颜喀拉造山带"中生界密度由于地表密度采样岩性较单一，因此直接采用地震密度资料。

由表 2-6 可以看出，地层及岩浆岩密度有如下特征。

(1) 地层由新到老，密度值整体呈逐渐增加的趋势。

(2) 从全区范围看，区内存在 8 个密度层、7 个密度界面。

上地壳地层和岩体的密度分布特征表明：测区新生界、中生界、古生界及前寒武系之间存在较为明显的密度差，其差值大于或等于 $0.10\times10^3\,\mathrm{kg/m^3}$，中生界底界面和古生界底界面能引起明显的重力异常；侵入岩体的密度与新生界、中生界、古生界、前寒武系亦存在明显密度差，因此视其规模和与围岩的关系，侵入岩体将引起规模、性质各异的局部重力异常（表 2-7）。

表 2-7　青藏高原地区物性资料综合统计表（$\times10^3\,\mathrm{kg/m^3}$）

地层（侵入岩）名称	代号	密度变化范围	密度平均值	密度差
新生界	Kz	1.76~2.65	2.35	
中生界	Mz	2.30~2.69	2.63	0.28
古生界	Pz	2.64~2.74	2.71	0.08
元古宇	Pt	2.70~2.74	2.71	0.00
花岗岩	γ	2.52~2.69	2.59	
花岗闪长岩	γδ	2.64~2.80	2.73	
辉长岩	υ		2.80	

地壳密度分层特征表明：上地壳、低密度层、中地壳、下地壳及上地幔之间存在明显的密度差，差值大于或等于 $0.16\times10^3\,\mathrm{kg/m^3}$，且不同构造单元之间地壳密度分层亦存在差异。

(二) 四川省

四川省各类岩石、地层密度特征值见表 2-8~表 2-10。从表 2-8~表 2-10 可以看出，区域岩石的密度特征整体规律是岩浆岩＞变质岩＞沉积岩。随着地层时代由新到老，各时代地层岩石密度呈增大变化趋势。四川省出露地层可分为 6 个密度层：第四系—古近系、白垩系—侏罗系、三叠系—寒武系、震旦系、褶皱基底、结晶基底。

表 2-8　四川省岩浆岩密度特征值

岩类＼地区	义敦褶皱带	雅江褶皱带	巴颜褶皱带	攀西褶皱带	龙门山褶皱带	汉南台拱
酸性岩	2.62	2.62	2.64	2.61	2.64	2.63
	2.58~2.66	2.59~2.64	2.60~2.66	2.51~2.73	2.62~2.67	2.61~2.64
中性岩	2.74	2.74	2.87	2.81	2.85	2.86
	2.7~2.77	2.69~2.77	2.75~2.95	2.78~2.9	2.75~2.96	2.73~2.96
基性岩	2.97			2.94	2.91	2.94
	2.94~3.01			2.67~3.18	2.81~3	2.86~3.03
超基性岩	2.62			3.14	2.76*1	
	2.60~2.64			3.02~3.3	2.7~2.84	
碱性岩		2.74	2.89	2.62		2.81*2
		2.71~2.77	2.66~3.01	2.56~2.67		2.65~3.13
喷出岩（玄武岩）	2.97			2.86		
				2.67~3.04		

注：1. 表中数据为密度平均值或变化范围；2. 密度单位为 $\mathrm{g/cm^3}$；*1. 马松岭、黄二坪超基性岩由于蛇纹石化蚀变使岩石密度减小；*2. 为坪河正长岩、坪河霓霞岩。

表 2-9 四川省沉积岩、变质岩密度特征值（×10^3 kg/m^3）

岩性	密度值变化范围	岩性	密度值变化范围
砾岩	2.41	变质砂岩	2.46
	2.02~2.80		2.21~2.71
砂岩	2.43	板岩	2.58
	1.93~2.93		2.38~2.78
页岩	2.12	千枚岩	2.59
	1.78~2.47		2.52~2.67
灰岩	2.70	片岩	2.66
	2.52~2.88		2.52~2.80
白云岩	2.77	大理岩	2.78
	2.67~2.87		2.75~2.81

（三）云南省

1. 地壳浅部密度层划分

各地层的岩石密度总体上随时代由新至老逐步增大。据其变化特点大致可划分为新生界、中生界、上古生界、下古生界、前寒武纪基底 5 个密度层（表 2-11）。

新生界以松散的碎屑及泥质沉积为主，部分地区夹甚低密度的褐煤或膏盐层。即使是本层为数不多的泥灰岩及安山玄武岩的密度与其他密度层的同类岩石比较亦属最低。新生界平均密度约 2.35×10^3 kg/m^3，与下伏中生界为一明显密度界面，密度差达 -0.26×10^3 kg/m^3。由于新生界分布范围有限，厚度小，故仅在区域背景上产生局部重力低。

中生界大致有两种类型：一是以陆相沉积为主的碎屑-泥质建造（如滇中、思茅等盆地），二是浅海相碎屑-碳酸盐岩建造（如保山地区、南盘江坳陷等）。后者密度略大于前者。全省中生界平均密度为 2.61×10^3 kg/m^3。与上古生界也存在一个密度界面，其密度下大上小，密度差达 $-(0.06\sim0.09)\times10^3$ kg/m^3。

上古生界以碳酸盐岩为主，并有广泛分布的基性岩，表现为高密度的特征。平均密度为 $(2.67\sim2.70)\times10^3$ kg/m^3。但与上述密度界面呈相反的密度序列，上大下小，密度差在 $(0.06\sim0.09)\times10^3$ kg/m^3 之间变化。

下古生界在多数地区以碎屑岩和泥质岩为主，高密度的碳酸盐岩和基性火山岩均不很发育，因此其平均密度反较上古生界低，仅 2.61×10^3 kg/m^3，与中生界相当。

震旦系以高密度的白云岩（2.85×10^3 kg/m^3）和砂岩（2.72×10^3 kg/m^3）为主，目前确认的元古宙变质岩平均密度为 $(2.67\sim2.74)\times10^3$ kg/m^3，与震旦纪砂岩相当，因此将它们统一归为前寒武纪密度层，平均密度为 2.78×10^3 kg/m^3。与上覆下古生界密度差达 0.17×10^3 kg/m^3，为区内较显著的密度界面。

2. 不同类型岩石的密度及其变化

沉积岩类密度由大到小是碳酸盐岩（2.74×10^3 kg/m^3）、碎屑岩类（2.59×10^3 kg/m^3）、泥质岩（2.49×10^3 kg/m^3）、黏土（2.05×10^3 kg/m^3）。

火山岩类密度由大到小的序列是变钠质火山岩（2.94×10^3 kg/m^3）、变质基性火山岩（2.80×10^3 kg/m^3）、玄武岩（2.77×10^3 kg/m^3）、角斑岩（2.72×10^3 kg/m^3）、英安岩（2.69×10^3 kg/m^3）、凝灰岩（2.59×10^3 kg/m^3）。腾冲地区的新生代中基性火山岩由于地表岩石有大量气孔存在，测定密度仅

表 2-10 四川省不同构造区地层岩石密度特征值

宇	界	系	统	代号	义敦优地槽褶皱带	雅江昌地槽褶皱带	巴颜喀拉褶皱带	西秦岭褶皱带	龙门山褶断束	攀西裂谷带	盐源坳陷带	四川台陷	汉南台拱	大巴山陷褶束	主要密度层及密度差	备注
显生宇	新生界	第四系		Q	1.28	1.25	1.49		1.31	1.50		2.05			$\sigma=2.03$	①四川盆地成果表明上三叠统为海陆过渡相；②四川盆地成果统计海相沉积岩石密度差为：$\Delta\sigma=2.68-2.52=0.16$；③会理群风化厉害所测密度值过低，均值未考虑；④龙门山和汉南台拱量值据物性采样位置对照《四川省区域地质志》地质图整理得到
		新近系		N	2.32	2.57	2.55		2.07	1.94		2.48				
		古近系		E (R)	2.65				2.27	2.68						
	中生界	白垩系	上统	K_2					2.38			2.41	2.41		$\sigma=2.45$	
			下统	K_1					2.35							
		侏罗系	上统	J_3					2.39			2.52	2.52			
			中统	J_2					2.36						T_4	
			下统	J_1					2.56			2.55	2.55			
		三叠系	上统	T_3	2.67	2.65	2.69	2.60	2.61	2.66	2.55	2.56	2.62	T_6	$\Delta\sigma=0.23$	
			中统	T_2		2.75	2.75	2.70	2.80	2.49	2.63	2.71	2.71	2.70	2.68	
			下统	T_1			2.69	2.74	2.66	2.67	2.68	2.68	2.68	2.71	2.68	
	古生界	二叠系	上统	P_2	2.79	2.74			2.86	2.33		2.68	2.65	2.69		
				$P_2\beta$				2.75	2.70	2.84	2.95	2.67	2.87			
			下统	P_1	2.75	2.94			2.68	2.67		2.68	2.70			
		石炭系	上统	C_3	2.72	2.77	2.79	2.74	2.69		2.68	2.68				
			中统	C_2	2.72										$\sigma=2.67$	
			下统	C_1	2.72	2.87		2.70	2.72							
		泥盆系	上统	D_3	2.7			2.70	2.71		2.58					
			中统	D_2	2.71		2.72	2.70	2.53		2.67				$\sigma=2.68$	
			下统	D_1				2.65	2.61							
		志留系	上统	S_3	2.78		2.76		2.59							
			中统	S_2	2.78	2.72		2.61	2.63		2.67	2.64	2.64	2.68		
			下统	S_1	2.82	2.8	2.73		2.40			2.68	2.65			
		奥陶系	上统	O_3		2.72		2.85								
			中统	O_2				2.69	2.78	2.67		2.64	2.64	2.70	2.71	
			下统	O_1	2.69	2.7			2.55	2.49						
		寒武系	上统	ϵ_3	2.73				2.76					2.78		
			中统	ϵ_2			2.67		2.61			2.68	2.68	2.75	2.60	T_{11}
			下统	ϵ_1		2.8			2.57	2.56	2.49			2.67	2.67	
		震旦系	上统	Z_2	2.72		2.8	2.70	2.80	2.78	2.64	2.80	2.79	2.73	$\sigma=2.74$	
			下统	Z_1	2.64		2.7	2.72	2.72	2.53			2.81	2.74	2.72	
元古宇	元古界	褶皱基底	板溪群	Pt_3											$\Delta\sigma=0.14$	
			会理群、黄水河群、通水梁群	Pt_2	2.74			通木梁群 2.82	盐井群 2.67	2.81	2.82	2.48		2.80	$\sigma=2.80$	
	前震旦系															
太古宇	太古界	结晶基底		Pt_1—Ar					2.88	2.80			2.86		$\sigma=2.85$ / $\sigma=2.82$	

注：1. 此表据《四川盆地物性总结》(1956)、《四川盆地第四纪至震旦纪地层物性参数标准柱状图说明书》(1989)等，结合《四川省区域地质志》(1991)的地质图整理而成；2. 表中密度值均已按厚度加权，即 $\delta=\sum h_i\delta_i/\sum h_i$，仅密度层密度系算术平均；3. 密度单位为 g/cm³；4. 表中"T"为地震波速界面；4. 表中空白区为地层缺失或无数据。

表 2-11 云南省地层密度统计表

地层时代		代号	岩性及密度平均值(×10³ kg/m³)											密度分层
			黏土	泥岩、页岩	泥砾岩	砂岩、砾岩	碳酸盐岩	板岩	片岩	英安岩	角斑岩	凝灰岩	安山岩	玄武岩	
新生界	第四系	Q	2.05									2.41/20		2.54/80	2.35 (2.41)
	第三系 新近系	N	2.05	2.01/20		2.37/485	2.68/40							2.82/30	
	第三系 古近系	E		2.57/494	2.42/1170	2.42/2492	2.59/722								
中生界	白垩系 上统	K₂		2.60/780	2.54/117	2.61/2714	2.54/119								2.61 (2.64)
	白垩系 下统	K₁		2.53/51		2.53/414									
	侏罗系 上统	J₃		2.56/29		2.44/88	2.57/10								
	侏罗系 中统	J₂		2.48/457	2.50	2.60/530	2.64/195					2.65/10		2.80/10	
	侏罗系 下统	J₁		2.65/50		2.57/103	2.81/10				2.45/10			2.80/10	
	三叠系 上统	T₃		2.64/79		2.62/336	2.71/219	2.69/109	2.68/49	2.68/10			2.73/13		
	三叠系 中统	T₂		2.56/13		2.66/104	2.71/882	2.69/54	2.53/10		2.72/20			2.74/80	
	三叠系 下统	T₁		2.59/19		2.67/60	2.68/388	2.61/10							
上古生界	二叠系 上统	P₂				2.54/69	2.69/132		2.65/10			2.61/20		2.92/559	
	二叠系 下统	P₁				2.63/101	2.71/870								
	二叠系 未分	P				2.66/143	2.68/30	2.67/10							
	石炭系 上统	C₃					2.71/169							2.69/10	
	石炭系 中上统	C₂₋₃		2.51/20			2.71/159					2.62/10			
	石炭系 中统	C₂				2.67/20	2.70/195								
	石炭系 中下统	C₁₋₂					2.80/76								
	石炭系 下统	C₁				2.64/30	2.70/399							2.69/25	
	石炭系 未分	C		2.05/10		2.80/10	2.78/50	2.76/20							
	泥盆系 上统	D₃					2.72/60								
	泥盆系 中上统	D₂₋₃				2.63/10	2.80/30								
	泥盆系 中统	D₂		2.45/10		2.56/110	2.71/487	2.72/10	2.62/10						
	泥盆系 中下统	D₁₋₂					2.75/10								
	泥盆系 下统	D₁					2.69/120	2.54/60							
	泥盆系 未分	D		2.58		2.66/20	2.73/30	2.50/20							
下古生界	志留系 上统	S₃				2.53/30	2.73/40								2.61
	志留系 中上统	S₂₋₃				2.31/10									
	志留系 中统	S₂					2.75/10								
	志留系 下统	S₁					2.71/20								
	志留系 未分	S		2.58		2.58	2.74/29								
	奥陶系志留系未分	O—S				2.35/10	2.55/65	2.72/30		2.55/31					
	奥陶系 中上统	O₂₊₃				2.65/10	2.70/10	2.71/20							
	奥陶系 中统	O₂				2.55/10									
	奥陶系 下统	O₁				2.71/39	2.71/39								
	寒武系 上统	∈₃		2.58/10		2.56/39	2.79/225	2.58/10							
	寒武系 中统	∈₂				2.53/142	2.80/255	2.66/7	2.42/10						
	寒武系 中下统	∈₁₊₂				2.61/20	2.85/19								
	寒武系 下统	∈₁				2.50/33	2.66/89	2.72/48							
	震旦系	Z				2.72/10	2.85/100								2.78
	元古宇	Pt					见表 2-12								
各岩性类平均			2.05	2.49/2085	2.49/1287	2.59/8303	2.74/6227	2.66/310	2.56/140	2.68/10	2.72/20	2.59/50	2.41/20	2.77/727	

注:分子表示密度平均值,分母代表标本块数。

为（2.41～2.54）$\times 10^3$ kg/m³，可能与深部密度有较大差异而不具有代表性，故未列入上述密度序列。

变质岩的密度主要受原岩的影响较大，原岩密度大变质后仍然大，且较原岩有增大的趋势。变质岩密度减小序列为大理岩（2.77$\times 10^3$ kg/m³）、片麻岩（2.70$\times 10^3$ kg/m³）、变质砂岩和浅粒岩（2.67$\times 10^3$ kg/m³）、板岩（2.63$\times 10^3$ kg/m³）、片岩（2.62$\times 10^3$ kg/m³）、千枚岩（2.59$\times 10^3$ kg/m³）（表 2-12）。

表 2-12　云南省变质岩系密度统计表

变质岩层位	代号	岩性及密度平均值（$\times 10^3$ kg/m³）											按群统计
		变质砂岩	板岩	片岩	千枚岩	石英岩	片麻岩	浅粒岩	变粒岩	大理岩	变钠质火山岩	变基性火山岩	
虎跳涧群	Pβ											2.93/92	2.93
勐洪群	CMh			2.65/10						2.68/20			2.66
勐统群	PzM	2.67/10		2.61/37						2.75/20			2.65
无量山群	PzWl			2.73/10									2.73
变质古生界	Pz	2.61/29	2.60/1211	2.58/58	2.46/40	2.58/45	2.63/60			2.71/20		2.85/4	2.61
哀牢山群	PtAl	2.66/20	2.70/10				2.74/55		2.56/34	2.72/52			2.69
西盟群	PtXm				2.65/33	2.74/77	2.67/7			2.83/79			2.68
大红山群	PtDh		2.71/5	2.92/74						2.85/254	2.94/305	3.05/60	2.92
石鼓群	PtSh			2.68/60						2.72/30			2.68
苍山群	PtCn		2.22/23	2.59/48								2.74/82	2.67
高黎贡山群	PtGl	2.72/20	2.53/20	2.54/10			2.64/79						2.61
勐龙群	PtDm			2.30/10								2.57/10	2.56
崇山群	PtCh	2.73/20	2.52/10				2.73/20						2.66
澜沧群	PtLn	2.63/38		2.56/168			2.73/20					2.68/20	2.60
昆阳群	PtKn	2.64/230	2.72/132	2.77/10	2.71/10					2.83/335			2.74
苴林群	PtJl			2.66/20			2.66/60			2.71/10			2.67
各岩性类平均		2.67/377	2.63/1388	2.62/505	2.59/50	2.57/97	2.70/371	2.67/7	2.56/34	2.77/920	2.94/305	2.80/268	2.7

注：分子代表密度平均值，分母代表标本块数。

岩浆岩密度是随岩石基性程度增高和形成深度增大而增大，基性岩密度＞酸性岩密度，深成岩密度＞浅成岩密度。岩浆岩密度还受侵入时代的影响，其时代不同，密度也不尽相同。岩浆岩密度增大的序列是酸性岩（2.69$\times 10^3$ kg/m³）、中性岩（2.77$\times 10^3$ kg/m³）、基性岩（2.96$\times 10^3$ kg/m³）（表 2-13）。超基性岩的密度视其变质程度在（2.64～2.90）$\times 10^3$ kg/m³ 之间变化，平均密度为 2.76$\times 10^3$ kg/m³，低于基性岩，而与中性岩相当。究其原因，由矿物学知道，超基性岩在自变质作用下，橄榄石转变为蛇纹石时体积增大，密度大大减小。前者密度为（3.20～4.41）$\times 10^3$ kg/m³，蛇纹石仅为（2.58～2.83）$\times 10^3$ kg/m³。云南省超基性岩又往往受到强烈的蛇纹石化等蚀变作用而成为蛇纹岩。此外，地表所采标本风化厉害也是密度减小的原因之一。

就各变质岩群而论，由于它们的原岩组成不同，密度也就不尽相同。具火山岩类优地槽沉积的变质岩群密度最大，夹较多浅海相碳酸盐岩建造的变质岩群密度亦较大，深变质岩带多数较浅变质岩带密度大。全省变质岩群按其密度大小大致可分为 3 类。较高密度［（2.73～2.93）$\times 10^3$ kg/m³］的有大红山群、虎跳涧群、昆阳群、无量山群，中等密度［（2.61～2.69）$\times 10^3$ kg/m³］的有哀牢山群、石鼓群、苍山群、苴林群、西盟群、勐洪群、崇山群、勐统群、高黎贡山群，较低密度［（2.56～2.60）$\times 10^3$ kg/m³］的有澜沧群、大勐龙群。

表 2-13 云南省岩浆岩密度统计表

时代	构造运动时期	深成岩类密度平均值（×10³kg/m³）				浅成岩类密度平均值（×10³kg/m³）		
		酸性岩	中性岩	基性岩	超基性岩	酸性岩	基性岩	碱性岩
第四纪	喜马拉雅期					2.52/50		2.45/40
第三纪	喜马拉雅期					2.47/50		2.49/39
侏罗纪—白垩纪	燕山期	2.59/209		2.92/10		2.60/20		
三叠纪	印支期	2.72/40	2.76/20	3.06/50	2.64/1532	2.67/10		2.68/20
二叠纪—三叠纪	海西晚期—印支期	2.72/252		2.81/49	2.72/140		2.82/18	
石炭纪—二叠纪	海西中—晚期	2.68/260		2.92/10		2.60/20		
晚古生代	海西期			3.05/30	2.90/30	2.64/323	3.04/30	2.84/40
早古生代	加里东期	2.75/260						
新元古代	晋宁期	2.70/28	2.78/20	2.97/109				
各岩类密度平均值		2.69/1049	2.77/40	2.96/258	2.76/1702	2.58/453	2.93/48	2.62/139

注：分子代表密度平均值，分母代表标本块数。

3. 矿石密度特征

根据对部分矿石密度统计结果（表 2-14），大致可以划分为高、中、低密度 3 类。属于高密度 $[(3.40\sim4.27)\times10^3 kg/m^3]$ 的有铁矿石、铬铁矿石、含硫化物原生锡矿石，属于中等密度 $[(2.72\sim2.88)\times10^3 kg/m^3]$ 的有铝土矿、氧化锡矿石、钙芒硝矿及安宁盆地的石膏矿，属于低密度 $[(1.33\sim2.25)\times10^3 kg/m^3]$ 的有石盐矿、黑井石膏矿、褐煤等矿石。其中，高密度或低密度矿石只要具备一定的规模和较小的埋深都可能形成重力异常，对成矿远景区划和预测有一定意义。

表 2-14 云南省部分矿石密度统计表（×10³kg/m³）

矿石名称	密度平均值	产地
褐煤	1.1/7733	景谷、镇源、牟定大江坡
岩盐类 E_1	2.25/1036	江城、勐腊、景谷
岩盐类 J_2	2.22/85	昆明、安宁
石膏岩	2.24/10	牟定、黑井
石膏岩	2.73/66	昆明、安宁
钙芒硝矿	2.72/57	昆明、安宁
铝土矿	2.88/52	昆明西华街
硫铁矿化锡矿石	3.85/27	个旧地区
褐铁矿化锡矿石	2.88/44	西盟地区
铬铁矿	3.42/367	新平、景东
贫磁铁矿	3.40/83	新平大红山
磁铁矿	4.23/93	新平大红山
磁、菱混合矿	3.70	澜沧县惠民

注：分子代表密度平均值，分母代表标本块数。

（四）重庆市

从表 2-15 可以看出，各时代地层岩石的密度由新到老呈增大变化趋势。按表中数据特征可划分出 5 个密度层：新生界—中生界、侏罗系—三叠系、寒武系—震旦系、震旦系（板溪群）、褶皱基底（元古宇）、结晶基底（太古宇）。综合以上地层岩石密度特征，背斜构造和老地层（下古生界、震旦系等），在剩余重力异常图中将出现正异常特征。

表 2-15 重庆市不同构造区地层岩石密度特征值

宇	界	系	统	代号	大巴山褶断带、重庆-万县褶皱带及彭水-秀山褶皱带		大巴山褶皱带	主要密度层及密度差	
显生宇	新生界	第四系		Q		2.05		$\sigma=2.05$	
		新近系		N					
		古近系		E					
	中生界	白垩系	上统	K_2	2.41	2.41		$\sigma=2.45$	
			下统	K_1					
		侏罗系	上统	J_3	2.52	2.52		T_4	
			中统	J_2					
			下统	J_1	2.55	2.55			
		三叠系	上统	T_3	2.55	2.55	2.62	T_6	$\Delta\sigma=0.23$
			中统	T_2	2.71	2.71	2.68		
			下统	T_1	2.68	2.68	2.68		
	古生界	二叠系	上统	P_2		2.68			
				$P_2\beta$	2.67	2.87	2.69		
			下统	P_1		2.68			$\sigma=2.67$
		石炭系	上统	C_3					
			中统	C_2	2.68				$\sigma=2.68$
			下统	C_1					
		泥盆系	上统	D_3					
			中统	D_2	2.67				
			下统	D_1					
		志留系	上统	S_3					
			中统	S_2	2.64	2.64	2.68		
			下统	S_1			2.65		
		奥陶系	上统	O_3					
			中统	O_2	2.64	2.64	2.71	T_{11}	
			下统	O_1					
		寒武系	上统	$\in_3$			2.78		
			中统	$\in_2$	2.68	2.68	2.60		
			下统	$\in_1$			2.67		
元古宇	元古界	震旦系	上统	Z_2	2.80		2.73	$\sigma=2.74$	
			下统	Z_1		2.81	2.72		
		前震旦系	褶皱基底	Pt_3					$\Delta\sigma=0.14$
				Pt_2				$\sigma=2.80$	$\sigma=2.82$
太古宇	太古界	结晶基底		Pt_1-Ar				$\sigma=2.85$	

注：1. 表中密度值均已按厚度加权，即 $\delta=\sum h_1\delta_1/\sum h_1$，仅密度层密度系算术平均；2. 密度单位为 g/cm^3；3. 表中"T"为地震波速界面；4. 表中空白区为地层缺失或无数据。

（五）贵州省

贵州省内岩浆岩的密度最大，沉积岩密度最小，变质岩密度介于二者之间，即：岩浆岩密度＞变质岩密度＞沉积岩密度，符合岩石密度变化的一般规律。

1. 贵州西部地区

西部地区威宁幅采集了岩石标本 66 组 2039 块，矿石标本 6 组 186 块；息烽幅采集了岩石标本 7 组 297 块，矿石标本 14 组 597 块；贵阳幅采集了岩石标本 112 组 4003 块，矿石标本 5 组 169 块；黔西南地区采集岩石标本 408 组 8690 块，矿石标本 8 组 428 块，全区内共采集岩石标本 593 组 15 029 块，矿石标本 33 组 1380 块。

在岩浆岩中玄武岩密度最高，以下依次为黑云母辉石岩、辉绿岩、黑云母闪长岩、黑云母正长岩。沉积岩中，碳酸盐岩密度最高，其次为碎屑岩密度，黏土岩密度最低。在变质岩中除硅质蚀变岩和变余砂岩密度较低外，千枚岩和变余砂质板岩密度均较高，研究区内的地层大多为沉积盖层，只在贵阳幅的百花湖出露在新元古代的变质基底，因此，研究区内的地层密度除二叠纪的玄武岩层为高密度层外，其余地层密度均较低。

西部地区矿石密度，研究区内共采集矿石标本 33 组，矿石密度规律为金属矿密度一般均较高，除方铅矿为 $2.53\times10^3\,\mathrm{kg/m^3}$，汞铀钼矿为 $2.48\times10^3\,\mathrm{kg/m^3}$ 较低外，其余均较高，最高的铅锌矿密度为 $3.97\times10^3\,\mathrm{kg/m^3}$，非金属矿除磷块岩密度为 $3.11\times10^3\,\mathrm{kg/m^3}$ 较高外，石膏和烟煤、无烟煤密度均较低。

1. 贵州东部地区

东部地区以 1∶20 万图幅为单元系统采测了岩矿石标本 14 424 块，其中沉积岩 6660 块，变质岩 6162 块，岩浆岩 683 块，矿石标本 919 块，经系统整理，各岩石密度为灰岩 $2.68\times10^3\,\mathrm{kg/m^3}$，砂岩 $2.51\times10^3\,\mathrm{kg/m^3}$，页岩 $2.46\times10^3\,\mathrm{kg/m^3}$，砾岩 $2.45\times10^3\,\mathrm{kg/m^3}$，硅质岩 $2.62\times10^3\,\mathrm{kg/m^3}$，泥岩 $2.44\times10^3\,\mathrm{kg/m^3}$，黏土、亚黏土 $2.02\times10^3\,\mathrm{kg/m^3}$，变余砂岩 $2.57\times10^3\,\mathrm{kg/m^3}$，板岩 $2.61\times10^3\,\mathrm{kg/m^3}$，变余灰岩 $2.65\times10^3\,\mathrm{kg/m^3}$，千枚岩 $2.53\times10^3\,\mathrm{kg/m^3}$，片岩 $2.62\times10^3\,\mathrm{kg/m^3}$，糜棱岩 $2.96\times10^3\,\mathrm{kg/m^3}$，酸性岩（花岗岩）$2.61\times10^3\,\mathrm{kg/m^3}$，中性岩 $2.63\times10^3\,\mathrm{kg/m^3}$，基性—超基性岩 $2.83\times10^3\,\mathrm{kg/m^3}$，云煌岩 $2.78\times10^3\,\mathrm{kg/m^3}$，云斜煌斑岩 $2.74\times10^3\,\mathrm{kg/m^3}$。

矿石密度为重晶石 $4.26\times10^3\,\mathrm{kg/m^3}$、水晶石 $2.59\times10^3\,\mathrm{kg/m^3}$、耐火黏土 $2.05\times10^3\,\mathrm{kg/m^3}$、萤石矿 $2.97\times10^3\,\mathrm{kg/m^3}$、锑矿 $2.77\times10^3\,\mathrm{kg/m^3}$、铅锌矿 $2.93\times10^3\,\mathrm{kg/m^3}$、磁铁矿 $2.54\times10^3\,\mathrm{kg/m^3}$、石英脉型金矿 $2.63\times10^3\,\mathrm{kg/m^3}$、蚀变岩型金矿 $2.69\times10^3\,\mathrm{kg/m^3}$、煤 $1.54\times10^3\,\mathrm{kg/m^3}$、无烟煤 $1.35\times10^3\,\mathrm{kg/m^3}$、花岗岩型铜矿 $2.65\times10^3\,\mathrm{kg/m^3}$。

黔东南地区变质岩物性历经 20 世纪 90 年代进行 1∶20 万剑河幅、镇远幅密度参数采集，2000 年进行 1∶20 万榕江幅、三江幅密度参数采集，2001 年进行 1∶20 万黎平幅、会同幅密度参数采集，与邻省区相比均存在变质岩密度偏低。

根据西藏自治区、四川省、云南省、重庆市及贵州省重力工作对各地区岩矿石密度测定的资料，西南地区地层岩石密度统计结果显示，不同地层、岩（矿）石在不同地区密度不同。其中，密度最小值 $1.25\times10^3\,\mathrm{kg/m^3}$，为雅江褶皱带第四纪松散堆积物；最大值 $4.34\times10^3\,\mathrm{kg/m^3}$，为西藏罗布莎铬铁矿；西南地区地层密度中位数 $2.68\times10^3\,\mathrm{kg/m^3}$。在 $(2.65\sim2.75)\times10^3\,\mathrm{kg/m^3}$ 区间，较少出现各种侵入岩类，多数为古生代地层。密度 $2.80\times10^3\,\mathrm{kg/m^3}$ 以上的高密度物质主要为早古生代—太古宙的古老地层、褶皱基底和结晶基底，绝大多数中性、基性、超基性侵入岩和基性喷出岩（玄武岩）都属于这类高密度物质。密度 $2.50\times10^3\,\mathrm{kg/m^3}$ 以下的低密度物质主要为中—新生代砾岩、砂岩、泥岩、页岩等，也包括有一些酸性或碱性的浅成和喷出岩类、火山角砾岩和少数凝灰岩、斑状杏仁玄武岩等。第四纪全部地层密度在 $2.05\times10^3\,\mathrm{kg/m^3}$ 以下。酸性侵入岩除云南偶有海西晚期—印支早期、加里东期密度达 $2.70\,\mathrm{g/cm^3}$，其他绝大多数分布在 $2.66\times10^3\,\mathrm{kg/m^3}$ 以下。更多的集中在 $2.63\times10^3\,\mathrm{kg/m^3}$ 以下，除极少数古生代、中生代和多数新生代地层外，它明显属于低密度体。

二、磁性特征

（一）西藏自治区岩石磁性特征

通过青藏高原中西部、西藏一江两河地区西段、西藏一江两河地区东段，以及西藏一江两河地区北部4个区的航空磁测所做的物性工作研究结果，基本可以获得对全自治区岩矿石磁性基本特征的了解。纵观各次、各大区航磁测量所做的岩矿石磁化率及剩磁强度测定结果，将西藏自治区内各类岩（矿）石的磁性特征归纳如下。

（1）沉积岩一般为无磁性或弱磁性，磁化率一般较小，在航磁图上不会有明显反映。

（2）部分变质岩有磁性，如斜长角闪岩磁化率平均值为 $2302×10^{-5}$ SI，但据位于图幅外缘北部羌塘盆地磁性资料显示，前泥盆纪变质地层磁化率为 $(64.5\sim572)×10^{-5}$ SI，结合其他变质岩的磁性特征认为：总体上变质岩磁性不强，在航磁图上将反映为区域性弱磁背景。

（3）中酸性侵入岩总体上磁性较强，是引起磁异常的主要因素，航磁图上反映明显。花岗岩一般达 $1000×10^{-5}$ SI 以上，花岗闪长岩、闪长岩分别可达 $1808×10^{-5}$ SI 和 $2597×10^{-5}$ SI。值得注意的是，部分花岗岩也显示磁性较弱的特点，磁化率仅为 $(n\sim n×10^2)×10^{-5}$ SI，航磁图上无明显异常反映。总体上由闪长岩—花岗闪长岩—花岗岩磁化率呈降低趋势。

（4）基性—超基性岩一般具强磁性，当具一定规模时，常能引起带状强磁异常，例如部分辉长岩磁化率最高可达 $6714×10^{-5}$ SI，超基性岩可达 $1165×10^{-5}$ SI。但部分基性岩如辉长岩、斜长岩、玄武岩等磁化率平均值仅为 $32×10^{-5}$ SI，显示为弱磁性。

（5）火山岩的磁性不均匀，若广泛分布时将产生杂乱、不规则的磁异常。古生代及其以前地层中的火山岩夹层，常表现为线性异常，其幅值则由岩性、厚度、产状等因素决定。中、新生代火山岩磁异常（主要为白垩纪、第三纪和第四纪）与火山岩分布范围吻合较好，但异常无明显规律，轴向不明显。

（6）铬铁矿具中等磁性，平均磁化率为 $558×10^{-5}$ SI，由于往往赋存于超基性岩中，故不易区分，但超基性岩体引起的磁异常可为间接寻找铬铁矿提供线索。

上述结果不仅为航磁异常解释提供了重要依据，也为西藏地区岩矿石物性特征的研究提供了宝贵资料。尤其是岩（矿）石定向标本的测定结果反映出有的岩（矿）石以剩磁强度为主，即其剩磁强度为感应磁化强度的一二十倍，这对解释以负异常为主的航磁异常提供了重要的地球物理依据。

青藏高原中南部、西藏一江两河地区东段、西藏一江两河地区西段岩石定向标本磁性测定结果表明，各区岩石剩磁强度与感磁强度之间的大小关系不同：西藏一江两河地区西段大部分岩石具有剩磁，且剩磁强度大于感磁强度；青藏高原中南部的玄武岩、辉长岩、闪长岩、砂岩等岩石的剩磁强度方向为负，其中玄武岩为 $-73.5°$。这一测定结果为解释正负异常特征反常的磁负异常提供了重要的地球物理依据，在这样的异常区应加大岩（矿）石磁性研究的力度，应尽可能采集岩（矿）石定向标本，测定其剩磁强度方向，以便确定磁异常场源的总磁化强度方向，对磁异常做出符合实际的解释推断。如在仲巴强磁性铁矿区，铁矿的剩磁强度较感应磁化强度大得多，而且其方向与感应磁化强度方向相反或指向地面以上，在该强磁性铁矿上观测到的地面磁测异常均为负值。

西藏自治区三大岩类及磁铁矿磁化率特征如表 2-16 所示，各地层密度特征如表 2-17 统计表。通过对密度特征和磁性特征的综合分析，西藏自治区岩石具有如下特征。

（1）前寒武系及古生界总体表现为高密度、磁性较弱的特征。

（2）中生界总体为低密度、弱磁性地层。局部具火山岩夹层时，为低密度、强磁性。

（3）中、新生界总体表现为低密度、弱磁性地层，可形成重力低、磁力低异常，局部具一定规模的火山岩夹层时，将表现为重力低、磁力高异常。

（4）中酸性花岗岩体总体表现为低密度、磁性较强的特征，可形成重力低、磁力高异常。就个别岩体而言，也可存在低密度、弱磁性特点，其异常显示视具体情况而定。

（5）规模较大的基性、超基性岩体推断其具有高密度、强磁性特征。

（6）当基性—超基性岩体规模较大时，推断具有高密度、强磁性特征，可形成重力高、磁力高的异常。

（二）云南省岩石磁性特征

总的来说，沉积岩类为无磁性，少部分含铁质沉积岩为微磁性；中酸性岩和变质岩、赤铁矿为微至弱磁性；基性—超基性岩、含铁变质岩、矽卡岩、含铜磁铁矿石、磁铁矿石为中等至强磁性。岩石磁性由强至弱的顺序大致为变钠质熔岩→超基性岩→基性岩及变基性岩→含铁变质岩与矽卡岩→中酸性岩及变质岩。

表2-16 西藏自治区岩石与磁铁矿磁化率测定统计

岩矿石类型	岩矿石名称	采样个数	磁化率（×10^{-5}SI）		
			极大值	极小值	平均值
沉积岩	砂板岩	530	122	1	34
	砂岩	858	83	0	26
	页岩	34	63	23	45
	砾岩	62	153	2	24
	泥岩	34	62	26	40
	灰岩	33	7	0	3
火山岩	酸性火山岩	85	670	18	194
	凝灰岩	307	17 900	0	2099
	安山岩	215	4800	6	1110
变质岩	角闪岩	30	76	12	35
	糜棱岩	62	43	17	31
	片岩	94	760	15	80
	大理岩	232	326	0	48
	碎裂岩	64	186	9	84
侵入岩	花岗斑岩	30	4530	2600	3487
	花岗岩	347	3900	5	474
	闪长玢岩	50	16 900	1000	7056
	辉长辉绿岩	225	12 300	13	994
	超基性岩	98	6510	1080	3151
矿石	磁铁矿	67	145 300	27 700	81 066

表2-17 西藏自治区地层及岩浆岩密度统计表（×10^3kg/m³）

系	代号	密度平均值	系	代号	密度平均值
第四系	Q	1.87	石炭系	C	2.7
新近系	N	2.53	泥盆系	D	2.7
古近系	E	2.59	奥陶系	O	2.78
白垩系	K	2.53	震旦系	Z	2.77
侏罗系	J	2.60	岩浆岩	花岗闪长岩	2.62
三叠系	T	2.62		花岗岩	2.58
二叠系	P	2.7		二长花岗岩	2.59
				中细粒花岗岩	2.64

变钠质熔岩赋存于大红山群，是优地槽沉积受到强烈钠化的海底基性喷发岩，富含磁铁矿，部分可达贫铁矿石。其磁化率达到$(400\sim23\,000)\times4\pi\times10^{-6}$ SI，剩磁强度达$(3100\sim13\,000)\times10^{-3}$ A/m。

基性岩磁性以喷出相的玄武岩最强，浅成相的辉绿岩、深成相的辉长岩次之，这类岩石磁性的最大特点是变化范围大，可以从无磁性、弱磁性变到极强磁性。从地区上看，沿澜沧江断裂分布的玄武岩（如景洪—大勐龙一带）磁性最强，$k=10\,000\times4\pi\times10^{-6}$ SI，$Jr=30\,000\times10^{-3}$ A/m。程海、宾川、华坪、永胜等地基性岩次之。

超基性岩类磁性及变化与基性岩相反，以深成相最强，浅成相（苦橄岩及苦橄玢岩）次之，喷发相（大理海东的煌斑岩类喷发杂岩）最弱。深成相岩石磁性强且变化较大，系与蛇纹石化密切相关。一般来说，蚀变愈强、磁性愈强，这显然与蛇纹石化过程中铁质自橄榄石中析出形成粉尘磁铁矿这一因素有关。无论基性岩还是超基性岩从时代来看，均以海西期的磁性最强。这可能与川滇地区晚古生代处于地壳张裂期，形成裂谷系，幔源物质大量上涌这一事实有关。

中性岩具较强磁性或中等磁性，少部分为无磁性。此类岩石中以深成相闪长岩及喷发相安山岩磁性较强，浅成相的闪长玢岩无或微磁性。碱性岩具弱磁性或中等磁性，少部分为无磁性，此类岩石磁性与中性岩相当，或稍强。同岩类中则以浅成相的石英钠长斑岩及正长斑岩磁性最强，其次为深成相的正长岩及等色岩等，少部分正长岩无或微磁性，酸性岩类大部分无磁性或具微磁性。

云南省内部分矿石磁性由强至弱的顺序是磁铁矿、磁菱铁混合矿、铬铁矿、硫化铜镍矿与矽卡岩共生的锡矿石。其中以磁铁矿石磁性最强，磁化率为$(36\,100\sim139\,940)\times4\pi\times10^{-6}$ SI，剩磁强度为$(27\,840\sim133\,730)\times10^{-3}$ A/m。其变化与含铁量呈正比，同时也与矿石结构、构造有关，一般情况下块状矿石磁性大于条带和浸染矿石；此外，由于氧化的原因地表矿石磁性往往降低，例如大红山铁矿地下矿石磁参数约为地表矿石的两倍。

（三）四川省岩石磁性特征

据《四川省区域地质志》，四川省划出一级大地构造单元4个（扬子准地台、秦岭地槽褶皱系、松潘甘孜地槽褶皱系和三江地槽褶皱系），二级构造单元11个，三级构造单元29个。

从表2-18可以看出，四川省区域岩石的磁性特征整体规律是岩浆岩、变质岩、沉积岩三大类岩石中，岩浆岩类岩石普遍具有强磁性（基性岩、超基性岩磁性最弱，中性岩次之，酸性岩和碱性岩较弱），变质岩类磁性极不均匀，沉积岩磁性最弱，二叠纪峨眉山玄武岩具强磁性。上述不同构造区各类岩石、地层磁性特征值见表2-19。

表2-18 云南省岩（矿）石磁参数统计表

岩（矿）石分类		时期	岩石名称	块数	$k(\times4\pi\times10^{-6}$ SI$)$		$Jr(\times10^{-3}$ A/m$)$		备注
					变化范围	几何平均值	变化范围	几何平均值	
沉积岩	泥质岩类		泥岩 页岩	>374		0或微		0或微	
	碎屑岩类		砂岩 角砾岩 砾岩	>1673		0或微		0或微	
			铁质粗粒砂岩	31		550		750	新平县鲁奎山
	碳酸盐岩类		石灰岩 白云岩 泥灰岩	>982		0或微		0或微	
			含磁菱铁质灰岩	6	2877~3388	3120	1759~8447	3860	维西楚格咱
			灰岩	4		600▽		700▽	文山白牛厂—薄竹山

续表 2-18

岩(矿)石分类		时期	岩石名称	块数	$k(\times 4\pi\times 10^{-6}\mathrm{SI})$ 变化范围	$k(\times 4\pi\times 10^{-6}\mathrm{SI})$ 几何平均值	$Jr(\times 10^{-3}\mathrm{A/m})$ 变化范围	$Jr(\times 10^{-3}\mathrm{A/m})$ 几何平均值	备注
岩浆岩	酸性岩	喷出岩	$T\lambda$ 流纹岩	40/11		0/850		0/350	云县—昌宁
		浅成岩 $\gamma\pi_5^1$	花岗斑岩	51/6		2190/(地下)5610		800/(地下)780	洱源县凤羽
		浅成岩 $\gamma\pi_5^1$	花岗斑岩	36/6		0/2240		0/870	云县—昌宁
		$\lambda\pi_5^1$	石英斑岩	5		560		920	维西楚格咱
		$\gamma\pi_2^3$	花岗斑岩	11		0		0	元谋斑恺
		深成岩 γ_5^3	花岗岩	292/24		0/1530		0/520	
		γ_5^{1+2}	花岗岩	101/11		0/170 ▽		0/290 ▽	凤庆、元阳
		γ_5^1—γ_4^3	花岗岩	>60		0		0	景洪县
		γ_2^5	花岗岩	78		0 或微		0	元谋—牟定
	中性岩	喷出岩	QA 安山岩	19		1600		4400	腾冲
			$T\alpha\beta$ 玄武安山岩	40		1740 ▽		310 ▽	景洪
		浅成岩 $\delta\mu_5^1$	闪长玢岩	42		≈0		≈0	中甸
		δ_5^2	闪长岩	241		4070		260	景洪南林山
		δ_5^1		8		70 ▽			富宁
		深成岩 δ_2^3	闪长岩	98/13		660/(地下)2060		260/(地下)450	元谋—牟定、华坪禄丰、黑阱
		δ	闪长岩	125/3		1440 ▽/(地下)0		760 ▽/(地下)0	新平县大红山
	基性岩	喷出岩	$Q\beta$ 玄武岩	12		1300		500	腾冲
			$T\beta$ 玄武岩	80		1630		1090	云县—昌宁
			$P\beta$ 玄武岩	82		10 000 ▲		30 000 ▲	景洪县大勐龙
			玄武岩	873/367	532~4120/3189~5000	1420/4100 ▲	330~2508/3000~19 754	820/11 380 ▲	下江、程海、宾川断裂、永胜、华坪
			玄武岩	43		2250		2750	文山县
			$C\beta$ 玄武岩	5		5900		900	保山
			Pz 玄武岩	24		390		240	景东小龙街
		浅成岩	$\beta\mu_5$ 辉绿岩	69/62		0/1750 ▽		0/5300 ▽	富宁/漠沙、元江、红光
			辉绿岩	19/103	1940~2600	1250/2050	1670~2400	810/2290	昆明西华街/澜沧江、哀牢山
			$\beta\mu_4$ 辉绿岩	136/10	150~1380/5203~10 405	460 ▽(地下)/6240 ▽	80~400/1572~1830	270 ▽(地下)/1780 ▽	牟定、大姚、宾川、武定、老伍少
			$\beta\mu_2^3$ 辉绿岩	182/17		520/(地下)100		370/(地下)0	元谋姜驿
				282/31	330~3000	1530/(地下)2200	1000~23 000	8490/(地下)1300	华坪航检
		深成岩	N_{5+6} 基性岩(未分)	208	4529~4872	4700	481~701	580	云县—双江
			ν_5 辉长岩	358/167	0~600/0~36 165	200 ▲/5520 ▽	0~1600	340 ▲/6/36 ▽	哀牢山、景谷双沟、富宁地区
			ν_4 辉长岩	34/8	1000~4700	2100 ▲/(地下)4600	700~1300	4090 ▲/(地下)1000	保山汶上
			辉长岩	168/53	210~6600/673~2140	1130/(地下)950	20~1230/126~830	210/(地下)260	金宝山、牟定、元谋、永仁
			ν_2^3 辉长岩	111/54	0~8450	530/(地下)≈0	290~1950	920/(地下)0	元谋姜驿、新平、大红山

续表 2-18

岩(矿)石分类		时期	岩石名称	块数	$k(\times 4\pi\times 10^{-6}\text{SI})$		$Jr(\times 10^{-3}\text{A/m})$		备注
					变化范围	几何平均值	变化范围	几何平均值	
岩浆岩	超基性岩	喷出岩	喷发杂岩	260	17～2000	270	12～600	80	大理海东
		浅成岩 $\omega\mu_4^3$	斜长辉石苦橄榄岩	15		2500		3300	华坪
		深成岩 $\sum_5^3$	辉石橄榄岩			2253 ▽		715 ▽	景谷县半坡
		$\sum_5^2$	角闪橄榄岩、橄榄岩	364	100～9000	4890▲	300～2600	1270	金平县白马寨
			辉石岩	38		0		0	金平县白马寨
		$\sum_5^1$	斜辉辉橄岩、纯橄榄岩	3013	824～9681	3320	547～18 375	2610	哀牢山一带
		$\sum_4^3$	橄榄岩辉橄岩辉石岩	371 41	3531～5188 2316～9260	4360 5630	601～1329 1052～96 117	1000 (地下)2890	金宝山—五顶山
		$\sum_4$	蛇纹石化单辉橄榄岩	28 35		10 900 11 200		114 200 3500	澜沧惠民
			橄榄辉石岩	21		12 000		1700	宝山县雪山纸厂
			橄榄岩、辉橄岩、橄辉岩、辉石岩、蛇纹岩	285	640～17 630	4900	100～17 630	1280	元谋—牟定
			霞辉岩霓霞钠辉岩	14	14 000～21 100	17 190	5430～14 100	8750	武定—罗次
	碱性岩	浅成岩 $\varepsilon\pi_6^1$	正长斑岩	14		0		0	金平白马寨
			正长斑岩	167		1500▲		5000▲	南华、洱源、大理、宾川
		$\varepsilon\pi$	正长斑岩	87 67	693～1842	1620 (地下)2540	222～2060	1200 (地下)480	武定—罗次
		$\lambda\varphi$	石英钠长斑岩	60		7400▲		17 400▲	景洪县大勐龙
			石英钠长斑岩	21		0 或弱		0	新平县大红山
		深成岩 ε_6^1	角闪正长岩	8		350 ▽		<47 ▽	金平县长安冲
			正长岩	145	1100～1520	1200▲		1070 ▽	南华—大姚
			等色岩	137	1900～2500	2200▲		400 ▽	金平县白马寨外围
变质岩			大理岩类	450		0 或弱		0 或弱	
			透辉大理岩	24	1840～2250	1890 ▽	300～340	320 ▽	元阳县大皮甲
			磁铁大理岩	7 71		29 600 (地下)5350		5280 (地下)4900	维西楚格咱新平县大红山
			石英岩类	125		0		0	
			含磁铁石英岩	155		1930		960	
			片岩、板岩、千枚岩类	2158 142		0 或微 1600		0 或微 1100	哀牢山北段东侧
				70 122		（地下）0 13 270▲		（地下）0 5100	姜驿迤纳厂新平县大红山
			片麻岩类	66 18		≈0 1430 ▽		≈0 5920 ▽	元阳菲莫
				93		980		960	哀牢山
			变粒岩类	299 45	2660～3000	≈0 2830	1590～2300	≈0 1940	姜驿、大红山外围勐海、景洪
				47		12 000		39 000	云县
			含磁铁变粒岩类	276 98	5111～9092 3337～14 718	7770▲ (地下)11 470▲	1191～1408 1170～2426	1340▲ (地下)2070	姜驿、大红山外围

续表 2-18

岩(矿)石分类	时期	岩石名称	块数	$k(\times 4\pi\times 10^{-6}\text{SI})$ 变化范围	$k(\times 4\pi\times 10^{-6}\text{SI})$ 几何平均值	$Jr(\times 10^{-3}\text{A/m})$ 变化范围	$Jr(\times 10^{-3}\text{A/m})$ 几何平均值	备注
变质岩		绿片岩类	271 246	928～11 900	≈0 4090	986～1920	≈0 1540	云县—双江 勐海—澜沧
			216	1110～10 000	3680	242～2000	1090	哀牢山、大红山、姜驿
		混合岩类	23 92	600～1100	0810	1700～4300	0 2700	哀牢山
		钠质熔岩	439 237	400～23 000 7000～14 000	9740▲(地下) 10 700	3100～9400 8800～13 000	7300▲(地下) 10 790▲	新平县大红山
		火山角砾岩	5 11		2090▽(地下) 5750▽		850▽(地下) 1860▽	元谋、姜驿
		糜棱岩	35	0～2000	1300	1200～2300	1670	哀牢山断裂带
		角岩	188 120	30～1940	0 1020▽	100～32 600	0 8970	德钦、文山、富宁、武定、南华、大姚、宾川
		矽卡岩	31		170▽		0	文山、富宁、个旧
		含矿矽卡岩	563 11	29 400～89 020	63 000▲ 18 300	31 300～56 700	40 050 48 200	景洪、腾冲、金平 文山薄竹山
矿石		硫化铜镍矿	4		(地下)1450		(地下)3780	保山县大雪山纸厂
			76		29300▲		2600▲	金平白马寨
		锡矿石	24		2090			个旧锡矿区
		铬铁矿	540 37	330～13 500	1710 (地下)3000▲	300～3 250 000	3550 (地下)1000▲	德钦—元江双沟
		磁铁矿	1015	36 000～198 000	139 940▲	19 479～191 000	133 730▲	腾冲及滇西地区
			1620 198	10 024～121 300 28 000～199 000	36 100 (地下)82 850	8754～300 000 18 000～132 000	27 840 (地下)52 700	全省 新平大红山
		磁菱铁混合矿	444		(地下)48 500		(地下)253 000	澜沧惠民
		磁赤铁矿	6		100 000▽		10 000▽	腾冲县大哨塘
			31	1700～6000	3300	3300～7000	12 380	罗次、漠沙、石屏

注：标注▲者为最常见值，标注▽者为算术平均值。

（四）重庆市岩石磁性特征

重庆市大地构造属扬子准地台（I_1）和秦岭地槽褶皱系（I_2）2个一级单元。I_1中包括3个二级构造单元：大巴山陷褶断束、重庆-万县陷褶束、彭水-秀山陷褶束。I_2中包括1个二级构造单元：北大巴山冒地槽褶皱带。

上述构造区地层、岩石密度、磁性特征值见表 2-20。

从表 2-20 可以看出，根据四川省物探队编写的《四川盆地岩石地层物性特征》研究报告和国家计委地质局航空物探大队 909 队编写的《四川盆地航空物探结果》报告（1972）等资料，重庆地区存在 5 个磁性层：侏罗系重庆群上沙溪庙组、下三叠统飞仙关组、下古生界、元古宇、太古宇。上述 5 个磁性地层中的前两个磁性层，由西向东随岩性变化磁性减弱，在万县—忠县—涪陵一线以东变为无磁性地层（砂岩磁性减弱、飞仙关组变为大冶组）。综合上述，具一定磁性地层就只有下古生界（以碎屑岩为主）、元古宇、太古宇能够形成磁异常。在华蓥山的钻孔中见有具磁性的火山岩（玄武岩），能形成磁异常。

表 2－19 四川省不同构造单元各类岩石地层磁性特征

岩性		代号	义敦褶皱带 k	义敦褶皱带 Jr	雅江褶皱带 k	雅江褶皱带 Jr	巴颜喀拉褶皱带 k	巴颜喀拉褶皱带 Jr	西秦岭褶皱带 k	西秦岭褶皱带 Jr	龙门山褶皱带 k	龙门山褶皱带 Jr	攀西裂谷带 k	攀西裂谷带 Jr	盐源坳陷带 k	盐源坳陷带 Jr	四川台陷 k	四川台陷 Jr	汉南台拱 k	汉南台拱 Jr	大巴山陷褶束 k	大巴山陷褶束 Jr	备注
沉积岩	盖层	Q	25.2	1.1	145.1	6.4	35.2	1.7									170(96)						1. 表中数据为特征值和常见范围; 2. 磁化率单位: ×10^{-6} SI, 剩磁强度单位: ×10^{-3} A/m; 3. 表中(××)数据为《四川盆地标准地层柱状图说明书》成果; 4. 数值为除去 P、T、f、$J_{2}s$ 地层磁性; 5. ★₁、★₂ 陈河口群会理群合理外磁性，★₁ 会理群地层磁性，★₂ 河口组地层磁性; 6. 龙门山褶皱带和汉南基底的结晶物性样位置对照《四川省区域地质志》地质图整理得到
		$J_{2}s$									1161	31					268 (268)	9	40	9			
		$T_{1}f$	19	1	61	10.5	61.7	4					518	46	61	6	(1460)		5	1	5	1	
		P	8.1	1.1	24.7	6.8	49	5.2	7	1	7	1	35	3	58	6	<50(20)		11	2	11	1	
		$\in -R$									10	1	46	5	33	4			8	2	6	1	
	褶皱基底	Z Z_{2}							95	8			333	32	165	8	(138)		141	14	29	3	
		Z_{1}	26.2	6.2					644	47	26	4	★₁156 ★₂248	9 256					26	6			
变质岩	结晶基底	Pt_{2}							19	2													
		$Pt_{1}-Ar$									71 8～84.5	5 1～102	487 8～7200	66 1～1800					1036 480～3558	1190 343～4131			
岩浆岩	酸性岩	γ	4.2 2.4～24.73	0.84 0.2～1.63	2.2 1.14～7.74	0.53 0.32～0.78	13.12 2.54～369.74	1.95 0.2～4.86			175 2～1915	15 1～198	287 17～2650	26 1～200					301 2～1163	24 1～189			
	中性岩	δ	19.23 14.65～25.75	0.84 0.51～1.38	29.75 22～39.81	5.34 1.02～26.85	67.94 18.55～182.37	4.02 0.36～22.29			120 8～2157	15 1～369	2117 400～6400	380 28～2450					2825 261～17 486	404 27～3059			
	基性岩	N	71.28 66.33～79.09	3.85 0.35～13.47							2009 22～19 382	225 3～2703	2729 40～15 000	598 1～5400					3652 23～44 724	1355 1～24 883			
	超基性岩	Σ	5636 3335.1～10 507.7	2373 1227.55～5107.84							5191 466～14 530	2346 121～15 469	4332 350～22 300	2046 80～1200									
	碱性岩	ε			43.17 33.71～59.69	3.12 1.29～8.87	176.2 45.86～335.3	230.83 110.3～456.87					904 140～4600	162 12～2500					42 3～367	23 1～255			
	喷出岩(玄武岩)	$P_{2}\beta$											2150 440～7400	486 84～3500									

表 2-20 重庆市不同构造区各类岩石地层磁性特征值

岩性		代号	大巴山陷褶束、重庆-万县陷褶束及彭水-秀山陷褶束		北大巴山冒地槽褶皱带		备注
			k	Jr	k	Jr	
沉积岩	盖层	Q					1. 表中数据为特征值和常见范围； 2. 磁化率单位：$\times 10^{-6}$ SI，剩磁强度单位：$\times 10^{-3}$ A/m； 3. 表中（××）数据为《四川盆地地层特性参数标准柱状图说明书》成果； 4. 表中 ∈-R 数值为除去 P、T_1f、J_2s 地层磁性
		J_2s	170（96）				
		T_1f	268（268）				
		P	(1460)		5	1	
		∈-R	<50（20）		11	1	
变质岩	褶皱基底	Z	Z_2		6	1	
			Z_1	(138)	29	3	

（五）贵州省岩石磁性特征

贵州省区地面磁测工作较少，只能搜集邻区及省区内贵州省物化探大队、贵州省地质调查院和航磁总队的有关资料加以汇集。通过收集资料与综合研究，贵州省的磁性资料主要以黔西北、黔西南、贵州东部 3 个地区为主（范祥发，2006），地层、岩矿石磁性特征见表 2-21、表 2-22。

表 2-21 贵州黔西北、黔西南地区地层单元及岩（矿）石磁性参数统计表

地层单元				岩性	黔西北地区		黔西南地区	
					块数	磁化率平均值 ($\times 4\pi \times 10^{-6}$ SI)	块数	磁化率平均值 ($\times 4\pi \times 10^{-6}$ SI)
第四系	Q			耕植土、红土	58	254~900		
白垩系	K	茅台组	K_2m	砾岩				
侏罗系	J	自流井组	J_1z	砂岩	36	19.6		
		下禄丰组	J_1x	砂岩	17	94.3		
		沙溪庙组	J_2s	砂岩	46	35.4		
		遂宁组	J_3s	砂岩	13	23.4		
三叠系	T	二桥组	T_3e	砂岩	62	12.3		
		龙头山组	T_3l	砂岩、黏土岩			21	7.7
		火把冲组	T_3h	砂岩、黏土岩、泥灰岩			63	4.2
		把南组	T_3b	砂岩、黏土岩、泥灰岩			50	6.7
		赖石科组	T_3ls	砂岩、黏土岩			53	7.2
		竹杆坡组	T_2z	灰岩	30	0.08	5	6.4
		边阳组	T_2b	砂岩、粉砂岩、黏土岩			90	59.8
		杨柳井组	T_2y	白云岩、灰岩			8	40.5
		关岭组	T_2g	灰岩、黏土岩、白云岩	108	2.64	160	5.3
		永宁镇组	T_1yn	灰岩、白云岩、页岩	26	4.5	160	40.7
		安顺组	T_1a	白云岩、灰岩			70	2.0
		嘉陵江组	$T_{1-2}j$	灰岩	40	8.3		
		飞仙关组	T_1f	砂岩、粉砂岩、黏土岩、灰岩	176	343.6	48	160.6
				钙质基性沉积凝灰岩			9	176~1650
		夜郎组	T_1y	灰岩、页岩、黏土岩、砂质黏土岩、紫红色黏土岩、	17	0.6	229	196.5
				白云岩	59	1.7		
		大冶组	T_1d	泥灰岩、黏土岩、灰岩	46	29.6	72	343.7
		罗楼组	T_1l	页岩、灰岩			47	20.7
		紫云组	T_1z	紫红色页岩、灰岩	46	29.6	84	225.5

续表 2-21

地层单元			岩性	黔西北地区 块数	黔西北地区 磁化率平均值 ($\times 4\pi \times 10^{-6}$ SI)	黔西南地区 块数	黔西南地区 磁化率平均值 ($\times 4\pi \times 10^{-6}$ SI)
二叠系	P	宣威组—龙潭组 $P_3x—P_3l$	砂岩	193	2905.6		
		龙潭组—长兴组 $P_3l—P_3c$	粉砂岩、灰岩			37	33.1
		大隆组—长兴组 $P_3d—P_3c$	硅质岩	30	58.8		
		龙潭组 P_3l	粉砂岩、黏土岩、紫红色黏土岩、泥岩	51	44.3	143	339.1
		吴家坪组 P_2w	灰岩、硅质岩			82	1.9
		茅口组—栖霞组 P_2m+P_2q	灰岩	155	0.7	3	0
		梁山组 P_2l	石英砂岩	213	2.7		
石炭系	C	马平组 C_2m	灰岩	94	1.6	40	0
		黄龙组 C_2h	灰岩	101	2.0		
		摆佐组 C_1b	灰岩	60	0.1	40	0
		九架炉组 C_1jj	黏土岩	20	13.5		
		大埔组 C_1d	灰岩	22	1.7		
		大堡组 $C_{1-2}d$	白云岩	120	1.5		
		上司组 C_1s	灰岩	34	2.9		
		上司组 C_1s	白云岩	32	0		
		祥摆组 C_1x	灰岩	20	1.1		
		祥摆组—上司组 $C_1x—C_1s$	灰岩	24	1.1		
寒武系	∈	清虚洞组 $∈_1q$	白云岩	28	1		
		明心寺组 $∈_1m$	粉砂岩	30	7.5		
		牛蹄塘组 $∈_1n$	白云质灰岩	30	1.5		
			石英粉砂岩	15	1.9		
			黏土岩	53	7.7		
		$∈_1gz$	磷块岩	33	2.3		
震旦系	Z	灯影组 Z_2dy	白云岩	30	1.3		
火山岩		β_μ	辉绿岩体	159	706~2700	730	2149~7401
		燕山期峨眉山组 Ka^5	偏碱性超基性岩体			40	223.6
		$P_2\beta$	高钛玄武岩	611	3839~476 000	25	637~10 345
			玄武质火山砾熔岩	1	7240		
			凝灰岩	7	1282		
矿石			铅锌矿石	50	2.4		
			褐铁矿石	20	12.4		
			铜矿	20	410.0		
			硅铁矿	20	0.8		
			赤铁矿	12	弱磁性		
			磁铁矿			9	16 233.8
			菱铁矿	71	弱磁性		
			丫他、板其、戈塘、烂泥沟金矿			328	1.6~19.9

表 2-22 贵州东部地区岩（矿）石磁性参数统计表

岩类	岩性	标本块数	磁化率 k ($\times 4\pi \times 10^{-6}$ SI)	剩磁强度 Jr ($\times 10^{-3}$ A/m)
沉积岩	绢云母石英砂岩	10	0~50	0~29
	砂岩	45	0~100	0~350
	粉砂岩	8	143	99
	钙质砂岩、钙质粉砂岩	37	2170	6673
变质岩	板岩、粉砂质板岩、绢云母板岩、千枚状板岩、泥质	282	0~1751	0~848
	板岩含碳质板岩	282	0~1751	0~848
	含磁黄铁矿绢云母板岩	47	6280	14 200
	含磁铁矿绢云母板岩	7	3293	1689
	变余砂岩、变余粉砂岩、变余石英砂岩	244	635	712
	含磁黄铁矿绢云母绿泥石石英片岩	26	12 296	71 068
	含铁石英片岩	20	47 388	176 926
	钙质、绢云母石英片岩	449	1202	1690
	石英片岩	43	646	1268
	绿泥石石英片岩	119	3557	5028
	大理岩及钙质大理岩	109	867	430
	含钙质千枚岩、粉砂质千枚岩、千枚岩	95	308	301
岩浆岩	底砾岩	51	0~5995	0~7800
	石英脉岩	10	0~36	0~10
	含磁性矿物石英脉	8	0~5490	0~6780
	辉石	17	1370	1110
	橄榄辉石岩	106	5159	13 850
	橄榄岩	7	7800	28 600
	角闪辉石岩	3	630	2800
	混合岩	11	478	265
	辉石角闪石	41	0~3430	0~2600
	花岗岩	30	0~450	
矿石	磁铁矿	321	31 024	166 750
	黄铁矿	2	270	5880

通过综合研究分析可知，贵州省各类岩石磁性变化规律为超基性岩＞基性岩＞中性岩＞酸性岩，沉积岩一般不具磁性或磁性很弱，符合岩石磁性变化的一般规律。磁铁矿、含磁黄铁矿绢云母板岩、含磁铁矿绢云母板岩、含磁铁矿绢云母绿泥石石英岩、含铁石英片岩磁性最强，磁化率数千至上万，剩磁强度上万至数十万。沉积岩磁化率、剩磁强度为零至几百，为无磁性或弱磁性。变质岩磁化率、剩磁强度为零至几千，甚至上万，具弱磁性－中等磁性。岩浆岩磁化率、剩磁强度从零至几百、上千甚至上万，具弱磁性－中等磁性。下江群番召组采集标本 103 块，磁化率为 $10\,991 \times 4\pi \times 10^{-6}$ SI，下江群番召组采集标本 43 块，磁化率为 $1426 \times 4\pi \times 10^{-6}$ SI，主要该地层局部富集有不均匀的磁黄铁矿、磁铁矿等。

磁铁矿、含磁黄铁矿具磁性。东部地区除下江群番召组具中等磁性外，其余地层均为无磁性地层。

中国西南地区各类地层岩石磁性分布不均，且同种岩性磁性差异也较大。其一般规律如下。

（1）正常沉积的碎屑岩、碳酸盐岩磁性微弱，磁化率平均值低于 50×10^{-5} SI。

（2）火山岩磁性分布不均，变化较大，磁化率值从 0 变化到 $17\,900 \times 10^{-5}$ SI。其中，熔结凝灰岩和安山玢岩磁性较强，磁化率均值大于 1110×10^{-5} SI。

(3) 变质岩磁性普遍较弱，磁化率均值一般不超过 85×10^{-5} SI。

(4) 总体来说，各类侵入岩磁性较强，但分布不均匀。其中超基性岩磁性最强，磁化率值从 80×10^{-5} SI 变化到 $22\,300\times10^{-5}$ SI，但蚀变辉石岩磁性微弱。

(5) 磁铁矿磁性最强，磁化率值在 $(27\,700\sim145\,300)\times10^{-5}$ SI 之间变化。

(6) 岩石普遍具有剩磁，且大部分岩石剩磁强度大于感磁强度。其中磁铁矿剩磁强度最大，其次是熔结凝灰岩、闪长质糜棱岩、角闪花岗岩、辉石岩和含铁石英岩等，剩磁强度远远大于感应磁化强度。而蚀变安山岩、云英岩、花岗闪长岩、辉石闪长岩和铁质砂岩，剩磁强度远远小于感应磁化强度。

总之，区内正常沉积的碎屑岩、碳酸盐岩及其变质岩、酸性火山岩和部分酸性侵入岩磁性普遍较弱，是形成区域降低负磁场的主要地质因素。中基性火山岩、中酸性侵入岩（黑云母花岗岩、二长花岗岩、花岗闪长岩、闪长岩）和基性—超基性岩磁性普遍较强，是形成区域升高正磁场和航磁局部异常的主要地质体。而磁铁矿磁性最强，为直接寻找富铁矿提供了重要依据。

第三节 区域重磁场特征

一、区域重力场特征

西南地区位于大兴安岭-太行山-武陵山大型重力梯度带西南部，布格重力异常总体呈东高西低、南高北低的特征（图 2-4），东部异常最高值 -44×10^{-5} m/s²，西部异常最低值 -600×10^{-5} m/s²，异常值变化达 556×10^{-5} m/s²，反映了由东到西莫霍面深度存在较大的差异。其中，异常最低值位于西藏自治区境内，它也是青藏高原的主体，其异常范围宽广，主要由 4 条近东西走向、高—低相间排列的异常条带组成。雅鲁藏布江结合带、喜马拉雅地块重力异常等值线为全区规模最大、由西向东连续性最好的梯度带。在东经 95°以东的藏东地区，布格重力异常的特征变化较大，主要表现在重力异常的走向由近东西向转为北西向，异常高低相间的带状分布特征不明显。这些重力异常特征客观反映了区内大地构造格架、大型变形构造与区域性断裂展布的基本特征。西藏-三江造山系、巴颜喀拉地块、三江弧盆系、西金乌兰湖-金沙江-哀牢山蛇绿混杂岩带、羌塘弧盆系、龙木错-双湖俯冲增生杂岩带、班公湖-怒江-昌宁-孟连结合带、拉达克-冈底斯弧盆系等大地构造单元边界的走向，都是在东经 95°以西为近东西向、以东为北西向。

云贵高原与青藏高原过渡带表现为变化较陡的梯级异常带特征，反映了区域性大构造的展布和莫霍面深度变化特征。宽大的龙门山重力异常梯度带将异常分为东西两支，其西支沿大雪山往西延续与喜马拉雅重力异常梯度带相连；东支经马边向南东方向弯转，沿乌蒙山南下。该梯度带与滇东地区（鲁甸、曲靖东）的弧形重力梯度带共同构成了川南、滇中宽缓的南东凸起的重力异常带。其中，红河以西的滇西地区，异常以北西向展布为主，兼有北东及南北向的异常带分布；金沙江断裂和木里-丽江断裂之间的滇西北区域，布格重力异常等值线较为密集，呈同形扭曲的叠加圈闭，由西向东异常带方向由北北西向转为南北向。红河以东的滇中、川南地区则为南北向展布。贵州南部异常呈北东向或向东凸起的弧形。弥勒—师宗一线为宽 $20\sim30$ km 重力梯度带，其上叠加局部重力高或低。

纵观西南地区布格重力异常阴影图（图 2-4），有以下的主要特征。

(1) 全区布格重力异常均为负值，异常值在 $(-600\sim-50)\times10^{-5}$ m/s² 之间，相对变化达 550×10^{-5} m/s²，总体趋势为东高西低、南高北低，反映了不同区域的地壳厚度存在巨大差异。

(2) 存在四大台阶：青藏高原腹地重力场在 $(-600\sim-370)\times10^{-5}$ m/s² 之间，为全区的最低区，为第一台阶；川南、滇中和滇北的不规则区域重力值在 $(-370\sim-200)\times10^{-5}$ m/s² 之间，为第二台阶，比第一台阶重力值抬升 150×10^{-5} m/s² 左右；滇南和贵州构成一个向外抬升的大弧形区域，重力值一般在 $(-200\sim-160)\times10^{-5}$ m/s² 之间，比第二台阶高约 80×10^{-5} m/s²，为第三台阶；川东和重庆构成最高的第四台阶，布格重力异常值在 $(-200\sim-50)\times10^{-5}$ m/s² 之间，比第三台阶高出约 60

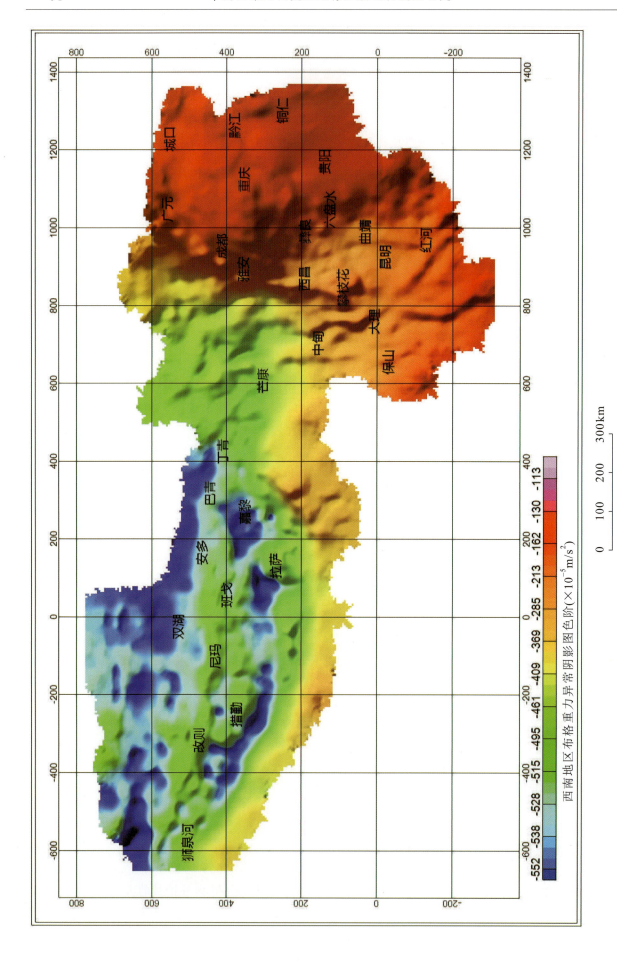

图2-4 西南地区布格重力异常阴影图(1:1200万)

$\times 10^{-5}\mathrm{m/s^2}$。

（3）具有两大弧形梯度带：南坪—理县—泸定—中甸—贡山为第一弧形梯度带（内弧），也是区内最大的梯度带，布格重力场落差达（50～130）$\times 10^{-5}\mathrm{m/s^2}$，宝兴—盐津—六盘水—罗平—通海—临沧—潞西为第二弧形梯度带（外弧），重力场落差为（20～50）$\times 10^{-5}\mathrm{m/s^2}$，相对较为宽缓。两大梯度带是地壳厚度陡变带的反映。

（4）冕宁—德昌—攀枝花—元谋—楚雄一带构成了近南北走向的带状重力高，其东侧的喜德—布拖—巧家—东川—昆明则形成了带状重力低，这与周围的重力场特征形成显明对比。显示该区西高东低、走向南北的基底构造特征。

（5）青藏高原沿雅鲁藏布江一线存在一个巨大的弧形梯度带，向南重力异常急剧上升。

二、区域航磁磁场特征

由西南地区航磁 ΔT 阴影图（图 2-5）可以看出：西南地区航磁异常强弱层次分明，区带特征明显，展布形态规律性强，清楚地反映了不同地质构造单元的磁场面貌。总的趋势是四川盆地、云南磁异常强度高，变化范围为 30～225nT，其中极大值达到 450nT；贵州中部、石渠—阿坝地区、羌塘以北等以弱或负磁异常为主，变化范围为 -75～10nT；班公湖-怒江、冈底斯、雅鲁藏布江、喜马拉雅、康滇地轴中部等以串珠状异常为主，变化范围为 -75～225nT。

总体看来，西南地区航磁磁场可以按磁异常强度的特征分为鱼磷山-双湖-安多、冈底斯-念青唐古拉、雅鲁藏布江、喜马拉雅、昌都-昭通、石渠-马尔康、四川盆地、贵州大部、云南大部 9 大块，其各区块特征如下。

鱼磷山-双湖-安多以北地区，以负磁异常的背景场为主，局部有少量的正磁异常，正磁异常有串珠状特征，可以形成三级断裂构造。

冈底斯-念青唐古拉主要以正磁异常为主，局部含有少量的负磁异常。正磁异常有几条醒目的东西向串珠状、线性异常带，中间以平静的负（或正）磁场区相隔形成不同特征的磁场条块。线性异常带一般宽几十千米，长数百千米至数千千米不等；展布方向往往与断裂带—岩浆岩带—变质岩带平行，或者分布其上。

雅鲁藏布江是以条带状正磁异常为主，磁异常的强度较大，以条带状为主；其在中部有双磁异常条带出现，两边为正磁异常，中间为负磁异常；其正磁异常由基性或超基性岩体引起。

喜马拉雅磁异常区位于雅鲁藏布江以南，主要以负磁异常为主，向南负磁异常的强度加大，局部出现正磁异常，为基性或超基性岩体引起。

昌都-昭通磁异常较为零乱，主要以正磁异常为主，正磁异常表现形态有串珠状、线性异常，昌都地区多表现为线性异常特征，金沙江表现为串珠状异常特征；丽江—昭通一带磁场面貌复杂多变，没有规律性，正、负磁异常相伴产生，主要是由峨眉山玄武岩引起。

石渠-马尔康磁异常较为稳定，主要以负磁异常为主，局部出现少量的正磁异常，南以甘孜-理塘线性异常带为界，其最北边出现少量正磁异常，为西秦岭地质体。

四川盆地磁异常带主要以正磁异常为主，部分地方出现负磁异常；龙门山断裂带表现为不连续的线性负磁异常条带。巴中主要是以负磁异常为主，磁异常的强度较大。乐山-达州的正磁异常带方向为北东向。最北边负磁异常为东秦岭地质体。其间还夹有自贡、大竹两个小的局部负磁异常。

贵州大部磁异常带主要以负磁异常为主。遵义-安顺表现为正磁异常，磁异常强度较弱，遵义-彭水主要以弱的负磁异常为主，局部有两个强的负磁异常区。贵阳东南部主要以负磁异常为主，负磁异常的强度较弱；局部表现为正磁异常，主要是由玄武岩或变质岩引起。

云南大部磁异常以正磁异常为主，仅在兰坪、曲靖一带有大面积的负磁异常区。元江以东的滇中地区，磁场面貌复杂多变，线性特征不明显，异常主体走向近南北，除红河北东侧有北西向串珠状异常带与红河平行分布外，其余则表现为几个大的异常区，异常强度亦较大。永宁—虎跳峡、华坪—凤仪夹持的区域，以负磁场为背景，叠加两条不同特征的异常带。则黑-华宁-建水和弥勒-师宗断裂夹持的滇东

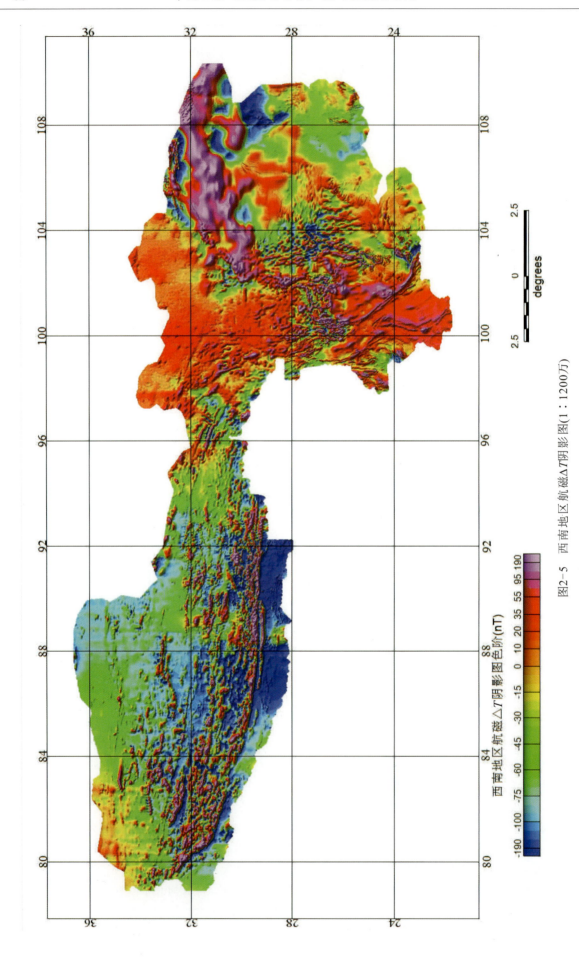

图2-5 西南地区航磁△T阴影图(1:1200万)

地区，磁异常主要表现为负背景场上叠加不同方向的串珠状异常带，异常带多数呈近南北向的弧形，滇东北地区则呈北东向，异常亦主要是滇东玄武岩的反映。弥勒-师宗断裂和红河断裂夹持的滇东南地区，东、西两侧磁场背景截然相反；东侧为平静的负背景场，其上叠加一些弱小的正异常；西侧为正背景场，其上叠加北东向异常带和范围较大的正磁异常带。

第四节 重磁场分区划分原则及特征

一、重磁场分区划分原则

重磁场的不同特征，既反映了各地质密度或磁性体的性质，也反映了不同深度构造之间的差异，因此，它将作为异常分区的依据。在对西南地区区内布格重力异常、航磁异常进行区域异常分区时，按下列4个主要标志进行场的划分：①异常的等值线方向不同；②规模较大的异常梯度带及梯度带的线性延续带两侧的区域；③异常的分布形态及特征变化区；④异常场平均值相差较大区。

重力异常是由于地壳的厚度和密度不均匀而产生的。因此，决定重力异常特征的因素可能从地表到上地幔，即地壳厚度的变化，或者密度不均匀，便会对重力异常的特征产生影响。其主要决定因素包括地壳深部因素、结晶基岩的成分变化和内部构造、结晶基底顶面的起伏、沉积岩的构造和成分的变化及岩矿体密度差异。表2-23给出了几种典型的局部重力异常可能反映的地质因素，由此可推断西南地区局部重力异常对应的地质因素。

表2-23 典型的局部重力异常分布特征可能反映的地质因素分析表

异常名称	基本特征	相对应的几何形体	可能反映的地质因素
等轴状重力高	重力异常等值线圈闭成圆形或接近圆形，异常值中心部分高，四周低，有极大值点	剩余密度为正值的均匀球体、铅直圆柱体、水平截面接近正多边形的铅直棱柱体等	(1) 囊状、巢状、透镜状的致密金属矿体，如铬铁矿、铜矿等； (2) 中基性岩浆（密度较高）的侵入体，形成岩株状，穿插在较低密度的岩体或地层中； (3) 高密度岩层形成的穹隆、短轴背斜等； (4) 松散沉积物下面的基岩（密度较高）局部隆起； (5) 低密度岩层形成的向斜或凹陷内充填了高密度的岩层，如砾石层等
等轴状重力低	重力异常等值线圈闭成圆形或近于圆形，异常值中心低，四周高，有极小值	剩余密度为负的均匀球体、铅直圆柱体、水平界面接近正多边形的铅直棱柱体等	(1) 盐丘构造或盐盆中盐层加厚的地段； (2) 酸性岩浆（密度低）侵入体，侵入密度较高的地层中； (3) 高密度岩层形成的短轴向斜； (4) 古老岩系地层中存在巨大的溶洞； (5) 新生代松散沉积物的局部加厚地段
条带状重力高（重力高带）	重力异常等值线延伸很大或闭合成条带状，等值线的中心高、两侧低，存在极大值线	剩余密度为正的水平圆柱体、棱柱体和脉状体等	(1) 高密度岩性带或金属矿带； (2) 中基性侵入岩形成的岩墙或岩脉穿插在较低密度的岩石或地层中； (3) 高密度岩层形成的长轴背斜、地下古潜山带、地垒等； (4) 地下的古河道为高密度的砾石层所充填等
条带状重力低（重力低带）	重力异常等值线延伸很大，或闭合成条带状，等值线的中心低、两侧高，存在极小值线	剩余密度为负的水平圆柱体、棱柱体和脉状体等	(1) 低密度的岩性带，或非金属矿带； (2) 酸性侵入体形成的岩墙或岩脉穿插在较高密度的岩石或地层中； (3) 高密度岩层形成的长轴向斜、地堑等； (4) 充填新生代的松散沉积物的地下河床
重力梯级带	重力异常等值线分布密集，异常值向某个方向单调上升或下降，水平梯度大	垂直和倾斜台阶	(1) 垂直或倾斜断层、断裂带、破碎带； (2) 具有不同密度岩体的陡直接触带； (3) 地层的挠曲

从西南地区航磁异常的资料与区域地形、地质构造图件对比分析、研究表明，两者具有相当大的相关性。如航磁高值异常与一些大的造山带有相关关系，主要是由于大的造山带有深部磁性较强的（岩浆）物质。由于深部物质的上涌、入侵或喷出是极好的成矿物质源和成矿环境，航磁异常与成矿也有很大的相关性。西南地区区域磁场特征与地质上地层的划分有很多不同，主要是与很多地层的磁性参数是相当的，磁场无法区分；但对西南地区的各主要时代的地层是有明显的反应；本书采用重磁场综合划分异常分区。

二、重磁场分区异常特征

西南地区重磁异常特征分区可划分为十大异常区：北羌塘-昌都-兰坪异常区、班公湖-怒江异常区、冈底斯异常区、北喜马拉雅异常区、南喜马拉雅异常区、松潘-甘孜异常区、四川盆地异常区、川滇黔菱形异常区、南盘江-右江异常区、黔东南异常区。

根据重磁异常总体特征，1～6 为一组异常大区，7～10 为二组异常大区；第一组异常大区对应青藏高原及周缘地块，异常特征重力低、磁力低，第二组异常大区对应上扬子异常区异常特征重力高、磁力高；两者的分界线以龙门山、木里-丽江、红河等深大断裂为界，基本与地质吻合（图 2-6、图 2-7）。

西南地区航磁 ΔT 阴影图的磁场特征较为复杂，不同地域特征各异，异常较为杂乱；但西南地区航磁 ΔT 化极上延 20km 等值线图能反映深部变化的区域磁场特征，区域磁场面貌简单、明显醒目，可以反映出西南地区的深部大板块的界线。本节仅用西南地区航磁化极上延 20km 等值线图作为西南地区的区域磁场特征，并对磁场特征进行逐一介绍。

区域重力异常是从布格重力异常中消除或减弱了局部密度不均匀体而突出埋藏较深或分布范围较大的不均匀地质体的重力异常。本区的区域异常主要反映莫霍面特征。具体各异常分区特征如下：

1. 北羌塘-昌都-兰坪异常区

该异常区分为三段：羌塘重力相对低值区、昌都-中甸重力相对中值区、兰坪-思茅重力相对高值区。羌塘重力异常低值区，最低值位于羌塘区块西部的咸则错，达 $-595\times10^{-5}\mathrm{m/s^2}$。该区重力异常呈近东西向展布，背景为宽缓的重力低异常，呈向北凸出的弧形异常带，莫霍面凹陷为引起该异常的主要因素。全区莫霍面平均深度达 69km，最深可达 71km，是研究区莫霍面最深的地区之一。剩余重力异常也以重力低为主，且大部分是由沉积盆地所致，也有一些重力低是由酸性侵入岩引起的。昌都-中甸地区的重力异常值相对中值，异常特征明显，呈南北向条带展布，异常值小于 $-480\times10^{-5}\mathrm{m/s^2}$。兰坪-思茅区相对重力高值异常，重力异常值由北向南逐渐增加，异常值大于 $-480\times10^{-5}\mathrm{m/s^2}$，异常两边界有明显的曲线错动特征，东界以红河断裂为界，西界以怒江为界。

该区磁异常特征也能清楚地分为 3 段。羌塘弱磁异常区，羌塘负磁异常区对应地层为羌塘北部，地质界线以龙木错-双湖洋盆为界，主要以沉积岩为主，磁性基底部分可能存在消磁，所以表现为负磁异常，其磁异常特征表现中部磁异常值低，化极上延 20km 等值线值小于 $-50\mathrm{nT}$，两边的磁异常值略高，等值线值约 10nT。

昌都-中甸正磁异常区对应地质地层区为昌都地层区，主要为唐古拉-昌都地层分区（III_4^2）和西金乌兰-金沙江地层分区（III_4^1）。主体为中生代盆地，古生代及其以前的地层多分布于盆地的东、西两侧。三叠纪以后由浅海环境逐步向陆相转化，形成侏罗纪—古近纪红色盆地。该区域有德钦蛇绿混杂岩和金沙江蛇绿混杂岩，其间也包括昌都-芒康-兰坪-勐腊侏罗纪—新近纪碎屑岩坳陷盆地、叶枝-易田的中晚二叠世火山碎屑浊积岩、火山碎屑岩夹碳酸盐岩、中基性火山岩及以泥岩-粉砂岩-杂砂岩为主的弧后盆地、维西石炭纪—泥盆纪蛇绿混杂岩扩张洋脊、石登志留纪—二叠纪碳酸盐岩夹火山岩等与岩浆活动有关的地层出露。该区域上的航磁数据主要反映了岩浆活动基底特征，所以表现为正磁异常特征。

兰坪-思茅段为磁异常值高值区，表现为条带状磁异常特征，该带两侧的磁异常均比该带磁异常值低，化极上延 20km 等值线值大于 50nT，说明该地区磁异常有深源特征；该两段在丽江以西有明显的磁异常错断，很明显地区分开两磁异常高值区，该区域上的航磁数据主要反映了岩浆活动基底特征，所以表现为正磁异常特征。

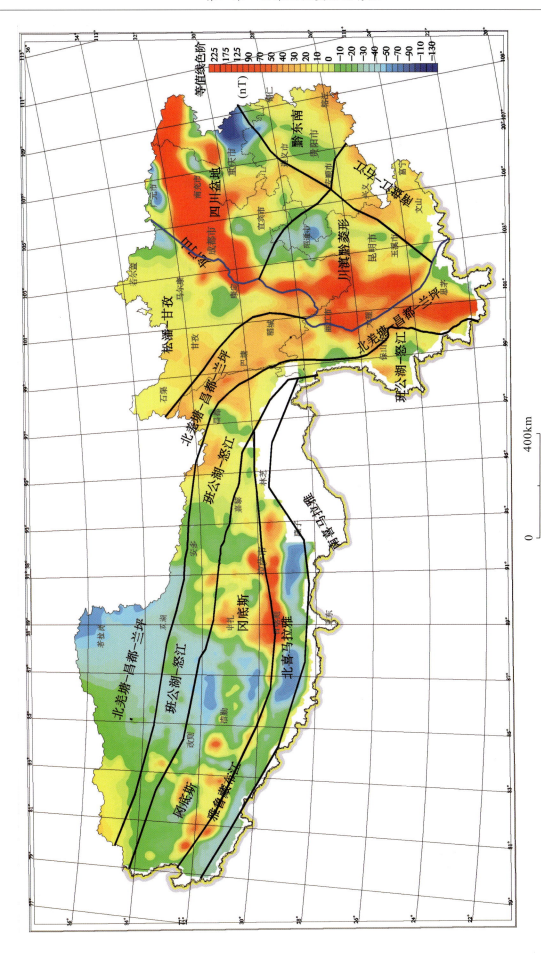

图2-6 西南地区航磁分区图（底图:航磁化极上延20km等值线图）(1:1200万)

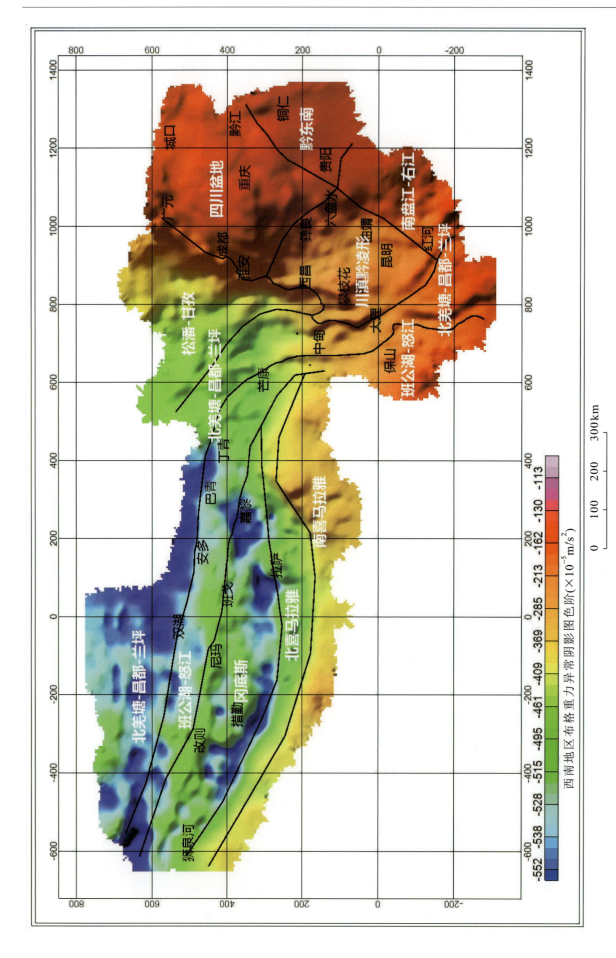

图2-7 西南地区布格重力异常分区图（底图:重力异常阴影图）（1:1200万）

2. 班公湖-怒江异常区

班公湖-怒江异常区根据异常特征，可以分为东段和西段两段，东、西两段以巴青为界。西段阿里地区北部巴青重力低异常区以团块状或环形异常为主要特征，这些重力低异常区大部分与地表出露的中酸性岩体对应。东段巴青-龙陵重力高异常区是一个相对重力高值区，幅值不是很大但范围比较宽缓，宽缓的重力高异常区与深部构造的隆起有关，异常区的北部重力异常比南部重力异常值低，该高值异常带与基性、超基性岩浆有关。

班公湖-怒江异常区东段以正磁异常区为主，位于西藏东部、云南西南部，包括昌都盆地、怒江洋盆、保山被动陆缘、腾冲岩浆弧等，该区内岩浆活动发育，重要断裂构造也很多；航磁化极上延20km等值线显示，在兰坪盆地和昌都盆地出现小面积的弱负磁异常。该正磁异常表明该区成矿条件好，岩浆活动频繁。西段主要以负磁异常为主，仅在改则西、安多南出现局部的正磁异常，负磁异常主要是与中酸性岩体有关，正磁异常主要与基性、超基性岩体有关。

3. 冈底斯异常区

冈底期异常区根据异常特征，可以分为东、中、西3段。东段冈底斯-念青唐古拉重力低异常区，以条带状、团块状或环形异常为主要特征，这些重力低异常区大部分与地表出露的中酸性岩体对应，如空波冈日环形重力低异常就是半隐伏的酸性岩体所引起的异常。中段措勤-那曲重力高异常区是一个相对重力高值区，幅值不是很大但范围比较宽缓，宽缓的重力高异常区与深部构造的隆起有关，异常区的北部为东西向展布的重力高值带，该高值带的范围、走向均与出露的蛇绿岩带相吻合，这就是著名的班公湖-怒江缝合带在重力异常上的反应。西段在措勤—狮泉河一带，以条带状、团块状或环形异常为主要特征，这些重力低异常区大部分与地表出露的中酸性岩体对应。

冈底斯东、西两段以正磁异常为主，中段以负磁异常为主，对应地质地层区为冈底斯地层区，东西方向条带状展布，整体位于西藏中部。磁异常区内地质体主要以火山岩浆弧为主，其地表局部有蛇绿混杂岩出露；由于岩浆活动较多，表现为正磁异常。成矿带总体属于隆格尔-念青唐古拉弧背断隆，构造古地理单元属陆缘裂谷盆地。晚古生代石炭纪—二叠纪时期，断隆带表现为从印度大陆（冈瓦纳大陆）北缘裂离，并出现了活动性沉积——冈瓦纳相沉积及多岛洋的出现。就目前地质工作情况看，已发现的矿产有金属矿产 Cu、Au、Ag、W、Mo、Pb、Zn 等，特别是 Cu、Au、W、Mo 成矿作用有一定特点，主要为矽卡岩型和热液脉型，如巴弄坐寺矽卡岩型铜银矿床和甲岗热液脉型钨钼矿床等。

4. 北喜马拉雅异常区

北喜马拉雅负磁异常区对应的地质地层区为喜马拉雅地层区，主要为雅鲁藏布江地层分区、北喜马拉雅地层分区。以近东西向展布的团块状的重力低值区为主，在异常区的南部及北部各分布有相对重力高值区。雅鲁藏布洋盆包括以伊拉日居-仲巴-白朗-朗县中生代—新生代砂砾岩-浊积岩-硅质岩为主的洋盆、以仲巴-扎达三叠纪—白垩纪细碎屑岩含碳酸盐岩为主的被动陆缘、札达-门士中—新生代陆内盆地沉积。北喜马拉雅碳酸盐岩台地：南以喜马拉雅主拆离断裂（STDS）为界，北以吉隆-定日-岗巴-洛扎断裂为界，包括吉隆-定结-堆纳显生宙陆棚碳酸盐岩台地、贡当-亚来-岗巴显生宙陆棚碎屑岩盆地、吉隆藏布早石炭世碎屑岩弧后盆地。北喜马拉雅重力梯度带，沿喜马拉雅山脉呈弧形展布，曲松—亚东一带呈北西向，亚东—多吉一线转为北东向，多吉—察隅又呈北西向。尽管由于该区地形条件限制，测点较稀，但重力异常的总体形态是非常清晰的，布格重力异常以梯度带为主，梯度可达 1.85×10^{-5} m/($s^2 \cdot$ km)。巨大规模的梯度带与莫霍面的突变有关。

5. 南喜马拉雅异常区

南喜马拉雅异常区分布高喜马拉雅地层分区、低喜马拉雅地层分区两个分区。南喜马拉雅为相对重力高异常区，其与出露的基性、超基性岩浆岩分布特征有关。在局部异常图上可见南北向条带状异常，显示了区内构造展布特征。

高喜马拉雅地层分区位于印度河-雅鲁藏布江结合带与北喜马拉雅碳酸盐岩台地之间的东西向展布的狭长带状区域，东、西两侧均被藏南拆离系断失。低喜马拉雅被动陆缘盆地（C—P）位于喜马拉雅山脉南坡，以喜马拉雅主中央断裂带（MCT）为北界，南侧以主边界断裂带（MBT）与印度地盾前缘的西瓦里克后造山前陆盆地为邻，主要为门卡—格当一带石炭纪—二叠纪陆棚碎屑滨海沉积。

南喜马拉雅以正磁异常为主，表现为条带状正磁异常，主要反映了喜马拉雅造山带的变质基底，为强磁性基底，所以表现为正磁异常特征。

6. 松潘-甘孜异常区

松潘-甘孜异常区位于龙门山断裂带以西，鲜水河以北，该异常区以重力低异常为主，靠近龙门山断裂带表现为重力相对较高，总体特征为西低东高。航磁异常特征以弱正磁异常为主，正磁异常区对应地质地层为巴颜喀拉地层区，主要位于玛多-马尔康地层分区，包括平武志留纪—泥盆纪碳酸盐岩陆表海、摩天岭元古宙碎屑岩陆表海、黄龙-白马泥盆纪—三叠纪碳酸盐岩陆表海、色达-松潘-马尔康-金川三叠纪浊积岩复理石周缘前陆盆地、若尔盖-红原三叠纪—第四纪砂砾岩-粉砂岩-泥岩夹火山岩无火山岩断陷盆地、南坝-汶川志留纪—泥盆纪海相碎屑岩和碳酸盐岩陆缘斜坡、丹巴-金汤泥盆纪—三叠纪被动陆缘碳酸盐岩台地、丹巴三叠纪—侏罗纪被动陆缘陆棚碎屑岩盆地、丹东-道孚晚三叠世滑塌岩-浊积岩陆缘裂谷、泥杂-炉霍晚三叠世深海浊积扇火山碎屑岩-砂砾岩深海平原、巴颜喀拉-四通达晚三叠世深海浊积岩残余海盆、阿坝第四纪河流相砂砾岩坳陷盆地。成矿带方面位于北巴颜喀拉-马尔康成矿带，该区域以正磁异常为主，强度不大，局部火山岩引起部分弱的正磁异常。

龙门山重力异常梯度带由北至南呈弧形展布，北部呈北北东向，南部呈北西向，北部梯度较大，最高达 2.5×10^{-5} m/ $(s^2\cdot km)$，南部梯度较小，为 0.9×10^{-5} m/ $(s^2\cdot km)$。显然北部的梯度带是由龙门山断裂带引起的，南部梯度带是一组北西向的断裂形成的异常。

7. 四川盆地异常区

四川盆地异常区包括四川盆地、川中前陆盆地及黔北地区。区内重力场以宽缓的高背景为主要特征，局部异常走向北东，幅度较小，说明莫霍面埋深浅，且呈北东走向。盆地中部是结晶基底上发育起来的北东向古生代隆起区，无褶皱基底，盖层中的古生界厚度薄。因此，盆地结晶基底及地质构造是造成区内重力异常特征的主要原因之一。整个区域重力剩余异常带呈圆弧形分布，弧形带以重庆大足一带为共同的圆心，平行于莫霍面等深线。区内矿产较为丰富，以沉积型铁矿、锶矿、铝土矿、砂岩型铜矿、砂金，及油气、石膏、钙芒硝、石盐、煤、煤层气为主。

四川盆地正磁异常区对应的地层为扬子地层区，对应的分区为上扬子地层分区，比四川盆地范围略小，对应的地质范围与川中前陆盆地相当，包括广元-江油早白垩世河湖相砂砾-粉砂质泥岩压陷盆地、巴中-南充-内江侏罗纪—白垩纪含煤碎屑岩压陷盆地、成都-南江-达州-重庆晚三叠世—第四纪砂岩压陷盆地、巫溪-忠县-涪陵-习水二叠纪—三叠纪泥晶碳酸盐岩-蒸发岩陆表海、珙县-筠连-古蔺寒武纪—三叠纪碎屑岩-铁质岩陆表海、叙永晚三叠世—侏罗纪砂砾岩坳陷盆地。对应的成矿带为四川盆地 Fe、Cu、Au、油气、石膏、钙芒硝石、盐、煤和煤层气成矿带。航磁资料主要反映了四川盆地下方的结晶基底的磁性特征。

彭水负磁异常区对应的地层为扬子地层区，主要位于重庆市的中东部地区。该区包括彭水寒武纪—三叠纪碳酸盐岩夹碎屑岩陆表海、思南-彭水寒武纪—三叠纪碎屑岩-碳酸盐岩被动陆缘。对应的成矿带为四川盆地 Fe、Cu、Au、油气、石膏、钙芒硝石、盐、煤和煤层气成矿区。

自贡-昭通负磁异常区对应的地层为扬子地层区，对应的分区为上扬子地层分区，位于四川盆地的西南边。该区包括曲靖-昭通寒武纪—三叠纪碳酸盐岩夹碎屑岩陆表海、桐梓夜郎-大方新场晚三叠世—第四纪河湖相砂岩-粉砂岩-泥岩压陷盆地。对应的成矿带为滇东-川南-黔西 Pb、Zn、Fe、REE、磷、硫铁矿、钙芒硝、煤和煤层气成矿带。

8. 川滇黔菱形异常区

川滇黔菱形异常区：呈向西开口的不规则形态。布格重力异常值在 $-370\times10^{-5}\sim-200\times10^{-5}$ m/s^2 之间。其中，泸定-冕宁-盐源-洱源-南涧-恩乐以西地区重力场由南向北缓慢递减，布格异常和区域异常等值线基本走向为北西向和北西西向，剩余异常为正、负相间的狭长形态，走向主要为南北向，局部为北西向。反映以北西和北西西向为主的深部构造和以南北向为主的浅部构造不一致，同时反映浅部以强烈挤压构造为基本特征。冕宁-攀枝花-楚雄为相对重力高异常。攀西裂谷位于该重力高异常的西北部位，显示为局部重力异常低。布拖和东川-玉溪两大负异常为南北走向。由以上异常组成了一个巨型的菱形区块轮廓，其内部沿南北向排布高低相间的异常条带，与周围的重力场形成明显差异，反映了区内独特的地质构造背景。

康滇地轴正磁异常区对应的地层为扬子地层区，位于康滇地层分区。磁异常特征表现为东低西高的特征，东部磁异常较低，有部分负磁异常场；西部与中部磁异常以正磁异常为主，泸定—冕宁—楚雄一带正磁异常特别高，磁性高主要是由岩浆岩等磁性体引起的。该正磁异常区包括以西昌-会理-禄丰三叠纪—新近纪陆相红色碎屑岩为主的陆内坳陷盆地、泸定-石棉-冕宁三叠纪—侏罗纪远滨泥岩-粉砂岩被动陆缘陆棚碎屑岩盆地、宁南-昆明-石屏寒武纪—二叠纪陆源碎屑-碳酸盐岩陆表海、喜德-德昌-龙树古元古代—奥陶纪被动陆缘碳酸盐岩台地，还包括楚雄前陆盆地、盐源-丽江陆缘裂谷盆地。成矿带对应于盐源-丽江-金平 Au、Cu、Mo、Mn、Ni、Fe、Pb、S 成矿带和康滇地轴 Fe、Cu、V、Ti、Sn、Ni、REE、Au、石棉盐类成矿带。

9. 南盘江-右江异常区

南盘江-右江异常区包含南盘江-右江前陆盆地和富宁-那坡被动边缘盆地等。该区主要以碳酸盐岩台地、陆缘裂谷和前陆盆地等为主。该异常区的重力特征表现为相对重力高，重力值从 $-195\times10^{-5}\sim-95\times10^{-5}\mathrm{m/s^2}$，重力异常等值线表现为东高西低的特点；丘北附近相对重力低的异常圈闭，可能由盆地引起。该异常区的磁异常以正磁异常为主，仅在北东部与南西部出现弱负磁异常，兴义—广南一带以正磁异常值最高，上延 20km 等值线仍有 40nT，说明该区磁异常具有深源特征；蒙自—马关一带以条带状的负磁异常为主。

10. 黔东南异常区

黔东南正磁异常区对应的分区为上扬子地层分区，位于贵州省东、南部，为黔中隆中区，但是范围略大，包含有雪峰山陆缘裂谷盆地、上扬子东南缘古弧盆系；总体反映为陆表海浅海边缘-斜坡碳酸盐岩组合特征。该异常区的重力特征表现为相对重力高，重力值从 $-140\times10^{-5}\sim-70\times10^{-5}\mathrm{m/s^2}$，重力异常等值线表现为东高西低的特点，整体异常向东部进行圈闭。该异常区的磁异常以正磁异常为主，仅中贵阳附近有北东向的条带状弱负磁异常，榕江一带的磁异常值最高，上延 20km 等值线为 50nT，反映了雪峰隆起的异常特征。

第三章 重要成矿带重磁异常特征研究

第一节 上扬子成矿带重磁异常特征及地质认识

扬子地块是中国南方最主要的构造单元，扬子地块北缘经历了原特提斯和古特提斯两个阶段演化过程，而其西缘主体为古特提斯构造演化阶段的产物（陈虹，2010）。上扬子陆块区是扬子陆块的一部分，上扬子成矿带位于中扬子陆块、松潘-甘孜造山带、三江造山带和华南陆块之间。上扬子陆块区西界为哀牢山断裂带，西北界为程江-木里断裂带、龙门山断裂带，北界为大巴山-略阳-勉县（勉略）-城口-房县-襄樊-广济（襄广）断裂带，东南界为郴州-连州-梧州-北市-横县断裂带；上扬子陆块与下扬子陆块之间以信阳—岳阳—长沙一线的隐伏断裂为界（潘桂棠等，2009）。潘桂棠等根据大地构造划分原则，把上扬子陆块划分为 13 个三级构造单元，分别为米仓山-大巴山、龙门山、哀牢山 3 个基底逆推带，川中前陆、楚雄和南盘江-右江 3 个前陆盆地，上扬子东南缘、富宁-那波 2 个被动边缘前陆盆地，雪峰山和盐源-丽江 2 个陆缘裂谷盆地，湘桂断陷盆地、康滇基底断隆带、扬子陆块南部碳酸盐台地。对应西南地区的地理范围是哀牢山、程江-木里、龙门山断裂带等以东和大巴山-城口以南区域。

由于地处特提斯、古亚洲和太平洋板块三大构造域，即西部龙门山地区受青藏高原隆升物质东流的推挤、东部受到华南块体的抵挡、北部受到秦岭造山带的南向仰冲和鄂尔多斯块体的阻挡，构造应力场的不断变化产生强烈的构造变动，多期次不同构造应力场的作用与转换，使上扬子地区前震旦纪基底、古生界、中生界、新生界不同构造层序的构造形态、组合形式及其他之间的叠加关系十分复杂，也产生了形态各异、深浅层次不同的变形和差异较大的地形和地貌，成为盆山关系的最佳研究地区。上扬子地块内部四川盆地及边缘沉积是中国油气、烃源岩及页岩气勘探开发的重点研究区域之一，其地块周缘造山带、川滇黔相邻区均是西南地区主要成矿带，研究该区域的重磁场特征对油气与矿产均具有重要的意义。

20 世纪七八十年代重磁勘探工作已覆盖整个中上扬子地区，并且"岩石圈计划"中的台湾-阿尔泰地学断面穿越中上扬子地区，为研究龙门山与四川盆地的关系，开展了地震剖面研究，大巴山十字形反射地震剖面为研究上扬子北部的深部结构提供了可能（李秋生等，2011）。此外，石油地震勘探在四川盆地分布较多，对沉积盖层的结构做出了精细的揭示。本次采用的数据来源于全国矿产资源潜力评价项目组，重力网格数据比例尺为 1∶100 万和局部 1∶20 万，航磁网格数据在该区域东西部为 1∶100 万和少量 1∶50 万、1∶20 万，数据范围为西南五省（区、市）的地理范围。

一、上扬子成矿带重力场特征

1. 上扬子成矿带密度特征

岩浆岩主要发育在北大巴、米仓山、龙门山和盐源丽江一带，其密度由镁铁质岩—中酸性岩—酸性岩逐渐降低（表 3-1）。镁铁质岩类（超基性—基性）密度最大，变化范围在 $2.94 \sim 3.14 \text{g/cm}^3$ 之间，酸性岩类密度一般为 $2.61 \sim 2.65 \text{g/cm}^3$，中性岩介于两者之间，为 $2.81 \sim 2.86 \text{g/cm}^3$，碱性岩类一般密度较低，但也有例外。总之，中性、基性、超基性岩浆岩类属于高密度岩类，酸性岩、碱性岩则属于中低密度体，其值较为接近。秦岭造山带及汉南米仓一带，酸性岩密度为 $2.61 \sim 2.64 \text{g/cm}^3$，中性岩密度为 $2.73 \sim 2.86 \text{g/cm}^3$，基性岩密度为 $2.86 \sim 2.98 \text{g/cm}^3$，碱性岩密度值为 $2.43 \sim 2.62 \text{g/cm}^3$；龙门山酸性岩为 2.64g/cm³，中性岩为 2.85g/cm³，基性岩为 2.91g/cm³，超基性岩为 2.76g/cm³（已蛇纹石化）。沉积岩类的砂岩、页岩和砾岩密度较低，一般为 2.12～2.43g/cm³，属低密度岩类，灰岩及白云岩密度值较高，一般为 2.68～2.78g/cm³。变质岩较原岩密度都偏大。

表 3-1　上扬子地区地层密度参数统计表（g/cm³）

地层/地区			龙门山	汉南-米仓山	四川盆地	北大巴-紫阳	南大巴	湘黔区	密度界面
界	系		平均密度值	平均密度值	平均密度值	平均密度值	平均密度值	平均密度值	密度差
新生界	第四系				2.05			2.22	
	第三系				2.48			2.53	
中生界	白垩系				2.41	2.57		2.52	2.41～2.54
	侏罗系				2.53	2.60		2.56	
	三叠系	上	2.60	2.56	2.55		2.62		
		中	2.80	2.70	2.71	2.66	2.68	2.69	
		下	2.66	2.71	2.68		2.68		
古生界	二叠系	上	2.70		2.65	2.69	2.69	2.64	2.65～2.68
		下			2.70				
	石炭系		2.71		2.68	2.70		2.72	
	泥盆系	上	2.71						
		中	2.70		2.67	2.65		2.69	
		下	2.65						
	志留系		2.63	2.68	2.64	2.73	2.65	2.63	
	奥陶系		2.69	2.70	2.64	2.71	2.71	2.63	
	寒武系	上					2.78		
		中		2.75	2.68	2.66	2.60	2.59	
		下	2.57	2.67			2.67		
上元古界	震旦系	上	2.80	2.79	2.81	2.74	2.73	2.66	2.66～2.81
		下		2.74			2.72		
中元古界	板溪群							2.77	
下元古界—太古宇	冷家溪群			2.80		2.77	（武当山群）	2.72	
	崆岭群			2.86					

上扬子地区地层密度变化总趋势是由新到老逐渐增大，上古生界巨厚的海相碳酸盐岩有较大的密度，变质岩密度具有随变质程度由浅到深，其密度由小变大的趋势。其中含有泥岩、页岩等组成的下三叠统、志留系、寒武系等都表现为较小的密度值，与相邻层位的密度值相差较大，构成软硬相间的地层关系，反映出上扬子地区存在多个滑脱层的物质组成基础。

上扬子地区地层密度可以分成 6 个密度界面：第四系—第三系、白垩系—侏罗系、三叠系—寒武系、震旦系、褶皱基底、结晶基底。但结合区域地质资料来看，可以归为 2 个密度界面、3 个密度层。其一是存在于浅部的上三叠统与侏罗系之间的密度分界面，晚三叠世末期印支运动使川西龙门山褶皱成山，盆地成为内陆盆地，发育河湖相沉积，沉积物与之前相比存在很大差别，因而三叠系和侏罗系之间构成了研究区的一个密度层，这个密度界面反映了海相沉积和陆相沉积界面，密度差大于 0.14g/cm³，这种密度差可使地表浅部具有一定规模的三叠系及以下地层的褶皱构造产生较为明显的重力异常，如川东梁平、万县等隔档式褶皱区出现相应的形态狭窄的局部重力异常。其二是存在于深部的震旦系以上的沉积层和中元古界之间的分界面。区域地质资料认为上扬子地区震旦系与上覆寒武系之间为平行不整合或整合关系,而与下伏中元古界或更老的变质岩类为角度不整合关系,也可以说扬子地台基底固结形成后在其上沉积了板溪群及震旦系盖层,那么沉积岩和变质岩之间就存在着重要的密度界面,密度差为 0.15g/cm³。但由于不同构造单元地质环境存在差异,岩石性质及其厚度的不同,会造成同一时代地层密度有差别,如表 3-1 中所示(张燕,2013)。

2. 重力场的特征描述

从上扬子地区布格重力异常阴影图上(图 3-1)可以看出,布格重力异常总体上呈现为北高南低、东高西低的形态,东部的重力场值较高,最高值在贵州东部、四川盆地中部,布格重力值大于 $-100\times 10^5 m/s^2$,四川内江附近也有一个非常醒目的相对重力高异常,最大值约 $-90\times 10^5 m/s^2$;巴中北部也出现局部重力高异常,布格重力异常最低值出现在龙门山断裂、康定-木里-丽江断裂附近,布格重力值小于 $-300\times 10^5 m/s^2$。上扬子西南边界界线的布格重力异常特征非常明显,从中甸—大理沿红河断裂至国界,北西边木里-丽江断裂的重力梯度特征也非常明显。上扬子地区的南部重力异常较底,仅在攀枝花地区有局部重力高异常出现;贵州与云南东部的重力异常高,高值出现在铜仁—独山—富宁一带,向西逐渐减弱。西南地区整个上扬子地区的重力变化达 $200\times 10^5 m/s^2$,表明上扬子地区的地质结构极为复杂,基底的起伏差异较大,反映上扬子板块地区具有北西厚、南东薄的地壳变化格局。

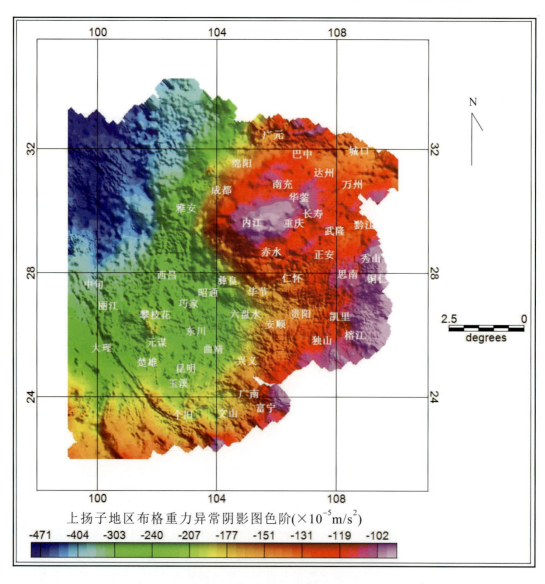

图 3-1 上扬子地区布格重力异常阴影图(1:1600 万)

通过数据处理与对比分析，本次取 30km 的半径求取区域异常，得出上扬子地区剩余重力异常。从图 3-2 可以看出，该区西部边界异常以断续相接的零星小异常为主，异常变化较为剧烈；东部以宽缓的正异常为主。四川盆地内部条带状正异常与区内构造展布特征较为一致，如万州—长寿、华蓥山构造带。西南部零星分布的正、负重力异常圈闭与岩浆岩分布有密切关系。其中，负重力异常往往对应燕山期或印支期花岗岩基，而正重力异常可能对应晋宁期的花岗岩基或晋宁晚期的闪长岩、正长岩，甚至基性或超基性岩体。

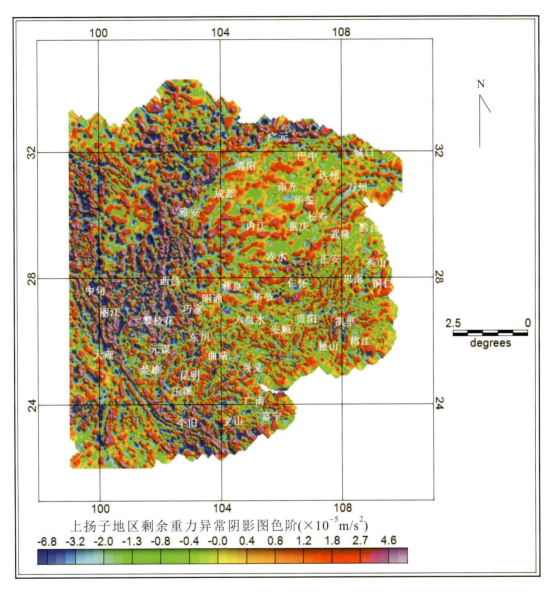

图 3-2　上扬子地区剩余重力异常阴影图（1∶1600 万）

从上扬子地区布格重力异常上延 20km 阴影图（图 3-3）可以看出，西南地区上扬子地区的重力分区特征明显，主要分为四川盆地高值异常区、云贵高原东部高值异常区和康定-滇中低值异常区。红河断裂异常特征依据明显，说明该断裂具有深源特征，为壳幔断裂。丽江-木里-康定-龙门山断裂带的线性梯度特征也非常明显，说明该断裂也具有深源特征。四川盆地与云贵东部的重力高异常，分别反映了其川中盆地、雪峰山基底隆起的特征。

茂汶—武平一线以西为龙门山重力梯度带，其梯度约 $1.6\times10^5 m/s^2$，而茂汶至安县的梯度仅为 $0.55\times10^5 m/s^2$，安县至三台的梯度稍大，约 $0.77\times10^5 m/s^2$，为四川盆地内次级梯度带，实际上三台—盐亭—巴中是川中与川西的单元分界。据二维重力解释结果表明，梯度带下部的地壳底界面可能深

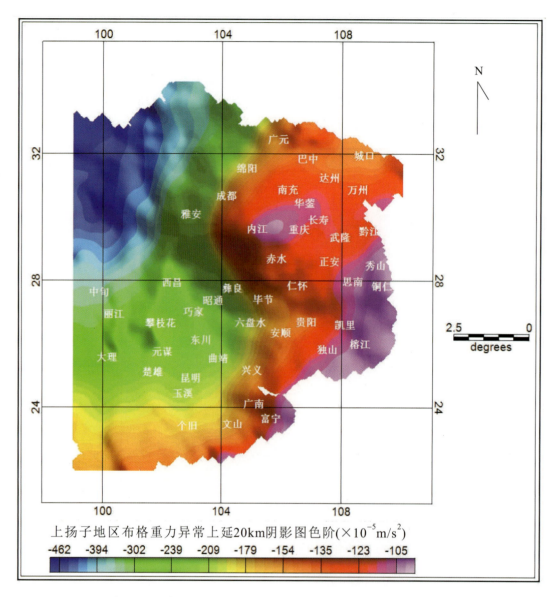

图 3-3　上扬子地区布格重力异常上延 20km 阴影图（1∶1600 万）

达 65km 左右，龙门山两侧的地壳厚度相差 10km 左右；花石峡-简阳剖面的解释结果（崔作舟等，1996）也表明龙门山两侧地壳厚度相差较大，因此，龙门山重力梯度带的形成显然与东、西两侧地壳厚度差异变化有关。

二、上扬子成矿带磁异常场特征

（一）磁性特征

上扬子地区岩石磁性遵循从沉积岩、变质岩、岩浆岩逐渐升高的一般规律。沉积盖层基本不具有磁性，变质岩类磁性高于沉积岩类，具有微磁，片岩类磁性较高，作为磁性基底层在区域上有所显示。侵入岩类磁性一般由酸性—中性—基性—超基性岩逐渐升高，酸性岩类有一定的磁性差异且比较明显，具有无磁—中等磁性的变化趋势，中性岩类一般具有中强磁性，基性和超基性岩类具有强磁性特征。

1. 岩浆岩类

岩浆岩类出露在上扬子周边的造山带，酸性、中性、基（超基）性岩均有出露。西乡地区超基性岩类辉绿岩的磁化率平均值为 $1910\times4\pi\times10^{-6}$ SI，最大达到 $8000\times4\pi\times10^{-6}$ SI，南大巴镇巴—白河地区侵入岩类的辉长（绿）岩为中等磁性，平均磁化率为 $396×4π×10^{-6}$ SI，最大达 $983×4π×10^{-6}$ SI，并以剩磁为主，剩磁强度平均值为 $299×10^{-3}$ A/m，火山岩类平均磁化率为 $177×4π×10^{-6}$ SI。二叠纪峨眉山玄武岩磁化率一般为 $2150×4π×10^{-6}$ SI，最大可达 $7400×4π×10^{-6}$ SI，具有较强的磁性，在四川盆地分布较广，在盆地内较多的钻孔中都见到了峨眉山玄武岩，如仁寿、威远、宜宾一带和华蓥山区、达县、开江一带均有发现，说明在同时代地层内具有一定含量，造成一些地区二叠纪地层磁性增高，产生一定的磁异常。

2. 变质岩类

变质岩类磁性与原岩性质有一定关系，深变质及火山质或含火山质的岩石磁性相对强一些。研究区出露的浅—中变质褶皱基底的变质岩是海相碳酸盐岩、碎屑复理石沉积建造变质岩，如武当群、神农架群、崆岭群、冷家溪群、板溪群、火地迹群等变质岩系，一般情况下磁性很小，属弱磁性或微弱磁性，但个别或地段夹有较强磁性部分，如崆岭群个别磁性达到 $1000×4π×10^{-6}$ SI，而板溪群在花岗岩侵入时会产生热变质型磁异常。中深变质程度的结晶基底耀岭河群为变中基性火山岩，具有中强磁性，最高磁化强度与黄陵地区基性侵入岩相当，达 $(4000～6000)×4π×10^{-6}$ SI，其规模一般较大，可以引起显著的磁异常。

3. 沉积岩类

沉积层磁化率平均值均低于 $50×4π×10^{-6}$ SI，属于无磁性，如鄂湘地区沉积层，但四川沉积层磁性资料显示，四川盆地内三叠系飞仙关组和侏罗系沙溪庙组因含磁铁矿物，具有一定的磁性。沙溪庙组为砂岩和泥岩互层，磁化率为 $170×4π×10^{-6}$ SI。川西和川中地区的飞仙关组为一套紫红色页岩、砂泥岩和泥灰岩，含有较多的磁铁矿颗粒，磁化率达到 $268×4π×10^{-6}$ SI。川南地区在威远背斜轴部威基井中飞仙关组含有凝灰质、银山镇川5井夹晶屑凝灰岩，并明显显示颗粒西粗东细，由南而北、从下而上为岩屑晶屑凝灰岩—凝灰质页岩—正常沉积碎屑岩。凝灰质物质可能来源于西南部并与峨眉山玄武岩喷发有关。川东地区距离峨眉山玄武岩喷发源较远，岩性为正常沉积的灰色石灰岩（大冶组），就不具有磁性，成为非磁性区。

（二）磁异常场的特征描述

总体来看，西南地区上扬子地区及邻区的航磁异常主要为正磁异常，异常特征比较复杂（图3-4～图3-7）。康定-滇中为剧烈变化异常区，主要表现为低值磁异常区之上叠加了高频局部正磁异常；四川盆地及其两侧呈现大面积正、负强磁异常；云南南部与贵州大部分区域以平缓的弱正磁异常为主。从磁异常特征说明不同地区的磁源体性质完全不同，清楚地反映了不同地质构造单元的磁场面貌。

龙门山磁异常区为变化异常区，北部、南部是低值负磁异常叠加局部高值磁异常，与米仓-汉南、南秦岭强烈变化异常区相接；中部有小范围高磁异常区，其中的局部高频磁异常是龙门山陆内造山带形成和活动时岩浆活动或热动力变质的产物。从异常幅值和展布形态来看本区是松潘平静磁异常区向四川盆地正磁异常区的过渡区。广元北部有局部的南秦岭强磁异常区，异常主要走向近东西向。四川盆地以大范围的显著正磁异常为特点，中部以强的正磁异常为主，磁异常的形态为北东向，反映深部浅变质磁性基底的走向；巴中、成都、达州南、内江、武隆—秀山等处出现圈闭的低负磁异常。铜仁-富宁的磁异常属于磁场平稳区，异常梯度变化小，等值线稀疏，向东、西两边磁场逐渐增强，其中铜仁南、榕江、安顺、仁怀为局部正磁异常。康定—滇中一带的磁异常特征复杂，形成川滇菱形地块，其边界为康定-木里-丽江、红河断裂、师宗-安顺、康定-彝良-安顺，菱形地块北部分以零乱的正负相间磁异常为主，主要是由玄武岩等超基性岩引起；菱形地块南半部分分为两个区域，以小江断裂为界，断裂以西以正磁异常为主，以东以弱磁异常为主，磁异常最大值位于元谋。从上扬子地区航磁 ΔT 化极阴影图（图3-5）可以看出，各断裂的边界特征均更为明显，以红河断裂、龙门山断裂显示更突出；正磁异常主要位于雅安—成都—巴中—城口、长寿—万州、攀枝花—楚雄等地，负磁异常主要位于龙门山断裂、重庆—秀山、达州—万州、内江和贵阳—独山等地。

上扬子航磁 ΔT 化极垂向一阶导数阴影图（图3-6），反映了上扬子地区的已知构造形态特征，也

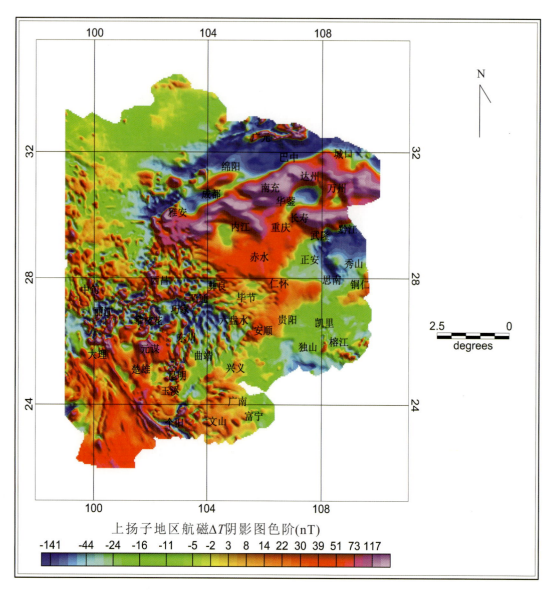

图 3-4　上扬子地区航磁 ΔT 阴影图 (1∶1600 万)

反映了四川盆地深部的浅变质基底特征。上扬子航磁 ΔT 化极上延 20km 阴影图 (图 3-7) 反映了深部的磁性特征，雅安—成都—巴中—城口、西昌—攀枝花—楚雄、丽江—大理等表现强磁异常，航磁异常值大于 100nT，说明该处磁性体具有深源特征，反映了深部的变质基底的走向与形态，万州—思南、贵阳—独山、内江—昭通、达州—华蓥等表现强的负磁异常，反映了深部的地质特征。

将磁异常分区与地质资料对比发现，在褶皱构造发育地区通常出现了负磁异常，不同样式的褶皱构造带具有不同性质的磁异常，如隔槽式褶皱带是大范围负磁异常区，隔档式褶皱带是正负相间的航磁异常区；强磁异常区边界发生了强烈的推覆运动，如龙门山和大巴山城口段，宽缓磁异常边界是构造样式转折区，如重庆-习水正磁异常区是川东南帚状隔档式褶皱区，这种关联现象说明磁性基底构造对上覆构造样式有一定的控制作用（张燕，2013）。

综合对比研究区的重磁异常特征来看，研究区的重磁异常特征的相关性存在一定的差别，并非统一，既有正相关也有负相关关系，如川东北的大面积重力低异常区则为强磁异常区；华蓥山背斜带是串珠状重力高异常区，却为负磁异常带，是负相关关系；川中西充及其附近呈低缓重力高，却是盆地内最强磁异常，大足重力高范围大、幅值高却呈小规模中等幅值磁异常，是正相关关系，但也夹杂负相关；这种非统一的相关性说明重力场源和航磁场源反映的地质结构构造不是同一类、存在差别。

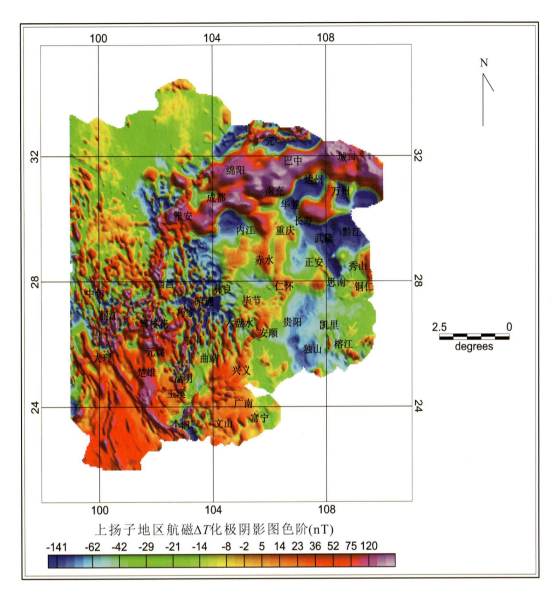

图 3-5 上扬子地区航磁 ΔT 化极阴影图（1∶1600 万）

三、上扬子成矿带重磁资料及地质认识

1. 上扬子成矿带边界讨论

关于上扬子板块西部边界的界定，长期以来研究上存在较大分歧。早年的研究把龙门山-大巴山深断裂定为扬子西缘-北缘深断裂，分隔开扬子地台和秦岭地槽，龙门山断裂向西南延伸穿过康滇地轴北端构成地轴之西界（黄汲清等，1974）。有研究者认为松潘—甘孜归属于扬子大陆（罗志立，1983；张渝昌，1989）；有研究者认为上扬子板块的西界应划在龙门山向西北方向扩展（陈焕疆等，1988）；崔军文等（2006）认为由于青藏高原的边界具有扩展性，其东缘由龙门山、小江-安宁河断裂带构成的结合带是青藏高原与扬子地块的构造边界。钟锴等认为红河断裂、龙门山断裂一带是扬子板块西部的重磁异常的梯度带，反映岩石圈厚度的陡变，且具有切割莫霍面的特征，可作为构造分区的界线（程裕淇，1994；钟锴等，2005）。上扬子地层区大致西以龙门山断裂带为界，北邻汉中-城口-房县-襄樊-广济（襄广）断裂带，东以竹山—建始—恩施—咸丰—保靖—铜仁一线与中扬子地层区分开，东南以都匀—凯里—镇远—铜仁一线与江南-华夏地层区相接（牟传龙，2014）。近年来，随着地质和深部地球物理资料的充实，上扬子陆块区南西界为哀牢山断裂带，西北界为程江-木里断裂带、龙门山断裂带，北界为

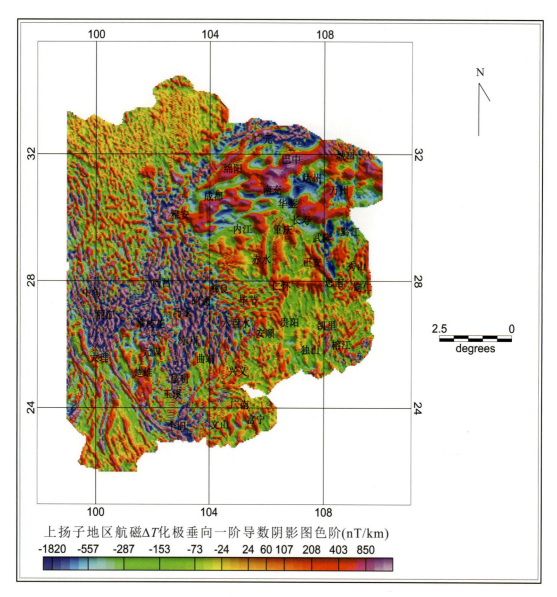

图 3-6　上扬子地区航磁 ΔT 化极垂向一阶导数阴影图（1∶1600 万）

大巴山-略阳-勉县（勉略）-城口-房县-襄樊-广济（襄广）断裂，东南界为郴州-连州-梧州-北市-横县断裂带；上扬子陆块与下扬子陆块之间以信阳—岳阳—长沙一线的隐伏断裂为界（潘桂棠等，2009）。

上扬子陆块在西南地区范围内的边界主要分歧是西北边界。西北边界北段大部分观点支持以龙门山断裂带为界，仅陈焕疆、邱之俊和林茂炳等（1988）认为应向其西北方向扩展，上扬子区域的真正褶皱基底应在黑水—道孚一带，其主要是指扬子板块深部俯冲的位置，与其地表出露的龙门山断裂观点基本一致，为新生代构造变形的边界属性。西界南段主要有两种观点：一种观点是认为以康定-木里-丽江断裂为界，另一种观点认为是以小江-安宁河断裂带为界；从最新研究资料显示，小江-安宁河断裂以西地层应归属于上扬子地块，中咱地块划分为三江弧盆系（潘桂棠，2009），支持康定-木里-丽江断裂为上扬子地块西边界南段。

2. 上扬子成矿带内部构造讨论

韦一（2014）根据沉积盆地演化和构造单元划分将扬子地块分为 11 个分区，其中西南地区范围内有川黔、雪峰山-元宝山、康滇、楚雄、南盘江-右江-富宁 5 个分区。川黔分区的构造区为龙门山断裂以南、石棉-小江断裂以东与弥勒-师宗-松桃断裂以北，雪峰山-元宝山分区为弥勒-师宗-松桃断裂以东，康滇分区为石棉-小江断裂以西与磨盘山-元谋-绿汁江断裂以东，楚雄分区为磨盘山-元谋-绿汁江

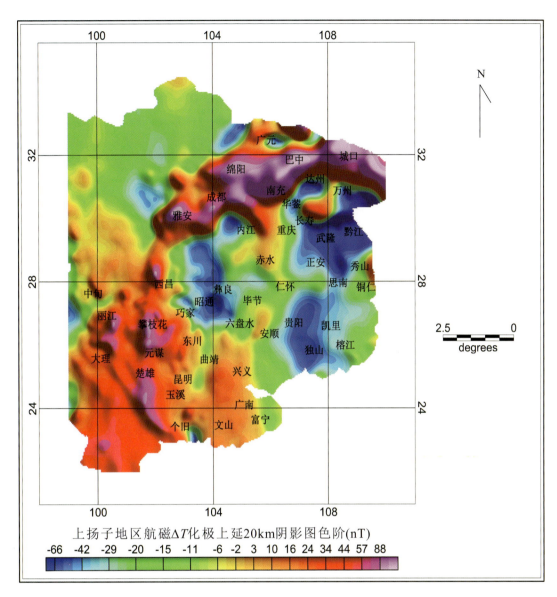

图 3-7　上扬子地区航磁 ΔT 化极上延 20km 阴影图（1∶1600 万）

断裂以西与盐源-丽江断裂以南、红河断裂以北，南盘江-右江-富宁分区为弥勒-师宗断裂以南与六枝-安龙断裂以西。下面简要介绍上扬子主要构造重磁场特征。

龙门山断裂带：断裂带呈北东向延伸，现今为叠瓦式的大型逆掩断裂带，是龙门山造山带重要的组成部分，断裂两侧的沉积建造和地层厚度都有明显差异，也是扬子准地台与西北侧松潘-甘孜造山带的分界线。由多条断裂组成，一般认为青川-茂汶断裂（也称阳平关-青川或茂汉-汶川断裂）是扬子地台和松潘地块的分界线，北川-映秀断裂将龙门山分为后龙门山和前龙门山，安县-都江堰断裂则是龙门山造山带和川西前陆盆地的分界断裂。龙门山断裂在重磁场中是走向北东东的密集重力、磁力梯度带，重力梯度带两侧重力场特征差别显著，东南部为多个局部重力高、低的复杂重力场，西北为鼻状异常；航磁异常西北为有一定规模的低磁异常圈闭，东南为高磁异常。重磁异常两侧特征的显著差异性和本身的密集梯度带特征，反映该断裂是切割较深的深大断裂。多数断裂为西倾的犁式断层，切割了地壳不同层位，中深层断裂属于逆断层，少数断裂冲出地面，浅层断裂不发育（张燕，2013）。

四川盆地内部断裂：四川盆地内部广为中生代沉积地层发育，地表地质断裂不发育，只有川西的龙泉山断裂和川东华蓉山断裂及其以东的复式背斜轴部发育断裂，主要有七曜山断裂、方斗山断裂、明月山断裂等。盆地可以划分为如下 3 个构造带（刘树根等，2008）。①川西前陆盆地（带）：指龙门山断裂带与龙泉山断裂带之间的前陆盆地区；②川中平缓褶皱带（川中盆地）：位于龙泉山断裂带和华蓥山断裂带之间的四川盆地主体部分，北部以米仓山-大巴山褶皱带为界，南部抵达峨眉山-宜宾隐伏断裂；③川东隔档式褶皱带：指华蓥山断裂带与齐岳-曜山断裂带之间的隔档式褶皱带。

综合各种资料认为，华蓥山断裂带北端并不在宣汉黄金口，而是继续向北东延伸，进入大巴山。华蓥山断裂带位于四川盆地东部，系盆地内川中古生代隆起-中生代斜坡平缓构造带与川东古生代斜坡-中生代隆起高陡构造带及川南古生代坳陷-中生代隆起低陡构造带的分界线，地面为北北东向展布的断续状断层褶皱带。该断裂带由北东自南西经达县、合川、重庆、永川、宜宾等地，盆地内全长约600km。其中邻水县天池—广安县宝鼎一段地面主断层（华蓥山断层）规模大，断层上盘寒武系与下盘下三叠统接触。而南、北两段地面未见大断层。

华蓥山断裂在各种地球物理资料上均有显示（郭正吾，1996）：地壳地震测深速度等值线清晰地显示出重庆一带层速度和速度界面突变或错断，航磁资料上显示为块状正异常间低异常。大地电磁测深资料上表现为视电阻率层错位，布格重力异常表现为重力高边界。但对华蓥山断裂带是否向北继续延伸，目前的公开资料少有人谈及。华蓥山断裂在重庆附近表现为西边重力高与东边重力低的分界线，表现为重力等值线统一向北东方向的强烈扭曲，一直到达州附近；达州处重力等值线变为北西向，继续向北，北西向的等值线圈闭改变为北北东向，再继续向北，等值线又有轻微的北东向扭曲。这是否暗示着深部有北东向构造的影响，是否就是华蓥山断裂的北东延伸呢。为了反映其在深部的展布，通过对布格重力进行了不同高度的上延，在上延10km、20km、25km重力异常图上，华蓥山断裂表现为重力高的边界，无向北延伸之势，上延30m、35km重力异常图上，华蓥山断裂已变得模糊不清。受王谦身（2007）的启发，张燕（2013）把GRACE卫星重力场模型和GTOPO30数字高程模型数据结合，分别计算了四川盆地及其邻区2—360阶卫星重力场和中间层引起的重力效应，将前者进行中间层改正得到视布格重力异常，其结果与已知的地面布格重力异常相比可见，我们计算的视布格重力异常不但与地面布格重力类似，而且在反映隐伏的断裂构造空间展布方面有其独特的作用。张燕等（2013）认为华蓥山断裂北段并未终止于地表可见位置，而被隐伏于盆地盖层之下，并沿走向北延至南大巴山前陆冲断褶。

3. 上扬子成矿带基底讨论

上扬子地区基底结构比较复杂，埋深变化较大。根据上扬子地区沉积特征、岩浆活动、变质作用和构造展布特点，将基底的演化分为：前四堡期（17亿年前）、四堡期（17亿～14亿年）、晋宁期（14亿～8亿年）和澄江期（8亿～7亿年）。四川盆地经前四堡期末的深变质作用、混合岩化和花岗岩化作用使基底趋于比较均一的固结状态、混合花岗岩、斜长片麻岩等的形成，标志基底具陆壳性质（韩永辉，1983）。四川盆地基底结构呈北东向条块，盆地范围被5km等深线圈出，形态呈菱形，总体上基底呈"三隆四坳"的构造特点，走向为北东向。盆地中央隆起范围较大，但属低隆起，基底埋深5～7km。在盆地南、北两侧为基底坳陷区，埋深7～11km；川南滇北地区基底结构呈近南北向条块状和块状，基底埋深东浅西深，东部的西昌、昆明、六盘水地区基底埋深为1～3km，西部的楚雄盆地被3km等深线圈出，基底埋深多在5～7km，最深可达9～10km；滇黔桂地区基底结构以块状为主，并穿插有北西向和北东向条带状结构，在滇黔北部及右江地区基底埋深在3km以上，而黔南地区基底埋深大，可达5～7km。这些地区的基底或古生界盖层都表现为弱磁性。此外，在雪峰山元古宙变质岩系已出露，岩体大部分切穿了古生界，这些岩体和元古宙变质岩系被0.5km等深线圈出（熊盛青，2014）。

康滇地区在前四堡期可能存在由富钠火山岩系组成的岛链，沉积物受到南北向强烈挤压，基底的固结和地壳演化情况类似滇东、桂北地区。不同的是由于张性的安宁河断裂的活动，有基性、超基性岩体侵入，使其两侧发生强烈的接触变质，使这一南北向条带固结程度比周围较强，造成横向上的不均一性（韩永辉，1983）。

综合重力、航磁、大地电磁测深等资料，认为形成城口重力低的主要原因是：扬子地块结晶基底俯冲到秦岭造山带之下，其上覆的前中三叠统盖层（低密度体）也被现今的南大巴山前陆构造所掩覆（张燕，2013）。

楚雄盆地基底南北向起伏变化大于东西向起伏变化。在金沙江南岸的平川—铁锁—桂花一带基底埋深可达9~12km；向南在东山—大姚北存在一个比较明显的局部隆起，基底埋深仅6km；在楚雄和大姚之间还存在由猫街延伸而来的东西向隆起，基底埋深仅3~4km；楚雄附近及以东地区为又一坳陷中心，基底埋深约6km。盆地北部和西部，因片角-会元断裂及程海断裂基底呈陡坎状，倾角可达50°~60°；盆地东部（即攀枝花断裂以东地区）已属康滇地轴的中央隆起，基底埋深较浅，永仁一带为1km左右，再向东至元谋以西基底则已裸露。

第二节 西南三江成矿带重磁异常特征及地质认识

西南三江（怒江、澜沧江、金沙江—红河）地区位于北部华北板块、西部印度板块、东部扬子板块和南部南亚陆块共同作用下的一个复合交错部位，属于藏滇地槽区、昆仑秦岭地槽区、华北地槽区和扬子准地台4个一级大地构造单元的衔接部位，其与北特提斯陆缘海同为板块分裂和俯冲作用的产物。自早古生代以来，该区经历了洋壳俯冲、陆-弧碰撞和陆内会聚等一系列大地构造事件，是印度与欧亚两大板块之间特提斯-喜马拉雅构造域的东段挤压、褶皱最强烈的地带，形成规模大、数量多的弧形深断裂，其中，三江主干深断裂都是板块俯冲带。它们既是该区的构造骨架，又是最主要的岩浆-变质成矿带。

一、西南三江成矿带重力异常特征

1. 地层、岩（矿）石密度

西南三江地区地层密度统计结果显示，区内地层密度最小值为$1.25g/cm^3$，是第四纪松散堆积物；最大值为$4.20g/cm^3$，是致密块状铬铁矿。

全区样品有50%分布在$2.58~2.74g/cm^3$之间，70%分布在$2.50~2.80g/cm^3$之间，大于$2.90g/cm^3$和小于$2.20g/cm^3$的样品各占5%。在$2.65~2.75g/cm^3$区间，较少出现各种侵入岩类，多数为古生代地层。

区内密度在$2.80g/cm^3$以上的高密度物质主要为早古生代—太古宙的古老地层、褶皱基底和结晶基底，绝大多数中性、基性、超基性侵入岩和基性喷出岩（玄武岩）也属于该类高密度物质。密度在$2.50g/cm^3$以下的低密度物质主要为中生代、新生代砾岩、砂岩、泥岩、页岩、板岩类等，也包括有一些酸性或碱性的浅成和喷出岩类、火山角砾岩，少数凝灰岩、斑状杏仁玄武岩等。偶有海西晚期—印支早期、加里东期的酸性侵入岩密度达$2.70g/cm^3$，其他酸性侵入岩绝大多数分布在$2.66g/cm^3$以下。

2. 重力异常特征

西南三江地区布格重力异常总体呈西北低、东南高的负异常特征（图3-8），异常值为$-500\times10^{-5}~-60\times10^{-5}m/s^2$，异常等值线密度大、梯度高，其南北重力异常差达$440\times10^{-5}m/s^2$，反映了其地壳结构变化差异大。本区跨越了我国西部幔坡带和青藏地幔台坪坳陷区，地壳厚度由北而南逐渐减薄。弧形分布的布格重力异常背景上叠加了一些异常梯度带。这些重力梯度带在地表地形上多与大的山系、山脉相对应，一般是地下断裂构造带在重力场中的反映（图3-9）。

西南三江地区北部由川西北部的松潘、黑水，经雅安、石棉，至西昌、盐源直到丽江发育一条宽达150km的北北东向重力梯度带，等值线方向以北北西和北西向线性重力高和重力低相间排列为主要特征，并沿构造线方向呈线状展布，异常连续性好，反映该区南北向断裂构造较为发育，是本区重力场的主要特征。该重力梯度带北段与龙门山构造带会合，向西逐渐降低进入青藏高原宽缓的负异常区，与青藏高原南缘幔坡带对应。由于受印度板块的直接碰撞及北侧秦岭构造带的阻挡，在东部稳定的上扬子地块的阻挡作用下，松潘-甘孜构造区块比其他区域遭受更大的地壳形变，异常形态也更为复杂。这种形变在平面上表现为大规模的缩短，在垂向上表现为地面剧烈的抬升，造成地壳的增厚。滇中昆明、楚雄及个旧等地区重力异常变化相对平缓，对应低缓的盆地或平坝地区。

西南三江地区南东部沿洱源、弥渡、南涧、元江、红河、元阳一线分布的北西向哀牢山-红河重力

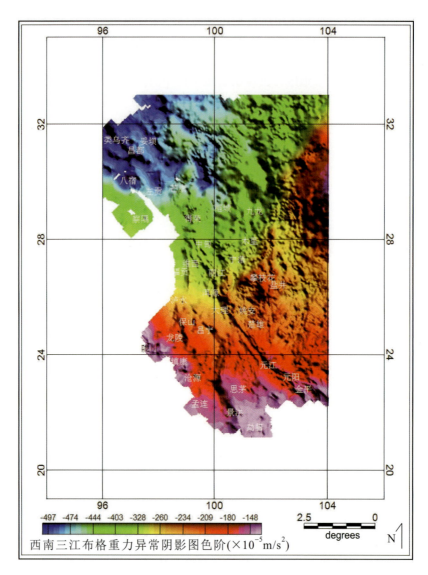

图 3-8 西南三江布格重力异常阴影图（1∶1000 万）

梯度带，其与哀牢山-红河断裂带相对应，南段断续延伸至河口一带出境，与越南的红河重力梯度带相接。中部维西-思茅地区为北北西向的重力等值线扭曲带，其西侧沿昌宁—临沧—孟连一线发育的北西—南北向重力梯度带与昌宁-双江断裂构造对应，西部分布多个沿北东及南北向展布的局部重力低，边部呈往北凸起的同形弧形异常扭曲，一定程度上反映了东、西两部分的地壳结构差异。

二、西南三江成矿带航磁异常特征

1. 岩（矿）石磁性

西南三江地区各类地层岩石磁性分布不均，且同种岩性磁性差异也较大。统计结果显示如下。

（1）正常沉积的碎屑岩、碳酸盐岩磁性微弱，磁化率平均值低于 30×10^{-5} SI。

（2）火山岩磁性分布不均，变化较大，磁化率值从 0 变化到 3000×10^{-5} SI。其中，熔结凝灰岩和安山玢岩磁性较强，磁化率平均值大于 1300×10^{-5} SI。

（3）变质岩磁性普遍较弱，磁化率均值一般不超过 30×10^{-5} SI。

（4）在构造和热液蚀变岩中，角岩磁性相对较强，磁化率均值大于 700×10^{-5} SI；其次是闪长质糜棱岩，磁化率值变化在 $(17 \sim 1304) \times 10^{-5}$ SI 之间。

（5）各类侵入岩总体来说磁性较强，但分布不均匀。其中，超基性岩磁性最强，磁化率值从 1290

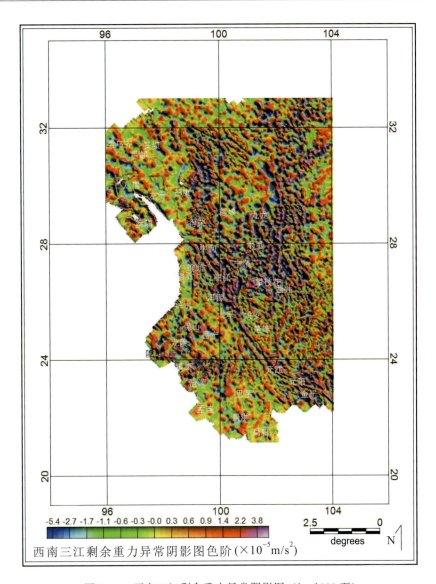

图 3-9 西南三江剩余重力异常阴影图（1∶1000 万）

$\times 10^{-5}$ SI 变化到 $23\,900\times 10^{-5}$ SI，但蚀变辉石岩磁性微弱。黑云母花岗岩、二长花岗岩、花岗闪长岩和闪长岩磁性中等，磁化率均值大于 800×10^{-5} SI，其他岩石类型磁性普遍较弱。

（6）磁铁矿磁性最强，磁化率值变化在 $27\,700\times 10^{-5}$ SI～$145\,300\times 10^{-5}$ SI。

（7）岩石普遍具有剩磁，且大部分岩石剩磁强度大于感磁强度。其中，磁铁矿剩磁强度最大，其次是熔结凝灰岩、闪长质糜棱岩、角闪花岗岩、辉石岩和含铁石英岩等，其剩磁强度远远大于感应磁化强度。而蚀变安山岩、云英岩、花岗闪长岩、辉石闪长岩和铁质砂岩，剩磁强度远远小于感应磁化强度。

总之，区内正常沉积的碎屑岩、碳酸盐岩及其变质岩，酸性火山岩和部分酸性侵入岩磁性普遍较弱，是形成区域降低负磁场的主要地质因素。中基性火山岩、中酸性侵入岩（黑云母花岗岩、二长花岗岩、花岗闪长岩、闪长岩）和基性—超基性岩磁性普遍较强，是形成区域升高的正磁场和局部磁异常的主要地质体。

2. 航磁异常特征

西南三江地区磁场复杂多变，不同地区与不同构造单元磁异常特征差异较大。区内航磁异常以正异常值为背景，伴随正负交替变化的磁异常，异常变化剧烈、梯度大，总体呈东西分带、南北分块的特征。西南三江地区中段南以泸水、洱源、华坪、攀枝花为界，北以福贡、宁蒗、盐边为界，组成正负异常变化剧烈的高频变化的串珠状磁异常，将研究区划分为南北两部分磁异常（图 3-10～图 3-12）。

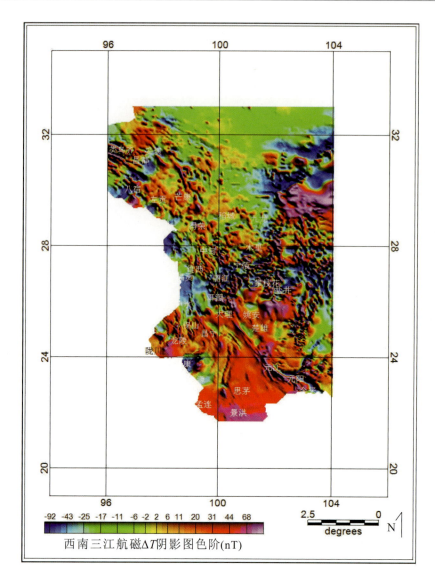

图 3-10　西南三江航磁 ΔT 阴影图（1∶1000 万）

西南三江地区北部磁异常以金沙江-红河断裂带为界，由于受区内发育的蛇绿岩带及古老基底影响，东、西两端磁异常特征差异明显。西部航磁异常规模大、幅值高，仅在局部地区有负磁异常（如妥坝、察雅等地）分布；东部松潘-甘孜地块内航磁异常变化较为平缓，以负异常为主，沿德钦以东发育的一条北北东向磁异常带将该断裂分为金沙江段和红河段两部分，错移距离达 60km。由于松潘-甘孜地块地表广泛分布巨厚的三叠纪复理石杂岩沉积，一般厚度至少为几千米，局部地区厚度可达 10km 以上，前震旦纪古老花岗质基底部分熔融形成的再生酸性岩浆侵入到沉积盖层中，使得该地块与西部基性—超基性岩浆岩带及东部四川盆地（强磁性刚性基底）磁异常特征差异较大，形成特征鲜明的低缓磁异常带（杨逢清等，1994）。

西南三江地区南部航磁异常主要呈北西向条带状分布，且区内大型断裂带（如红河断裂带、澜沧江断裂带、怒江断裂带、墨江断裂带和大盈江断裂带等），均不同程度地发育北西向磁异常条带；变质岩构造带和岩浆岩带均表现了与磁异常空间上的协调一致性；一般地块边缘磁异常多呈带状分布，内部异常则相对散乱，且场值相对较弱（如兰坪-思茅地块、保山地块等）。腾冲—梁河一带正、负异常相间出现，场值相差悬殊，呈弱磁异常背景上的正磁异常，多与新生代火山岩分布位置一致。洱海以北、中甸格咱以南，磁场变化剧烈，异常强度高、梯度大、等值线密集，主要与出露地表的二叠纪玄武岩关系密切。

以上分析表明，西南三江地区重磁场特征是区内较为发育的复杂地质构造体的客观反映。一方面表

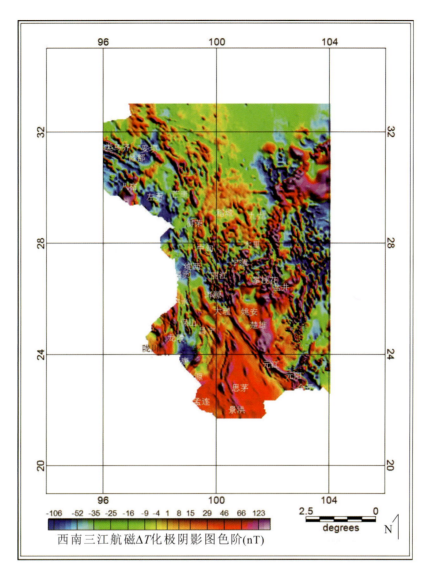

图 3-11　西南三江航磁 ΔT 化极阴影图（1∶1000 万）

明，在一个相当长的地质历史时期，基底或更深范围经历了多期强烈构造变动及演化；另一方面，区域重磁场与区内发育的深大断裂构造展布特征一致。

三、西南三江成矿带地壳结构

青藏高原动力学的关键问题之一是高原物质的东流。从板块构造观点来看，青藏高原处于一个非常特殊的构造背景之下，其南部受印度板块碰撞、挤压及持续北漂的强烈作用，北面受远至俄罗斯、西伯利亚地台的阻挡，高原一方面通过自身的地壳缩短、增厚来吸收部分南北向的强烈挤压作用，另一方面则在东西向寻求物质逃逸的通道（熊熊等，2001）。

莫霍面深度图（图 3-13）显示，本区跨越了我国西部地幔陡坡带和青藏高原地幔台坪坳陷区，地壳厚度由北而南变薄。在南北长约 1000km 范围内，地壳厚度由 66km 变到 41km，其平均梯度为 2.5‰。其中，松潘-甘孜地块除了受到印度板块的直接碰撞外，还受到北部秦岭构造带和东侧龙门山构造带的阻挡，造成区内更大的地壳形变，在平面上表现为大规模的缩短，在垂向上表现为地面剧烈的抬升，地壳迅速增厚，厚度普遍大于 60km，是三江地区地壳最厚的部位。而滇西地区地壳构造复杂，主要有腾冲地壳增厚带、施甸地壳减薄带、临沧地壳增厚带、兰坪-思茅地壳减薄带和哀牢山地壳增厚带。其中，地壳增厚带多与复背斜构造有关，地壳减薄带则是复式向斜或坳陷的反映，且这些地壳褶皱构造

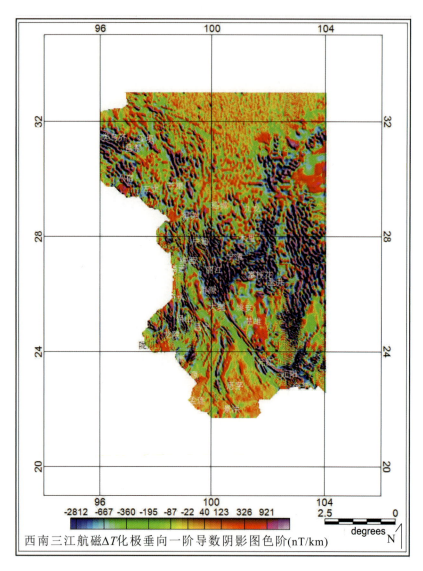

图 3-12　西南三江航磁 ΔT 化极垂向一阶导数阴影图（1∶1000 万）

边缘常伴有大断裂构造，如怒江断裂、澜沧江断裂、阿墨江断裂等。

区域航磁异常小波三阶逼近反映磁源深度大约为 28km。参考前人研究方法与成果，利用该异常反演得到西南三江地区居里等温面深度结果（图 3-14）。西南三江地区居里等温面总体呈南东浅、北西深的特征，深度 20~36km。其中，沿西部哀牢山-红河断裂构造带及东部磨盘山边界断裂构造带附近形成两条特征鲜明的居里面隆起带，为深部热源上涌的通道。研究表明，哀牢山-红河断裂构造带左旋走滑距离达到 500~700km，吸收了印支与亚洲大陆 10%~25% 的地壳缩短量，其东南延伸可能导致了南部海域的扩张，沿云南的雪龙山、点苍山、哀牢山和越南的象背山形成了长约 900km、宽 10~20km 的变质岩带（Harrison T M et al, 1992；Briais A et al, 1993）。这种大规模的滑移不仅造成了岩石层结构的变异，而且与地幔物质上涌引起的热流有关，在青藏高原东南缘大陆块体的挤出、旋转和逃逸过程中起着关键的作用。研究区西部昌都、察隅、腾冲、耿马、思茅、景洪等地居里等温面深度较大，且表现为大范围的低速异常特征，可能与该区较高的地表和地幔热流、莫霍面以及岩石层底部的高温状态密切相关，为研究哀牢山-红河断裂带伴生的高温变质作用成因及地幔热流来源等问题提供了依据（胥颐等，2003）。

当地壳厚度大、温度高时，岩石层强度低，反之，强度高。综合以上分析可知，西南三江地区东部和南部地壳厚度小、温度低，且以东部特征表现最为突出，因此，青藏高原物质向东南方向逃逸过程

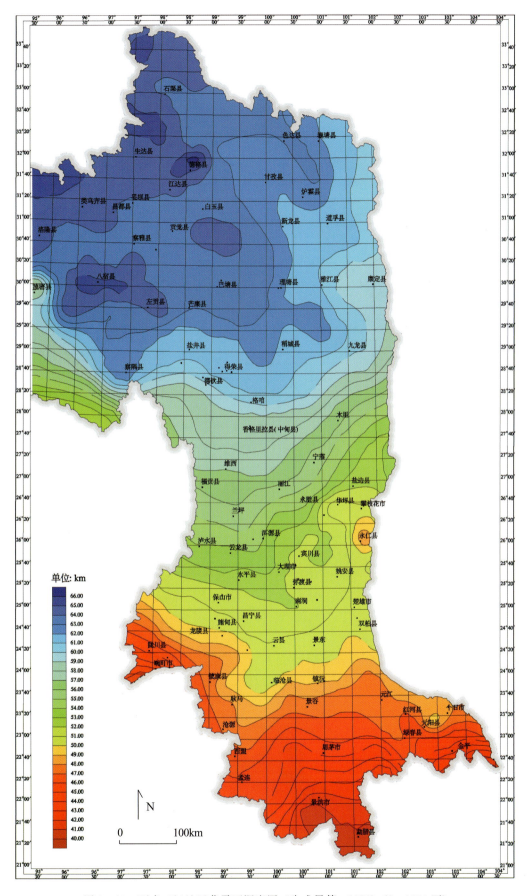

图 3-13 西南三江地区莫霍面深度图（朱成男等，1983）（1∶1000 万）

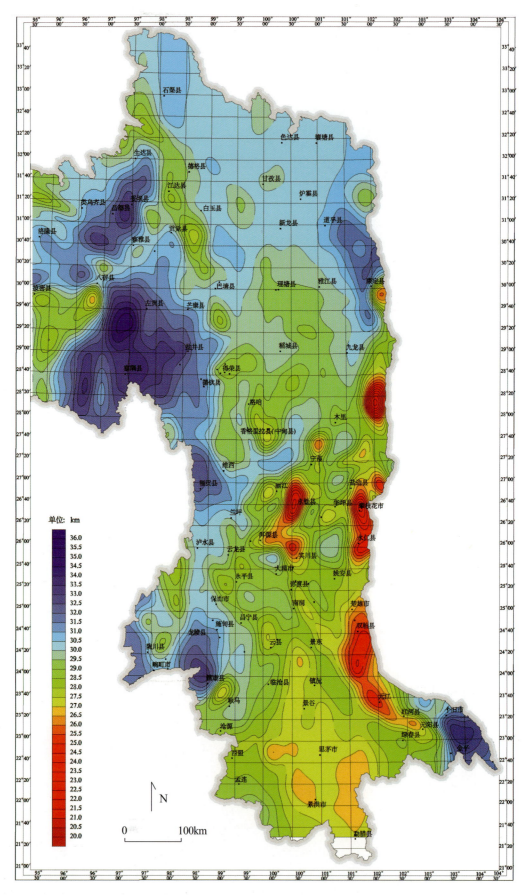

图 3-14 西南三江地区居里等温面深度图（1∶1000 万）

中，在遭遇东部高强度的四川盆地阻挡后转为向南流动，相对低强度的三江块体则为高原物质东流提供了一条"低强度通道"，其综合效应使青藏高原的东流物质将三江块体作为物质运移的优势方向，改变了物质流动的方向。

第三节 班公湖-怒江成矿带重磁异常特征及地质认识

班公湖-怒江成矿带是青藏高原中部地貌相对低洼，特征鲜明的近东西向延伸的构造带。班公湖-怒江成矿带无论在地质构造上，还是在深部地球物理反映的岩石圈结构和组成上都是一条重要的分界线（张玉修，2007）。本书采用耿全如等（2011）所述的班公湖-怒江 Cr-Fe-Cu-Au 成矿带，以班公湖-怒江缝合带构造为主体，北以班公湖-安多-碧土断裂为界，南以狮泉河-觉翁-八宿断裂为界，经度 79.5°E～96°E，面积约 12 万 km^2。本次采用的数据来源于全国矿产资源潜力评价项目组，重力的数据比例尺为 1:100 万，航磁数据在该区域东西部为 1:100 万，仅有西藏一江两河北部为 1:20 万。

近 20 年来，对班公湖-怒江成矿带地球物理特征的了解越来越深刻，先后实施的项目有 1980—1982 年中法合作在藏南完成了佩古错-普莫雍错、藏北色林错-安多人工地震测深剖面及洛扎-那曲大地电磁测深剖面，1991—1995 年中美龙门山-滇中 GPS 测量地壳形变合作项目，1992 年中美国际喜马拉雅和西藏高原深地震反射剖面合作项目，1993 年中国地质科学院完成的沱沱河-格尔木地震探测剖面。另外，原国家地质矿产部从 20 世纪 80 年代后期陆续组织实施了亚东-格尔木、黑水-花石峡-阿尔泰、格尔木-额济纳旗等一系列地学断面探测研究工作，集中完成以地震为主的地球物理探测剖面总长度达到了 4500km。上述的地球物理工作，对揭示青藏高原以及邻区地壳和岩石圈地幔结构与构造、岩石圈电性结构、热异常及热流异常、地磁场分布特征，研究板块构造特征，探讨高原隆升与动力学机制等，都发挥了重要作用。地质资料和地球物理资料要相互验证，相互证实或者证伪，已有的资料显示班公湖-怒江成矿带是一条地球物理特征鲜明的构造带。

一、班公湖-怒江成矿带重力场特征

1. 密度特征

由跨班公湖-怒江成矿带的物探剖面显示，密度由高到低的顺序为，蛇绿岩等基性岩＞下古生界＞上古生界＞花岗岩＞侏罗系—三叠系＞白垩系＞古近系—新近系＞第四系，岩石由老到新密度变化范围为 2.78～2.53g/cm^3，各相邻地质时代间岩石密度差基本上为 0.10g/cm^3，白垩系与侏罗系、二叠系与三叠系之间岩石密度差最大为 0.13g/cm^3（曹忠权，2007）。蛇绿岩等基性岩的平均密度为 2.9g/cm^3，下古生界平均密度约 2.73g/cm^3，其余地层平均密度小于 2.67g/cm^3（白勇，2010）。

2. 重力场的特征

从班公湖-怒江成矿带布格重力异常阴影图（图 3-15）可以看出，该带布格重力异常基本以条带状为主，在弗野、改则东、比如等处异常表现比较窄，可能是受青藏高原北北东向构造影响，布格重力值最高处位于改则、盐湖、尼玛等地（大于－495×10^{-5}m/s^2），布格重力异常最低处位于聂荣南部（小于－530×10^{-5}m/s^2），主要是由于聂荣残余弧地块发育有花岗岩类侵入岩体引起。该带表现为连续的重力高异常，总体表现为中西段布格重力异常最高，东段略低，主要是受日土-弗野、多龙、昂龙岗日-班戈等岩浆弧引起；总体分布规律与基性、超基性岩区的分布基本一致。从班公湖-怒江成矿带剩余重力异常阴影图（图 3-16）可以看出，该带总体沿北西西向转东西向的串珠状正异常展布，日土-改则表现为北西向的剩余重力异常，改则-丁青为东西向的剩余重力异常，该带剩余异常特征表现为中间低、两边高，可能是由于班公湖-怒江成矿带南北两侧的基性超基性岩体引起。从班公湖-怒江成矿带布格重力异常上延 20km 阴影图（图 3-17）可以看出，在盐湖—改则和尼玛—班戈一带布格重力异常值大于－504×10^{-5}m/s^2，表现该处存在深源的重力异常，日土-弗野布格重力异常值大于－512×10^{-5}m/s^2，没有前处异常特征明显。

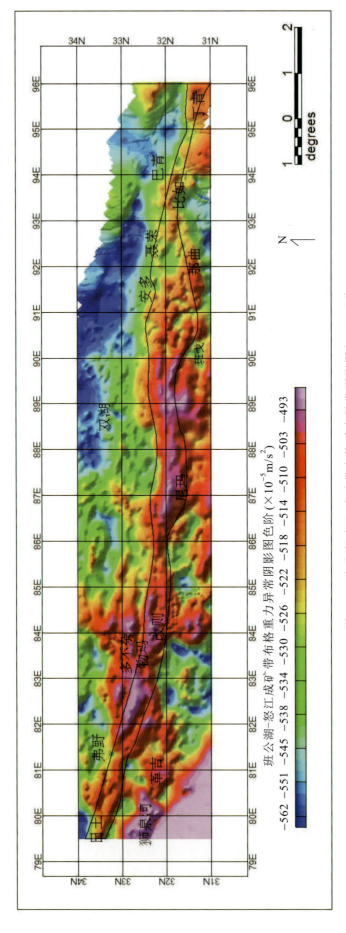

图3-15 班公湖-怒江成矿带布格重力异常阴影图(1∶800万)

第三章 重要成矿带重磁异常特征研究

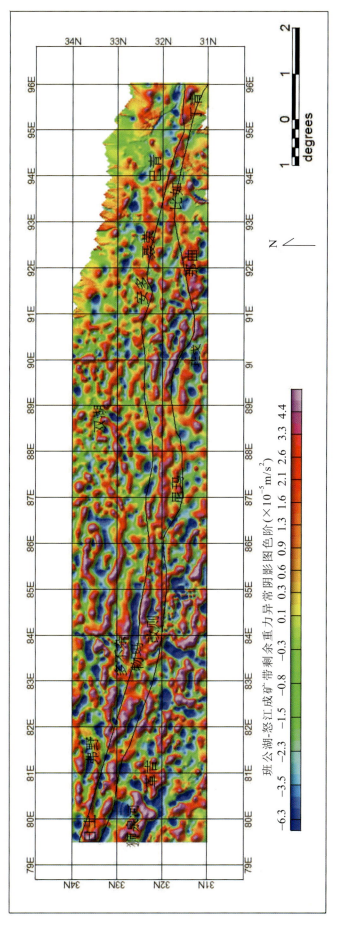

图3-16 班公湖-怒江成矿带剩余重力异常阴影图(1∶800万)（窗口80km×80km）

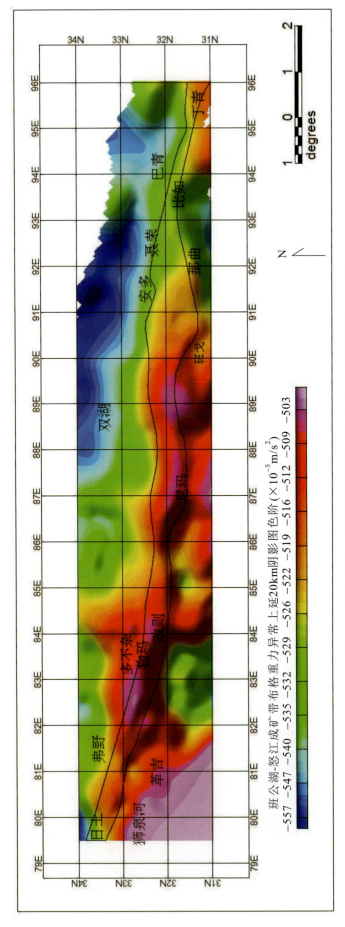

图3-17 班公湖-怒江成矿带布格重力异常上延20km阴影图（1∶800万）

二、班公湖-怒江成矿带磁场特征

1. 磁性特征

根据青藏高原及邻区航磁系列图及说明书（王德华，2013）和西藏一江两河北部地区固体矿产航空物探勘查报告，对班公湖-怒江区内和周边地区进行了岩石物性测定，整理后与2000年测定结果及岩石定向标本室内测定数据和西藏物探队野外剩磁测定结果汇总，获得如下结果。

（1）正常沉积的碎屑岩、碳酸盐岩磁性微弱，磁化率平均值低于 30×10^{-5} SI。

（2）火山岩磁性分布不均、变化较大，磁化率值从0变化到 7000×10^{-5} SI。其中熔结凝灰岩、玄武岩和安山玢岩磁性较强，磁化率均值大于 1300×10^{-5} SI。

（3）变质岩磁性普遍较弱，磁化率均值一般不超过 30×10^{-5} SI。

（4）在构造和热液蚀变岩中，角岩磁性相对较强，磁化率均值大于 700×10^{-5} SI；其次是闪长质糜棱岩，磁化率值变化在 $(17\sim1304)\times10^{-5}$ SI 之间。

（5）各类侵入岩总体来说磁性较强，但分布不均匀。其中超基性岩磁性最强，磁化率值从 1290×10^{-5} SI 变化到 $23\,900\times10^{-5}$ SI；蚀变辉石岩磁性微弱；黑云母花岗岩、二长花岗岩、花岗闪长岩和闪长岩磁性中等，磁化率均值大于 800×10^{-5} SI，其他岩石类型磁性普遍较弱。

（6）磁铁矿磁性最强，磁化率值变化在 $(27\,700\sim145\,300)\times10^{-5}$ SI。

测试岩石普遍具有剩磁，且大部分岩石剩磁强度大于感磁强度。其中磁铁矿剩磁强度最大，其次是熔结凝灰岩、闪长质糜棱岩、角闪花岗岩、辉石岩和含铁石英岩等，剩磁强度远远大于感应磁化强度。而蚀变安山岩、云英岩、花岗闪长岩、辉石闪长岩和铁质砂岩，剩磁强度远远小于感应磁化强度。

通过以上的分析发现区内正常沉积的碎屑岩、碳酸盐岩及其变质岩、酸性火山岩和部分酸性侵入岩磁性普遍较弱，是形成区域降低负磁场的主要地质因素。中基性火山岩、中酸性侵入岩（黑云母花岗岩、二长花岗岩、花岗闪长岩、闪长岩）和基性、超基性岩磁性普遍较强，是形成区域升高正磁场和航磁局部异常的主要地质体。

2. 磁场的特征描述

在航磁 ΔT 阴影图（图3-18）中，班公湖-怒江成矿带以规模宏大、延展较为连续的串珠状异常为主，西段以北西西向异常为主、中段以近东西向异常为主，东段转为以南东向磁异常为主，班公湖-怒江成矿带长度约2000km。串珠状正异常强度一般为 $50\sim450$ nT，梯度变化在 $20\sim100$ nT/km 之间，盐湖—改则、班戈—聂荣、丁青和班公湖等处的串珠状异常表现最为强烈。航磁 ΔT 化极阴影图（图3-19）更能进一步显示出班公湖-怒江成矿带的边界位置，串珠状正异常与班公湖-怒江成矿带的边界吻合较好，在盐湖一带表现尤为明显，正异常的极大值达到600nT，在日土东、改则—尼玛和比如—巴青等处总体表现为负磁异常，仅局部出现少量的正磁异常。航磁 ΔT 化极垂向一阶导数阴影图（图3-20）仍以串珠状异常为主，扎普—改则、改则—尼玛和班戈—聂荣等串珠状线性异常特征最明显。日土、盐湖、班戈—聂荣和丁青在航磁化极上延5km磁场中仍存在正磁异常，物玛—尼玛和那曲—巴青一带表现为负磁异常；航磁化极上延20km等值线图上仍然显示该特征，表明该正磁异常有一定的深源特征。

三、班公湖-怒江成矿带重磁资料及地质认识

1. 班公湖-怒江成矿带边界认识

狭义的班公湖-怒江成矿带，即徐志刚（2008）和耿全如（2011）等所述的班公湖-怒江 Cr-Fe-Cu-Au 成矿带，以班公湖-怒江缝合带构造为主体，横亘于青藏高原中部，西起班公湖，向东经改则、尼玛、东巧、索县、丁青、嘉玉桥折向南至八宿县上林卡，再向南沿怒江进入滇西，在西藏境内超过2000km，宽 $5\sim50$ km，北以班公湖-安多-碧土断裂为界，南以狮泉河-觉翁-八宿断裂为界。断裂的边界与剩余重力异常、航磁 ΔT 化极和航磁 ΔT 化极垂向一阶导数等值线图均有反映（图3-16、图3-19、图3-20）。广义的班公湖-怒江成矿带应包括缝合带南、北两侧与班公湖-怒江洋俯冲、碰撞、碰撞后及陆内伸展作用有关的岩浆岩区，在这一演化过程中所伴生的矿床应纳入广义上的班公湖-怒江成

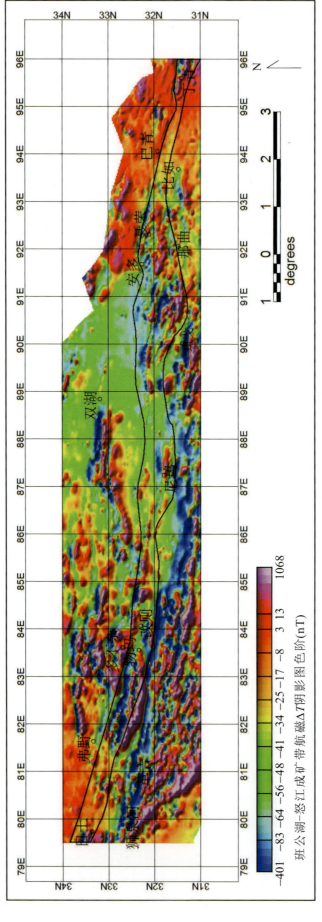

图3-18 班公湖-怒江成矿带航磁ΔT阴影图（1∶800万）

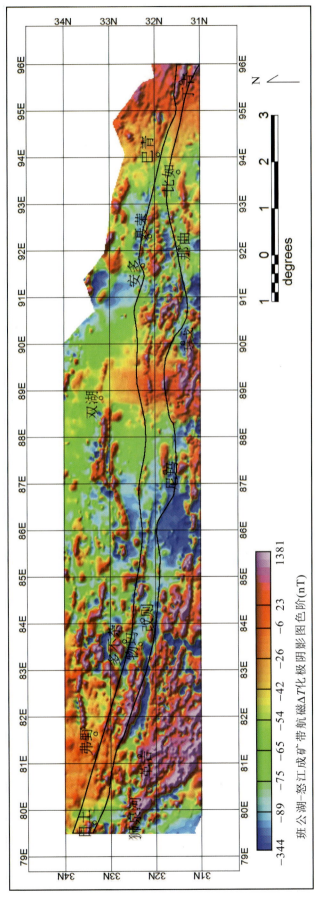

图3-19 班公湖-怒江成矿带航磁ΔT化极阴影图（1∶800万）

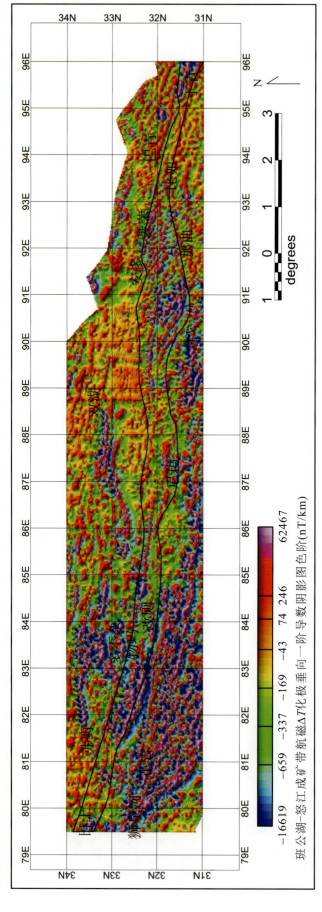

图3-20 班公湖-怒江成矿带航磁ΔT化极垂向一阶导数阴影图（1∶800万）

矿带（宋扬，2014）；在加错、多不杂、雄梅北等处表现的布格重力高异常验证了班公湖-怒江缝合带南、北两侧的岩浆活动区。

关于班公湖-怒江洋的俯冲方向，有向北、向南、南北双向俯冲多种观点。而构造背景由扩张转换为俯冲消减的时间可能在 165Ma 左右，洋盆向北俯冲发生在晚侏罗世，而向南俯冲发生在早白垩世，两者相差约 8Ma。该带日土—扎普、盐湖—物玛—多不杂和聂荣—索县—巴青地区，形成 3 个向北凸出的三角形重力正异常区，并与班公湖-怒江成矿带重力正异常区连为一体，说明班公湖-怒江成矿带的特提斯洋壳向北俯冲到南羌塘-左贡地块之下，其他大部分地段不明显。重力异常图在改则、尼玛—东巧显示向南凸出的重力正异常，推断为班公湖-怒江成矿带有明显向南俯冲的迹象。这些特征与班公湖-怒江成矿带双向俯冲的观点基本吻合。

在剩余重力异常图（图 3-16）中狮泉河—申扎—嘉黎一线为多个局部重力高排列的串珠状重力高值带，与相邻的班公湖-怒江缝合带、雅鲁藏布江结合带的重力高异常特征相似，这种相似性为嘉黎结合带的存在提供了参考，可以推测狮泉河-申扎-嘉黎结合带的蛇绿混杂岩可能更多的隐伏于地表之下，构成冈底斯构造带内南北块体的分化性界线，大致沿东经 85°～92°经线青藏高原重力场有清晰的近南北、北东异常特征线，表现特征完全不同。其一为波浪形梯度带，其二是重力场特征不同的分界线，两者性质差异较大，西线主要是深部结构分界线，东线则存在于自浅表至岩石圈内的各个深度层次。两条特征线将高原重力场分成东、中、西部三部分，反映出高原深部结构在横向（平面）上的变化和差异，与地壳东西走向的构造形迹形成对比（张燕，2013）。

班公湖-怒江重磁资料在断裂处反映的线性异常及串珠状异常特征很明显，同时，重磁异常特征与班公湖-怒江成矿带划分的西段、中段、东段等（潘桂棠，2013）吻合；西段从班公湖至改则，表现为高重力异常、高磁异常，与中段被东经 85°北东向断裂错断；中段从尼玛经东巧至索县，表现为高重力异常、高磁异常，与西段被东经 92°断裂错断；西段从巴青至丁青，表现为高重力异常、高磁异常；重磁异常均来自于各段的基性与超基性岩体引起。

2. 班公湖-怒江成矿带作为冈瓦纳大陆北界的地球物理证据

班公湖-怒江成矿带是古特提斯洋最终消亡的巨型缝合带，沿带出露蛇绿岩及蛇绿混杂岩，但由于仅在西段班公湖—改则、中段藏北湖区、东段丁青发现蛇绿岩及蛇绿混杂岩，出露位置互不相连，对于它作为冈瓦纳大陆北界仍存争议。现今大量地球物理资料的获取，为青藏高原新构造、大地构造的时空结构、物质组成和演化过程提供了重要依据。

（1）重力成果。班公湖-怒江成矿带的布格重力异常是多个重力高构成的串珠状异常带，横贯整个青藏高原，长达千余千米，其重力值是高原内部的最高值，与北部羌塘块体的低值重力场区以梯度 1.2×10^{-5} m/(s^2·km) 的梯度带相接，并将班公湖-怒江成矿带南部高低变化的重力场和北部低缓重力场区截然分开；剩余重力异常是一系列长轴为东西走向的椭圆形重力高异常，这种异常形态是陆陆碰撞所形成的俯冲杂岩带、壳幔变化断阶带及较厚的下地壳或者高速的壳幔混合体的综合作用结果。位场向上延拓处理可以突出区域性或深部较大规模地质体的异常特征，经向上延拓后该成矿带依然将高原重力场分为南、北两大区块，而其他成矿带的重力场已无明显特征，这表明班公湖-怒江成矿带两侧物质组成和结构存在重大差异（张燕，2013）。

（2）磁测成果。班公湖-怒江成矿带两侧的磁场特征具有明显差别，班公湖-怒江成矿带以南的冈底斯-念青唐古拉带分布着强度较大正负剧烈变化的北西西近东西向磁异常，形成一系列正负相间的串珠状磁异常条带，一般强度为 -100～$200nT$，最大强度达 $1200nT$ 以上，梯度变化达 30～$50nT/km$；班公湖-怒江成矿带以北的羌塘地区区域性磁异常值明显降低，且显宽缓平均的背景，出现北东向局部磁异常，团块群异常强度为 100～$200nT$，向东在双湖-唐古拉为平静负异常，磁异常强度为 -20～$50nT$，再东在雁石坪地区又出现强度为 100～$200nT$ 的一些北西和东西向的局部正异常。

青藏高原及邻区 MAGSAT 卫星总强度磁异常显示大致是在班公湖—怒江以南的喜马拉雅为负异常区，负异常中心位于珠穆朗玛峰北部的老定日一带；在班公湖—怒江以北部是正磁异常区，中心位于塔里木的和田地区（张玉修，2007）。

(3) 地壳结构。对青藏高原近 20 多年的地球物理工作，孙鸿烈等（1998）在进行高度综合和提升后指出在藏南喜马拉雅、格尔木—楚玛尔、青藏高原北部分别识别出八层、五层和七层速度结构，并特别指出高原南部从亚东到安多段（班公湖-怒江缝合带以南），地壳内有上、下两个低速高导层，两者位置大体一致，南部上部低速高导层在喜马拉雅地区厚 4~9km，层速度为 5.6~5.8km/s，深度为 15~16km，而在藏北地区（班公湖-怒江成矿带以北），上部低速高导层变薄，仅 4~5km，层速度为 5.5~5.8km/s，埋深 20~30km。班公湖-怒江成矿带以南下部低速高导层厚约 14km 至极薄，层速度为 6.0~6.2km/s，埋深在 50km 以下或接近莫霍面。而班公湖-怒江成矿带以北的沱沱河到格尔木一带地壳内只有上部低速高导层，没有下部低速高导层。

(4) 岩石圈厚度。无论反射地震还是大地电磁测深探测结果都表明，青藏高原岩石圈地幔的平均厚度在 40~90km。关键在于班公湖-怒江成矿带南、北岩石圈厚度是有显著差别的：在班公湖-怒江成矿带以南，岩石圈厚度在 90~120km，班公湖-怒江成矿带以北的岩石圈厚度各家推算结果不太一致，大体在 160~210km。西部剖面改则以北岩石圈厚度可达 230km，总体呈向北加厚倾斜的趋势。同时，由于存在明显的软流圈物质上涌现象，这里的岩石圈地幔较薄，有的地域如雅鲁藏布带下方软流圈物质几乎直接与下地壳相接。据 Kosarev G 等（1999）、赵文津等（2002）所作的高精度地震层析成像研究，印度岩石圈地幔以高速（Vpn=8.1~8.4km/s）为特征，向北加深时发生拆离，直至班公湖-怒江成矿带对应的深部南侧，北部亚洲大陆岩石圈以速度低（Vpn<8.0km/s）为特征，也出现向南的俯冲，两者对挤向下插入软流圈，同时很可能导致软流圈上涌和部分岩石圈地幔物质侧向挤出，并诱发了冈底斯和羌塘地区碱性钾质和高钾质火山岩沿构造薄弱带脉动性上涌喷流。这一过程还可能制约了中新世高原周边垂向挤出构造、一系列近南北—北东向地堑带以及冈底斯斑岩成矿带的形成。因此，将班公湖-怒江成矿带厘定为青藏高原隆升过程中最重要的、岩石圈尺度上的地幔上涌、壳幔物质交换、地壳楔状体叠置的大地构造转换边界，值得地学界进一步多学科综合研究。在统一的青藏高原上，深部结构差异如此之大，南部雅鲁藏布江一带岩石圈仅厚约 100km，而北部可达 160~230km，如此巨大差异是如何产生的，认为这可能与印度岩石圈板块（包括冈底斯岛弧）与亚洲大陆岩石圈沿班公湖-怒江成矿带的强烈会聚碰撞，以及后继（60~50Ma）沿雅鲁藏布弧后洋盆向北俯冲消亡、陆陆碰撞密切相关。增厚的岩石圈地幔有一部分可能就是特提斯大洋岩石圈沿班公湖-怒江成矿带向南俯冲增生的残体。

(5) 岩石圈电性结构。20 世纪 80 年代以来的大地电磁测深研究表明，在班公湖-怒江成矿带以南，普遍存在壳内双高导层，地下岩层可分为 6 个主要电性层：第 1 层是厚度为 10~25km 的高阻层；第 2 层是上地壳高导层，厚度为 5~12km，这一高导层埋深较浅；第 3 层是高阻层，深度为 25~50km；第 4 层是壳内第二高导层，埋深为 35~65km，由于此高导层埋深深，藏南又是高热流区，推测第二高导层是由于印度板块向北挤入过程中摩擦升温使岩层部分熔融或者是幔源物质上涌侵入地壳内所致，高原中西部地区的综合地球物理剖面研究发现，在洞错地区 40km 深度有一低速、高导、高密度体，推测它是来自地幔深部的基性、超基性部分熔融物质；第 5 层为壳幔高阻层，包括下地壳和上地幔盖层，深度为 60~100km；第 6 层为软流层，顶面埋深为 100km。藏中及藏南地区岩石圈厚度为 100km，除去 70~75km 厚的地壳，上地幔盖层只有 25~30km，所以藏中和藏南地区具有厚壳薄幔及热壳热幔特征。班公湖-怒江成矿带以北，未发现壳内双高导层，这一地区岩石圈可分为 4 个主要电性层：第 1 层为上地壳高阻层（含地表盖层），厚度为 10~25km；第 2 层是壳内高导层，埋深为 15~35 km；第 3 层是壳幔高阻层，此层厚度在不同地区变化很大，特别是从冈底斯山脉北部至羌塘南部，厚度急剧增加，班公湖-怒江成矿带是岩石圈厚度陡变带，其南侧冈底斯带，中西部地区岩石圈厚度为 100km，东部为 110~150km，其北侧羌塘地区，岩石圈厚度剧增为 230km（中西部）和 210km（东部），这说明藏北地区是厚壳厚幔结构，具有冷壳冷幔特征；第 4 层是软流层，埋深远大于藏南地区（孙鸿烈等，1998）。

INDEPTH 3 阶段 MT 提供的电性剖面上显示了青藏高原上地壳为一高阻层，下地壳为低阻的电性层，高、低电性层界线分明。在深部低阻电性层内出现一相对导电层，从德庆南向北缓倾斜延伸。这一相对导电层以班公湖-怒江成矿带为界分成南、北两段：以南在德庆下部为 15km 深，向北延伸到班戈花岗岩体下面为 30km 深，倾角较陡，并与其下面更深处一近直立的高导层相连；以北在班公湖-怒江成矿带下部深

30km，双湖下深 40km。整个青藏高原地壳内部，高导层分布具有南浅北深、低角度叠瓦状俯冲的特征。不同的是藏南地区壳内有两个高导层，藏北地区壳内只有一个高导层（潘桂棠，2004）。

（6）热异常及热流。青藏高原地表水热显示 600 多处，其中普遍存在高温沸泉、间歇泉、喷气孔、水热爆炸等现象。特别是班公湖-怒江成矿带以南地区，高地热显示十分普遍而且强烈；班公湖-怒江成矿带以北地区地表水热显示较少，温度亦较低；热异常亦极为显著。从热流值测量数据看，显示班公湖-怒江成矿带两侧岩石圈热状态存在差异，即北部羌塘—巴颜喀拉、昆仑—柴达木为"厚壳厚幔"和"冷壳冷幔"型的岩石圈结构，南部冈底斯—北喜马拉雅为热幔岩石圈结构特征。

（7）古近纪以来古地磁证据。古地磁资料主要提供了自古近纪以来青藏高原地壳缩短加厚的数据，青藏高原主要地块古近纪—新近纪向北的位移量，从南向北越来越小：南部喜马拉雅地块位移量最大达 2664km，向北冈底斯为 980km，羌塘为 550km，柴达木仅 110km。从地表缩短量来看，冈底斯对羌塘地块之间在班公湖-怒江成矿带的最大缩短量为 990km；次为喜马拉雅带对冈底斯带，为 554km；而羌塘地块对柴达木地块之间出现了负值（-40km）。以上数值，与深部地球物理资料大体一致，即班公湖-怒江成矿带以北存在反映压缩量大的较厚岩石圈，而柴达木地块自古近纪以来相对羌塘地块南移以及班公湖相对向南入，从而出现负的缩短量值。当然，这也可能表明柴达木地块自新生代以来，分别受昆仑、祁连山再生山链的对冲而被压缩的行为特征。

3. 班公湖-怒江成矿带岩浆弧认识

岩浆弧是班公湖-怒江成矿带中最重要的成矿带，其中斑岩型铜矿、矽卡岩型铁矿等是最重要的矿床类型。班公湖-怒江缝合带南、北两侧在侏罗纪至早白垩世具有未碰撞增生型造山带的特点，表现为俯冲作用形成的岩浆弧型花岗（斑）岩类侵入到弧前增生盆地复理石碎屑岩中。这种地质背景有利于形成斑岩铜矿，因为岩浆系统在相对封闭的体系中上升、结晶分异、与地壳混染，有利于形成含矿斑岩。根据地质特征和重力、航磁异常，班公湖-怒江成矿带北侧的多龙—加措一带、聂荣—仓来—巴青一带和南侧的昂龙岗日—盐湖、班戈一带为有利于形成斑岩铜金矿的增生弧，也是今后地质矿产调查的重点。总体上班公湖-怒江成矿带向北的俯冲虽然仅在部分地区有所表现，但影响的距离较远，推测为低角度、长距离的俯冲，而班公湖-怒江成矿带南侧的昂龙岗日-班戈岩浆弧距离班公湖-怒江成矿带相对较近，推测为高角度、短距离的俯冲。唐古拉花岗岩带的成因是另一个值得关注的问题。该带从各拉丹冬、唐古拉、仓来拉至丁青北部东西延伸超过 330km，南北宽度为 10~30km。近年来的地质矿产调查重点集中在班公湖-怒江成矿带西段，而对该岩浆岩带的研究十分薄弱。1：25 万区调初步认为该带花岗岩的形成时代可能以白垩纪为主，但也可能存在晚三叠世的岩体。东段的他念他翁花岗岩带中还发现晚二叠世花岗岩体。龙木错-双湖-澜沧江蛇绿混杂带在这一带未见出露，该花岗岩带实际上位于班公湖-怒江成矿带和金沙江带之间，并可能是多期侵入形成的（耿全如，2011）。

盐湖-改则和尼玛-班戈增生岩浆弧显示断续分布或弧岛状的正异常区，并与显著的负异常区相间分布。其中正异常区与基性或超基性岩体对应，负异常区则暗示厚度较大的增生楔复理石沉积。除此之外，加措、利群山、各拉丹冬-唐古拉-仓来拉等地也具有类似于增生弧的航磁图像特点。在材玛、弗野一带，航磁异常未显示正、负相间的格局，不具增生弧的特征。聂荣残余弧地块内发育侏罗纪—白垩纪花岗岩岩类侵入岩体，表现为重力低值区、航磁中低磁异常区。

盐湖-改则和尼玛-那曲是两个相对重力高值区，异常范围比较宽缓，宽缓的重力高与深部构造或岩浆隆起有关。

第四节 冈底斯成矿带重磁异常特征及地质认识

冈底斯成矿带位于西藏自治区中部，夹于印度河-雅鲁藏布江结合带与狮泉河-阿索-九子拉-嘉黎结合带之间，包括拉萨、日喀则、山南、林芝、那曲和阿里等地的 40 余个县市，其东西长约 950km、南北宽约 400km，总面积约 38 万 km^2。

冈底斯-喜马拉雅成矿带位于狮泉河-嘉黎蛇绿混杂岩带以南，属于冈瓦纳北缘中生代冈底斯-喜马拉雅造山系，自北而南分为冈底斯地块、雅鲁藏布江结合带和喜马拉雅地块3个二级构造单元。冈底斯地块由狮泉河-嘉黎蛇绿混杂岩带（J—K）、中冈底斯复合岛弧带（P—K）、南冈底斯弧盆系（J—K）3个三极构造单元组成（杨经绥等，2007；曾令森等，2009；Zhu et al，2012；陈松永等，2007，2008；李奋其等，2012）（图3-21）。

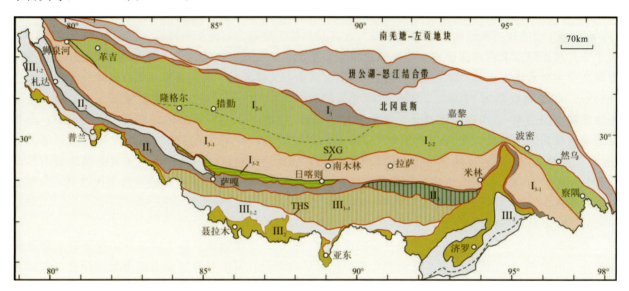

图3-21 冈底斯-喜马拉雅成矿带构造单元划分图（1：800万）（李光明，2016）

冈底斯地块：Ⅰ₁. 狮泉河-嘉黎蛇绿混杂岩带；Ⅰ₂₋₁. 措勤-申扎火山岩浆弧带；Ⅰ₂₋₂. 隆格尔-工布江达弧背断隆带；Ⅰ₃₋₁. 南冈底斯火山岩浆弧带；Ⅰ₃₋₂. 日喀则弧前盆地；雅鲁藏布江结合带：Ⅱ₁. 雅鲁藏布江蛇绿混杂岩带；Ⅱ₂. 朗杰学增生楔；喜马拉雅地块：Ⅲ₁. 仲巴-札达地块；Ⅲ₁₋₁. 拉轨岗日变质穹隆带；Ⅲ₁₋₂. 北喜马拉雅褶冲南带；Ⅲ₂. 高喜马拉雅基底杂岩带；Ⅲ₃. 低喜马拉雅被动陆缘盆地；SXG. 狮泉河-许如错-工布江达断裂；THS. 吉隆-定日-岗巴-错那断裂

狮泉河-嘉黎蛇绿混杂岩带位处冈底斯-念青唐古拉复合岛弧板片，北以狮泉河-觉翁-八宿断裂为界，南以阿索-永珠-嘉黎断裂为界，面积约10万km²，呈狭窄条带状近东西向展布。在区域上出露竟柱山组（K₂j）的角度不整合，标志着残留古特提斯大洋及其南侧弧间洋盆消亡、弧-陆或陆-陆碰撞造山作用。发育念青唐古拉岩群深层次变质岩和阿索混杂岩浅层次中生代混杂岩。侵入岩以晚白垩世花岗岩为主体，出露广泛，从东到西均有分布。东段出露于桑堆—麦地卡一带，中段主要出露于桑巴、班戈—崩错一带，西段主要出露于日松一带。

中冈底斯复合岛弧带成矿带位处冈底斯-念青唐古拉复合岛弧板片，属于大冈底斯成矿省。北以狮泉河-觉翁断裂及阿果错-阿索-永珠断裂为界，南以左左-察来-德仓断裂及羊八井断裂为界，面积约8.6万km²。主要分布于隆格尔—冷青拉一带，石炭系—二叠系发育，三叠系出露齐全。该成矿带主要分布于隆格尔-冷青拉地层分区，上古生代及中新生代地层发育，尤以林子宗群陆相火山岩出露广泛。成矿带位于尼雄-许如错-申扎南部的强拉潘日一带的印支—燕山期岩浆弧带中，为由多个不同时代的深成岩体组成的复式岩基。岩体受东西向断裂带控制，呈串珠状分布，平面形态呈不规则的椭圆形岩株状产出，出露单元齐全。

南冈底斯弧盆系隶属冈底斯-念青唐古拉复合岛弧板片，属大冈底斯成矿省。北以左左-察来-德仓断裂—羊八井断裂—嘉黎-迫龙藏布-明期断裂为界，南以达机翁-彭错林-朗县断裂为界，面积约20万km²。冈底斯-下察隅火山岩浆弧，作为青藏高原南部一条规模巨大非常清晰的陆缘岩浆岩弧带为特征，是西藏区内重要的斑岩型铜（钼）成矿带。该成矿带构造岩浆岩带西自吉尔吉特一带，向东经斯卡都、拉达克山、噶尔、拉萨，东至墨江、弹高山以南，其南界为印度河-雅鲁藏布蛇绿混杂岩带，北以沙漠勒-麦拉-洛巴堆-米拉山断裂为界。该构造岩浆岩带呈近东西向展布，整体呈弓形向北突出，长度超过2500km。南冈底斯构造-岩浆岩带侵入岩以花岗岩为主体，为狭义的冈底斯岩浆岩带，该带发育连续、规模巨大的花岗岩基，主要形成于侏罗纪—早白垩世和古近纪—新近纪。

一、冈底斯成矿带重力异常特征

1. 岩（矿）石物性统计

冈底斯成矿带重力调查程度较低。冈底斯地表岩石密度测量和通过地震 P 波换算的地质密度见表 3-2。由表 3-2 可见以下特征。

（1）下地壳（2.87g/cm³）与上地幔（3.36g/cm³）之间存在较大的密度差，其数值达 0.49g/cm³，莫霍面的起伏将产生明显的重力异常。

（2）中、下地壳（2.87g/cm³）与上地壳（2.72～2.5g/cm³）之间存在 0.15g/cm³ 以上的密度差，故中、下地壳的局部隆起将产生局部重力异常高。

（3）花岗岩具有较低的密度值（2.61g/cm³），当其具有一定规模时，在布格重力异常图上将形成局部重力异常低。

2. 重力异常特征

冈底斯成矿带内布格重力异常值在 $-570\times10^{-5}\sim-320\times10^{-5}$ m/s², 比青藏高原外围低 200×10^{-5} m/s² 以上，反映了区内巨厚的地壳特征（图 3-22、图 3-23）。根据区内重力异常分布特征，可将冈底斯成矿带重力异常分为北部、中部和南部三部分。

表 3-2 冈底斯地区地震 P 波换算的地层密度表（据李光明等，2011）

构造层	地层	喜马拉雅构造区		冈底斯-念青唐古拉构造区		羌塘-三江构造区		平均密度值
		P 波	换算密度	P 波	换算密度	P 波	换算密度	
上地壳	中生界	5.57	2.55	5.71	2.60	5.55	2.55	2.57
	古生界	6.00	2.69			5.85	2.64	2.64
	前寒武系	6.14	2.73	6.14	2.73	6.00	2.69	2.72
下地壳		P 波速度变化范围		密度变化范围		P 波平均速度	最大深度	平均密度
		6.30～6.85		2.79～2.96		6.55	83	2.87
上地幔		8.1		3.36		8.1	>83	3.36

注：1. 上地壳 P 波波速分层数据来源于崔作舟《青藏高原不同构造单元地壳结构模型图》及《亚东-格尔木地学断面地球物理综合解释图》；2. 下地壳及上地幔 P 波波速来源于 INDEPTH 项目；3. P 波单位为 $\times10^3$ m/s，密度单位为 g/cm³，深度单位为 km。密度换算公式采用伍拉德公式 $\sigma=0.32V_P+0.77$ 计算。

（1）北部复杂异常区。措勤—班戈—那曲以北区域，主要以局部重力高异常为主，以尼玛—曲勒局部重力高异常规模最大，异常呈拉伸块状、条带状展布，其东西长约 318km、南北平均宽度约 28.5km，最宽处达 94km。南、北两条以断续相接的局部重力高异常条带为主要特征，其间有查布曼点、扎拉、杂琼、马布亚、班戈等局部重力低异常。剩余重力异常图上该异常带显示为以大范围条带状正异常围限的负异常条带，推测该正异常条带可能与区内发育的蛇绿岩带关系密切；负异常形态和走向总体变化不大，且沿扎拉—亚前—查林—扎勒一线将南部正异常条带切断，一定程度上显示该区近南北向断裂构造的展布特征。

（2）中部低重力异常区。以大规模局部重力低为主要特征，也是全区重力异常最低的区域，异常值 $-570\times10^{-5}\sim-515\times10^{-5}$ m/s²，由西往东依次为改勒-尼勒、雅拉松多-察勒、热多-羊八井镇、纳木错-嘉黎 4 个局部重力低异常，异常总体呈中间窄两边宽的块状，对应剩余重力负异常，地表主要出露古生代和新生代地层，另有大量中酸性侵入岩侵入，推测该局部重力低异常可能由规模较大的隐伏花岗岩基及中下地壳的低密度层（体）等共同引起。

（3）南部高重力异常梯度带。属雅鲁藏布江以北区域。区内重力异常由北往南迅速升高，该区布格重力异常值 $-500\times10^{-5}\sim-330\times10^{-5}$ m/s²，变化达 170×10^{-5} m/s²，在区域重力异常图上形成巨大的重力异常梯度带，与北部重力低形成鲜明的对比。地表主要出露中生界，南部和东部出露元古宇，莫霍

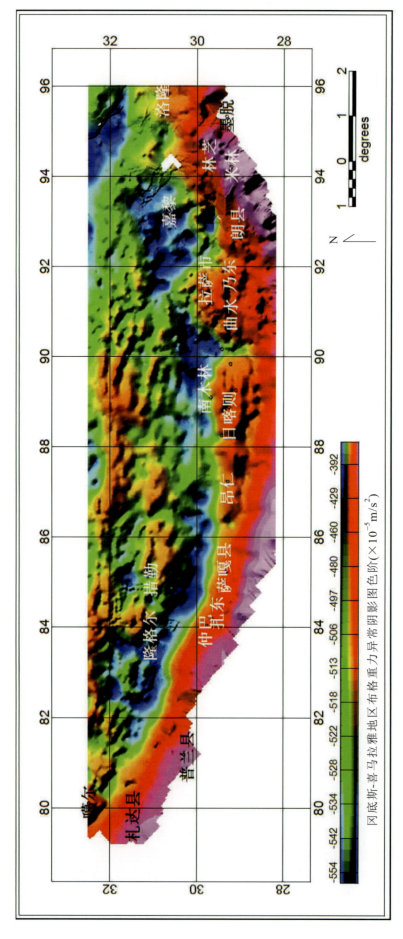

图3-22 冈底斯-喜马拉雅地区布格重力异常阴影图（1：800万）

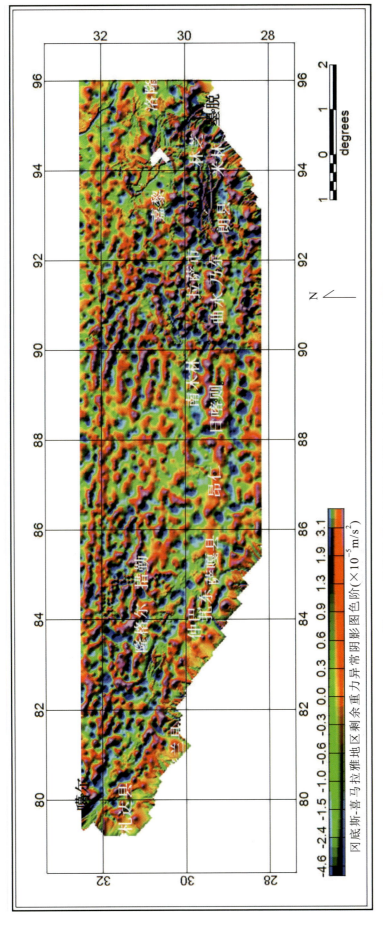

图3-23 冈底斯-喜马拉雅地区剩余重力异常阴影图(1∶800万)

面南高北低。

从冈底斯成矿带剩余重力异常（图3-23）可以明显看出，狮泉河-嘉黎蛇绿混杂岩带（J—K）、中冈底斯复合岛弧带（P—K）、南冈底斯弧盆系（J—K）3个三级构造单元组成的边界。狮泉河-嘉黎蛇绿混杂岩带表现为串珠状和条带状高重力异常，伴有局部重力低。中冈底斯复合岛弧带表现异常略为完整，主要以串珠状重力低异常，局部重力高。南冈底斯弧盆系中、西段表现为大面积重力低，东段表现为串珠状重力高异常，伴有局部重力低；其南边界为雅鲁藏布江结合带，高重力异常特征非常明显。

二、冈底斯成矿带航磁异常特征

冈底斯成矿带航磁异常调查工作始于1969—1972年间开展的西藏中部地区1：50万航磁概查。其后，1975年青海省中南和西南地区开展的1：50万航磁概查、1981年开展的川西藏东地区1：100万航磁概查、1998—1999年青藏高原中西部的1：100万航磁概查及2000—2003年西藏一江两河东段、西段、北部和申扎-那曲地区开展1：20万至1：25万高精度航空磁测调查，较大地提高了冈底斯成矿带及邻区航空磁测工作程度。

1. 岩（矿）石磁性统计

据中国国土资源航空物探遥感中心（2005）的统计结果如下。

（1）正常沉积的碎屑岩、碳酸盐岩及其变质岩和部分酸性火山岩、中酸性侵入岩磁性较弱，是形成区域降低负磁场的主要地质因素。中基性火山岩和中酸性—基性侵入岩磁性较强，往往引起区域升高正磁场或局部异常。磁铁矿和大部分超基性岩磁性最强，是引起强磁异常的主要地质体。

（2）中酸性侵入岩（花岗岩类）强弱分明的磁性变化特征，主要与岩浆来源深度有关。根据野外大量实测数据分析，中酸性岩浆岩一般是幔源型磁性较强，壳幔混合型磁性中等，壳源型磁性较弱。

（3）分布在不同构造板块单元的聂拉木岩群和念青唐古拉岩群、安多岩群变质岩中，除聂荣地块个别岩外，磁性普遍较低，磁化率平均值均小于30×10^{-5}SI。航磁异常反映为稳定的弱磁异常，无法区分是正常沉积的碎屑岩，还是碳酸盐岩。表明区内变质岩虽地处截然不同的两大板块单元，但却具有相同的磁性特征，即分布在两大不同板块单元的变质岩原岩均缺乏中基性火山物质，由正常沉积的碎屑岩、碳酸盐岩和古老中酸性侵入岩组成（李光明等，2011）。

岩石定向标本测试结果显示，大部分火山岩具有剩磁，Jr/Ji变化在1～20之间，安山质角砾熔岩剩磁强度最大，Jr/Ji达115。部分侵入岩具有剩磁，其中石英闪长玢岩、辉石橄榄岩剩磁强度较大，Jr/Ji分别为35和66。

2. 航磁异常特征

冈底斯成矿带总体呈东西成带、北东向分块、条块镶嵌、正负异常相间的特征，磁场强度一般值为−80～300nT（图3-24～图3-26）。南部沿雅鲁藏布江两侧分布有规模巨大的南、北两条平行线状正磁异常带，两带之间相距20～60km，一般强度为200～300nT，梯度变化为20～30nT/km。其中，异常北带，东起朗县，向西经桑日、大竹卡、谢通门南、扎西岗到国界，全长约1400km，异常带宽度一般10～15km，局部变化较大，如在日喀则附近异常宽度可增至20～40km。异常形态比较规则，北陡南缓。

狮泉河-嘉黎蛇绿混杂岩带西端起于改则县以西约90km处，西段较窄，往东变宽，在波密县至八宿县一线以东无航磁测量数据，磁异常特征不清楚。西段磁异常较弱，以负磁异常为主，磁场值一般为−100～−30nT，局部磁异常弱。东段以正磁异常为主，磁异常强度较强，局部磁异常一般具南正北负的特征，磁异常强度一般为50～100nT，最高达250nT以上。

中冈底斯复合岛弧带南部以正磁异常为主，北部以负磁异常为主。南部磁异常强度较强，正磁异常范围大小不等，强度一般为80～150nT，最高达250～400nT。北部磁异常强度较弱，负磁异常一般为−150～−50nT，其间的局部高磁异常一般为20～50nT。由于北部一些负磁异常为正磁异常的伴生磁异常，因此南、北的正、负磁异常带的界线不确定，只是具有南部磁场值普遍比北部高、磁异常强度比北部强的特征。化极后磁异常南强北弱的特征依然存在，南部正磁异常中心普遍北移，北部负磁异常带向北收缩变窄（图3-24～图3-26）。

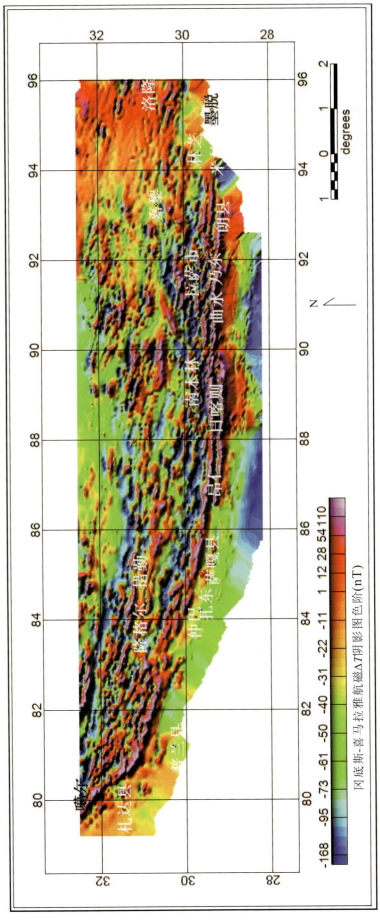

图3-24 冈底斯-喜马拉雅航磁ΔT阴影图（1：800万）

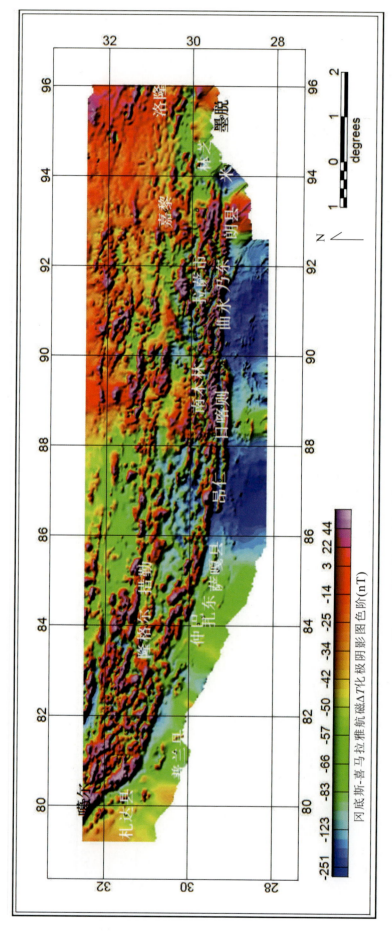

图3-25 冈底斯-喜马拉雅航磁ΔT化极阴影图(1:800万)

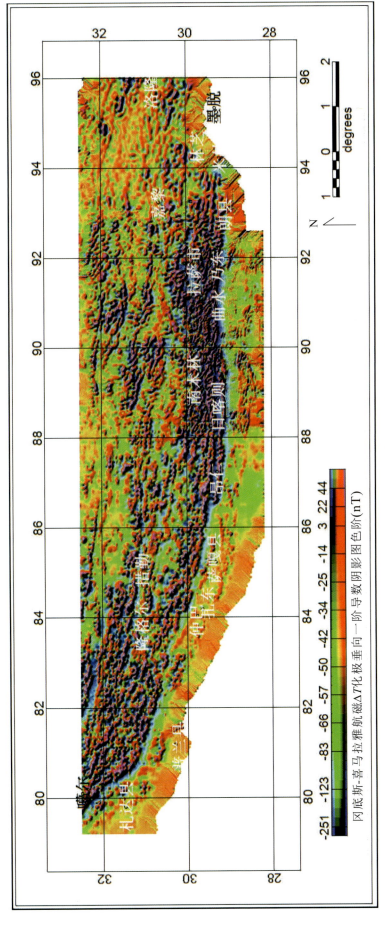

图3-26 冈底斯-喜马拉雅航磁ΔT化极垂向一阶导数阴影图（1:800万）

南冈底斯弧盆系大致近东西向展布，西部大约在隆格尔以西逐渐折向北西，向西逐渐变窄；东部大约在八一镇以东逐渐折向东南，在雅鲁藏布江大拐弯处被挤压收缩变得很窄。东段朗县—林芝县—波密县一线以东无航磁测量数据，磁异常特征不清楚。该带属全西藏自治区磁异常最强的区域之一，磁异常具南部强、北部弱，东、西两段强，中段较弱的特征。该带南界大致以雅鲁藏布江为界，也即二级成矿带大冈底斯成矿省（Ⅱ-10）与大喜马拉雅成矿省（Ⅱ-11）之间的界线，南部强磁异常带自扎西岗向东经冈仁波齐、日喀则，直抵朗县，长约 1400km，多数磁异常横跨上述成矿带分界线（雅鲁藏布江），化极后磁异常几乎全部向北偏移到分界线以北，说明引起磁异常的磁性体应在该带内。该带内磁异常走向较明显，磁异常走向大致与成矿带走向一致（图 3-24～图 3-26）。

三、冈底斯成矿带重磁资料及地质认识

1. 重力场反映的壳幔结构

地质资料已证实，由冈瓦纳大陆北缘分裂块体和亚洲大陆南部边缘分裂块体共同建造了青藏高原巨厚的物质组成。前人通过不同的地球物理探测手段对青藏高原的壳幔结构、莫霍面深度等进行过较多的探测和探讨（高锐等，2009；赵文津等，2006；崔作舟等，1992），结果差异较大。本书参考青藏高原重力编图成果（赵炳坤等，2010）。由冈底斯成矿带及其邻区莫霍面深度图（图 3-27）可见，区内莫霍面深度一般在 65～73km，反映了青藏高原整体巨大的地壳厚度变化。区内莫霍面总体形态呈近东西向展布，其北部形态较南部变化更为平缓。其中，冈底斯-念青唐古拉幔凹区是全区莫霍面最深的地区，也是全球莫霍面最深的地区，其由冈底斯幔凹带和念青唐古拉山幔凹区所组成，最深处位于羊八井以西，深度达 74km，莫霍面起伏较小，反映了印度板块向欧亚板块俯冲对青藏高原腹地的地壳厚度只有整体影响，而局部影响较弱。

从布格异常特征和地壳厚度上分析，冈底斯山脉和念青唐古拉山脉原为一条山脉，受构造运动作用，为那曲-当雄断裂所错动，念青唐古拉山脉北移，两者一分为二。南部喜马拉雅山脉及喜马拉雅北麓广大区域，莫霍面由北往南急速变浅。由于印度板块向北运动，斜插到青藏高原底部，所以该区的莫霍面变化幅度较大，其真实形态可能是莫霍面断错，断距达 20 余千米，也可能为叠瓦状或斜坡状展布。

2. 重力特征及推断解释的断裂构造与矿床的对应关系

在布格重力异常等值线平面图上，成矿带为一近东西或北西西向的重力梯度带重力场，呈现由北西向东南值逐级升高。高异常呈近东西向带状分布特征，主要分布在措勤—申扎一带，与研究区的构造线基本一致。北部的南羌塘增生楔以大范围的重力低背景为特点，且从西至东逐渐降低；班公湖-怒江俯冲增生杂岩带、昂龙岗日-班戈（北冈底斯）岩浆弧带总体显示正异常，幅值不是很大但是范围比较宽缓，呈北西西-南东东带状分布，班公湖-怒江缝合带东部以北的地区具低异常的特征；措勤-申扎（中冈底斯）岛弧带显示三高夹两低、高低异常相间的特征，局部重力异常梯度变化较大。南木林以东，嘉黎以西异常较低，当雄处于两低异常的中间结合部位。总体来看，重力异常展现出的构造分布总体同航磁异常一致。

查个勒、斯弄多、纳如松多、勒青拉、哈海岗等矿床显示沿 SSXG（狮泉河-许如错-工布江达）断裂分布，隆格尔、查个勒、勒青拉、哈海岗、蒙亚啊等矿床均位于成矿带重力中异常区，而斯弄多、纳如松多、龙马拉、沙让、亚贵拉等矿床则位于其重力低异常区。

3. 航磁特征及推断解释的断裂构造与矿床的对应关系

航磁场总体上由北到南分为三大区块，北部南羌塘增生楔以平稳降低的负磁场为背景，叠加条带状分布的大规模正异常，异常条带在西部为条带状北西西向，中部转折为北东东向，东北部近东西向，与南羌塘增生楔和龙木错-双湖增生杂岩带界线基本一致，分布的产状基本一致；中部磁异常呈正负异常交错的特征，出现断续的北西西-南东东线状正异常分布，表现为构造复杂区域，与班公湖-怒江俯冲增生杂岩带和狮泉河-纳木错蛇绿岩混杂带相关；而南部措勤-申扎（中冈底斯）岛弧带显示平稳降低的负磁场为背景中断续的航磁正异常区，形状似"岛链"的特征，并与花岗岩出露地段大致吻合。矿产资源分布的带、区分布特点与重磁异常呈条带状分布密切相关，如亚贵拉、沙让、勒青拉、查个勒等铅锌矿

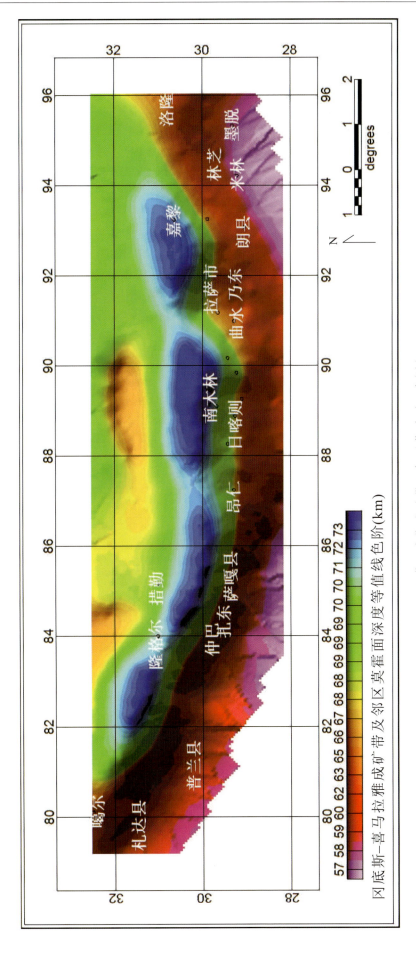

图3-27 西藏冈底斯成矿带及邻区莫霍面深度图（1∶800万）

点均产在其中。在冈底斯-喜马拉雅航磁 ΔT 等值线平面图上，成矿带措勤以西，主要分布一些呈北西向高值异常区，措勤-申扎地区分布一些呈东西向高值异常区，南木林以东、嘉黎以西异常较低，当雄地区部分呈北东向异常，工布江达地区高异常区较大。成矿带航磁异常走向总体呈近东西向，具有正负相间的特征，各构造边界与高磁区域大致吻合。

查个勒、斯弄多、纳如松多、勒青拉、哈海岗等矿床显示沿 SSXG（狮泉河-许如错-工布江达）断裂分布，隆格尔、查个勒、勒青拉、哈海岗、蒙亚啊、沙让等矿床均位于成矿带航磁高异常区，而斯弄多、纳如松多、龙马拉、亚贵拉等矿床则位于航磁低异常区。

重力、航磁异常图总体显示 SSXG 是一条重要的控矿断裂，沿该断裂分布的重力中或低异常区、航磁高或低异常区是有利的找矿靶区。

4. 雅鲁藏布江缝合带重磁场分析

雅鲁藏布江缝合带的异常带与我国迄今发现的规模最大、连贯性最好的蛇绿岩带较为吻合。自曲水向东可见蛇绿岩型基性、超基性岩断续分布，其中规模较大者为泽当、罗布莎等已知岩体。南带异常规模和强度均较北段小，异常与地表出露的多隆日、昂仁、大竹卡等已知蛇绿岩型基性—超基性岩体吻合。蛇绿岩带是板块陆-陆碰撞遗留的洋壳残体，反映了缝合带的存在。因此，雅鲁藏布江缝合带是印度板块与欧亚大陆最终碰撞的缝合带，是由新特提斯洋经过洋内剪切、蛇绿岩侵位、仰冲和陆内俯冲形成的。

雅鲁藏布江缝合带以北的磁场表现为近东西走向、强度较大、磁场梯度急剧变化的正负异常带（图 3-24~图 3-26）。其南部和北部主要为大规模负磁异常条带，且异常沿东西方向较为连续；中部以不连续的正异常为主，形态及规模变化较大。区内第三纪和白垩纪基性、中酸性火山岩广泛分布，另有大量喜马拉雅期和燕山期花岗岩类出露。从岩石磁性特征来看，该区强度较大的磁异常带主要由花岗岩类和火山岩类岩石引起，磁异常梯度的剧烈变化则是由火山岩的磁性极不均匀造成的。

第四章　西南地区重磁推断成果及地质认识

第一节　重磁推断断裂构造

构造运动是地壳或岩石圈演化的动力，是沉积、岩浆、变质、变形和成矿五大地质作用的主因，五大地质作用是构造运动的不同表现形式，有岩层之间的不整合、构造变形、岩浆侵入和喷发、变质作用以及成矿作用等；由于不同地质作用的物质组成、结构构造、发展历史等方面都存在较大的差异，这必然在地球物理场（密度、磁性）特征中反映出来，因此可利用特征各异的重磁异常区（带）并结合地震、地质特征进行构造划分。本书利用重磁综合推断将西南地区划分为一级断裂13条，二级断裂67条，划分出的地质构造单元总体构造格架与西南地区大地构造单元特征基本一致。

一、重磁推断断裂依据及概况

（一）重磁推断断裂依据及方法

1. 重力推断断裂方法

重力划分断裂与构造单元界线的依据，断裂在重力异常图上的一般表现如下。

(1) 不同特征场区的分界线，往往反映构造单元分区的界线。

(2) 具有明显走向和一定长度的重力异常梯度带（图4-1e），包括线性梯度带、串珠状异常带和梯度带的线性排列。由垂向断裂直接引起的线性异常呈台阶状，断裂顶线大致位于垂直断裂方向剖面上的异常拐点处，或异常水平导数的极值处。非台阶状线性异常，可由宽度不大、走向长度大的地质体引起。若这种地质体为断裂充填物，可作为断裂的识别标志。串珠状异常往往反映断裂内断续有充填侵入岩脉的情况。

(3) 线状重力异常或线性延展重力等值线的错断、扭曲、交叉、切割及突变等（图4-1f）。指沿异常走向的水平错动、沿异常走向的水平方向上重力异常强度的突然大幅度升高或降低等。依据断裂之间的错动关系，可判断断裂的生成顺序。

2. 磁测推断断裂方法

一个完整的磁性体，当其被断裂断开时，两盘不论是上、下错动还是水平错动，都会使其引起的磁异常发生明显变化。一些比较大的断裂，一般常伴有岩浆活动，因而能用磁法发现它们；另一种断裂虽没有岩浆活动伴随，但当其断裂破碎现象比较显著时，常使岩石磁性发生相应变化，也会在磁异常中有所反映，最典型情况是沿断裂面的岩石磁性一般都要降低，出现负异常带；若断裂两盘为上、下错动，上盘的磁异常强度大而范围小，下盘的磁异常强度小而范围大，且同一条等值线在下盘一边突然扩大；若两盘为水平错动，则有一条或几条能连续对比追踪的磁异常，发生异常轴线有明显的水平错动现象，表明磁性体的断裂变位，因而可判定有平移断层存在。

断裂在磁场上的特征主要表现为以下8种类型。

(1) 不同磁场区的分界线。不同磁场区的分界线往往是构造分区的界线，通常也为规模较大的断裂或断裂带（不同磁场区的分界由一较宽的带构成）的划分标志（图4-1c）。

(2) 磁异常梯度带。若断裂两盘为上、下错动形成台阶状磁性地质体，上盘的磁异常强度大而范围小，下盘的磁异常强度小而范围大，在上盘与下盘之间出现磁异常梯度带，所以磁异常梯度带可以作为断裂的识别标志，这时断裂顶线大致位于磁异常梯度带中部异常拐点处，或异常水平导数的极值处。当然，磁异常梯度带不一定就是断裂的反应，也可能是其他地质体的反应，关键要看磁异常梯度带是否沿走向延伸较长。

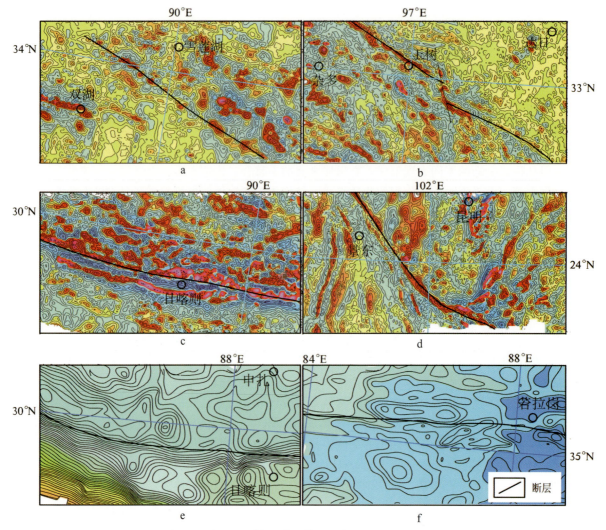

图 4-1 航磁识别断裂位置特征示意图（熊盛青，2015）
a. 串珠状异常带；b. 异常错动线；c. 不同磁场区界线；d. 线性异常带；e. 重力梯度带；f. 重力异常带

（3）串珠状磁异常带。串珠状磁异常带往往反映断裂带内断续有充填物的情况。如沿断裂带的岩浆活动不均匀，因而其磁性物质的分布也不均匀，这就会引起呈串珠状的、断断续续分布的线性磁异常，因此线状的、拉长的磁异常可作为划分断裂的依据，磁异常轴线反映的断裂便是岩浆岩的通道（图4-1a）。

（4）线性异常带。线性异常带是指具有明显方向的异常带，它可以是正异常带、负异常带或正负交替出现的异常带。正异常带由宽度不大、走向长度大的地质体引起。在化极磁场图上，正异常带表明断裂带内后期有磁性岩浆侵入。当磁性岩浆岩分布不连续时，便出现串珠状磁异常带（图4-1d）。

（5）磁异常突变带。磁异常突变带是指并行的多条带状磁异常同时在某一界线处异常强度集体突然降低甚至终止、异常形态同向扭曲等，预示磁异常反映的地质体可能被断裂断开、被断裂截止或者平移。

（6）异常错动带。在磁场图上，一条或几条比较容易对比的、线性排列的磁异常带发生明显错动时，表明磁性标志层或脉岩体发生了错动，这通常是断裂作用的结果（图4-1b）。

(7) 雁行状异常带。有些断裂破碎带的范围较大，构造应力比较复杂，既有垂直变位也有水平变位和扭转现象，在这种情况下会造成雁行排列的岩浆活动通道，因此，在这类构造上磁异常就表现为雁行状异常带。

(8) 放射状的异常带组。在断块活动或火山活动比较复杂的地区，可见到放射状的异常带组，每一个线性异常，都标志一条断裂岩浆活动线。当根据磁异常推断断裂时，有两点值得注意：一是要注意追踪并标志异常轴，二是要有理由肯定异常与岩浆活动有关。

重磁资料在确定基底断裂，特别是深大断裂方面是一种行之有效的方法。因为断裂活动必然分割地质体的连续性，或沿断裂有岩浆活动，或受断裂的切割而使盖层、基底发生垂直或水平位移，从而导致原来比较统一的地球物理场或地表地层发生变化，这种变化往往体现在重磁场上。特征线（串珠状异常带、异常错动线、不同重磁场界线、线性异常带、线性梯度带等）都是断裂的反映，以此作为划分断裂的依据。

(二) 重磁推断断裂概况

本书划分断裂时主要以剩余重力异常和航磁 ΔT 化极等值线图为主，同时参考布格重力异常、航磁化极上延、航磁化极垂向一阶导数、方向导数图等。在确定断裂位置时以重磁资料为基础，并参考地质资料，若诸多资料反映不一致时，其位置确定最终以重磁资料综合反映的为准；结合地质资料将断裂划分为两级。

一级断裂：规模较大的重磁异常线性梯度带或梯度变化带，地表伴有强烈的岩浆活动。

二级断裂：具有一定延伸规模的重磁异常线性梯度带、串珠状异常带和异常走向突变带，地表伴有不同程度的岩浆活动。

由于西南地区断裂复杂且数量较多，为方便表达，本书仅推断一级、二级构造，其中，重磁推断一级断裂13条，二级断裂67条（图4-2，表4-1），对应一级断裂编号用F1，二级断裂编号用F2。在对断裂的命名上有的沿用前人给出的名称，如金沙江-红河深断裂（F1-5）。

宏观来看，西藏自治区断裂以近东西向为主，被北东向断裂错断。云南省断裂主要呈近南北向或北西向展布，部分以北东向展布为主。四川省东部地区区域断裂构造主要呈北东向；川西甘孜、理塘地区断裂构造主要呈北西向；四川省中部的马尔康、攀西地区断裂构造主要呈南北向，四川省总体构造呈近似对称的"蝴蝶型"构造格局，这种复杂而有序的格局是四川省处于3个不同的大地构造域之间，不同程度地受到它们影响的结果。重庆市断裂以北东走向为主、渝西（重庆地区）以南北—北北西走向为主，渝东北地区以北西走向为主；形成该特征，推断与受来自东南-北西和北东-南西的区域性推挤构造力密切相关。贵州省主要由北东向主断裂控制，其次为南北向。

二、重磁推断主要断裂构造剖析

由于篇幅限制，本书对重要的一级和二级断裂的重磁场特征进行剖析。

1. 拉竹龙-若拉岗断裂（F1-1）

该断裂位于宽缓的重力梯度带，其间夹杂若干局部重力低和重力高，重力低与中生代、新生代拉分盆地对应，走向为北东东—北东向；剩余异常总体上是正负异常之间的梯度带或异常等值线的突变部位，总梯度模量图中呈现多条北东向串珠状异常。在航磁 ΔT 等值线图上看出，该断裂位于宽缓弱磁异常区，化极后异常特征仍不明显，化极垂向一阶导数等值线特征表现很明显，位于串珠状磁异常区。其地质上与位于中生代、新生代拉分盆地边界相对应，基本控制了地层、岩浆的展布。

它与西昆仑断裂带、东昆仑断裂带共同构成秦祁昆缝合线。从西藏的拉竹龙附近延伸到甘肃的金塔盆地1600～1700km，以左行走滑为主的巨型构造带，兼逆冲推覆和韧性剪切性质，其切深可达岩石圈。由多条近平行的北东向断裂组成，各断裂之间夹持古老的地层岩片和控制中生代、新生代拉分盆地，宽度可达数十千米。

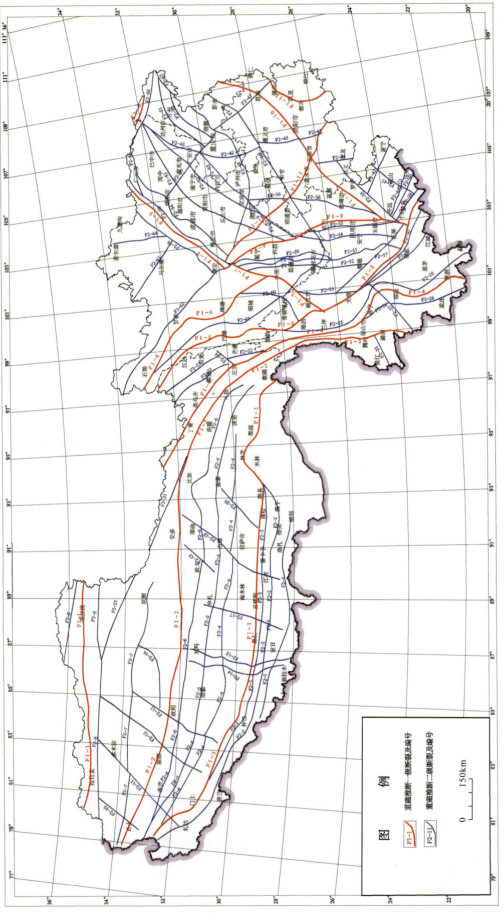

图4-2 西南地区重磁推断地质构造图

表 4-1 西南地区重磁推断构造一览表

序号	断裂编号	断裂名称	断裂级别	序号	断裂编号	断裂名称	断裂级别
1	F1-1	拉竹龙-若拉岗断裂	一	27	F2-27	南汀河断裂	二
2	F1-2	班公湖-怒江断裂	一	28	F2-28	瑞丽江断裂	二
3	F1-3	雅鲁藏布江断裂	一	29	F2-29	阿墨江断裂	二
4	F1-4	昌都-澜沧江断裂	一	30	F2-30	哀牢山断裂	二
5	F1-5	金沙江-红河断裂	一	31	F2-31	程海-宾川断裂	二
6	F1-6	甘孜-理塘断裂	一	32	F2-32	攀枝花-楚雄断裂	二
7	F1-7	木里-丽江断裂	一	33	F2-33	磨盘山-元谋-绿汁江断裂	二
8	F1-8	龙门山断裂	一	34	F2-34	普渡河断裂	二
9	F1-9	石棉-小江断裂	一	35	F2-35	包子铺-阳宗海-华宁断裂	二
10	F1-10	弥勒-师宗-松桃断裂	一	36	F2-36	宜宾-宣威-陆良断裂	二
11	F1-11	康定-彝良-罗甸断裂	一	37	F2-37	南华-双柏-石屏断裂	二
12	F1-12	镇远-凯里-独山断裂	一	38	F2-38	黄泥河-朋普断裂	二
13	F1-13	城口断裂	一	41	F2-41	文山-麻栗坡断裂	二
1	F2-1	吉隆-错那断裂	二	42	F2-42	高良-广南-富宁断裂	二
2	F2-2	锐拉-隆子断裂	二	43	F2-43	那洒-阳文山断裂	二
3	F2-3	仲巴-曲松断裂	二	44	F2-44	六枝-安龙断裂	二
4	F2-4	朗玛-波密断裂	二	45	F2-45	遵义-罗甸断裂	二
5	F2-5	狮泉河-申扎断裂	二	46	F2-46	攀枝花-毕节-彭水断裂	二
6	F2-6	革吉-八宿断裂	二	47	F2-47	涪陵-思南断裂	二
7	F2-7	龙木错-双湖断裂	二	48	F2-48	开江-长寿-桐梓断裂	二
8	F2-8	三岔口断裂	二	49	F2-49	沐川断裂	二
9	F2-9	若拉岗断裂	二	50	F2-50	涪陵-云阳南断裂	二
10	F2-10	索马-日土断裂	二	51	F2-51	长寿-云阳断裂	二
11	F2-11	多木拉-那不如断裂	二	52	F2-52	自贡-南充断裂	二
12	F2-12	达琼-沙勒断裂	二	53	F2-53	乐山-巴中断裂	二
13	F2-13	丁沟-松多当玛断裂	二	54	F2-54	雅安-绵阳断裂	二
14	F2-14	扎拉-吉勒断裂	二	55	F2-55	映秀-北川断裂	二
15	F2-15	尼玛-巴弄断裂	二	56	F2-56	平武-理县断裂	二
16	F2-16	错穷-东勒北断裂	二	57	F2-57	绵阳-蓬安断裂	二
17	F2-17	申扎-定日断裂	二	58	F2-58	磨盘山断裂	二
18	F2-18	岗地-茶咀断裂	二	59	F2-59	安宁河断裂	二
19	F2-19	那曲-康马断裂	二	60	F2-60	理塘-贡岭断裂	二
20	F2-20	嘉黎-乃东断裂	二	61	F2-61	乡城-德格断裂	二
21	F2-21	多格错仁-巴青断裂	二	62	F2-62	甘孜东-康定断裂	二
22	F2-22	柴维-芒康断裂	二	63	F2-63	马尔康断裂	二
23	F2-23	查那陇-香贝断裂	二	64	F2-64	松潘断裂	二
24	F2-24	登巴-戈波断裂	二	65	F2-65	合川-宜宾断裂	二
25	F2-25	维西-无量山-勐腊断裂	二	66	F2-66	广元-城口南断裂	二
26	F2-26	昌宁-双江-勐连断裂	二	67	F2-67	巫山断裂	二

2. 班公湖-怒江断裂（F1-2）

该断裂从西向东由近东西向转为南北向，总体呈舒缓波状展布在班公湖—改则—安多—丁青—怒江一带，向西和向南东延出至国境，区内可见长约2000km。断裂在布格重力异常上显示西藏境内异常梯度带明显，云南境内异常特征不明显；在剩余重力异常上显示南高北低的梯度带，连续性很好。断裂在航磁异常各种等值线图上以规模较大的串珠状强磁异常带、线性梯度带、变异带为特征，构成两侧不同大地磁场分界，也可以称为班公湖-怒江断裂带。化极上延5km构造形迹清晰，上延20km仍可追踪辨认，表明具有一定的延伸规模和切割深度，应属深大断裂带性质。

从地质特征看，沿断裂带中酸性侵入岩和超镁铁岩、辉长岩-辉绿岩墙群、洋脊型玄武岩、放射虫硅质岩等断续出露，"主体由规模巨大的蛇绿岩、蛇绿混杂岩和嘉玉桥微陆块、聂荣微陆块等组成"（潘桂棠等，2004）。宏观位置基本与地质确认为构成泛华夏大陆与冈瓦纳大陆分界的班公湖-怒江碰撞结合带吻合。据地质资料显示，北侧断裂面向北陡倾，南侧断裂面向北缓倾，均具逆冲特征，属超壳型断裂带性质。

3. 雅鲁藏布江断裂（F1-3）

该断裂位于西藏南部，总体呈北西西—东西向延伸，其中，西段呈北西向沿噶尔河延出国境；中、东段呈近东西向沿雅鲁藏布江流域延至重磁数据空白区，东段主体近东西向，略有弯曲；向西延出航磁区至国境，可能与印度河结合带相接；向东延出航磁调查区，区内长约1600km。布格重力异常显示重力梯度带，尤其是在断裂东部重力梯度带表现更为明显；剩余异常为东西向串珠状正负异常梯度带，断裂反映很明显。

断裂带以规模宏大的串珠状强磁异常带和线性梯度带、变异带为特征，构成南北两侧不同大地磁场分界。化极上延5km断裂带形迹明显，但化极上延20km后南侧仲巴-曲松断裂反映不明显。表明该断裂具有延伸规模宏大和切割深的特点，是组成雅鲁藏布江断裂带的主干断裂；而南侧次级断裂仲巴-曲松断裂延伸规模和切割深度均有限。两条断裂表现为雅鲁藏布江双磁异常带的性质，组成雅鲁藏布江断裂带。

沿断裂带三叠纪—白垩纪蛇绿混杂岩断续出露，控制北侧冈底斯火山-岩浆弧的展布。位置基本与构成"北侧拉达克-冈底斯-察隅弧盆系与南侧喜马拉雅地块的雅鲁藏布江结合带"（潘桂棠等，2004）对应。其中，东段蛇绿混杂岩带西起乃东，向东经加查、朗县，在米林—墨脱一带呈向北突出的弧形急转弯后，折向南东经阿帕龙与缅甸那加丘陵蛇绿混杂岩带衔接；中段蛇绿混杂岩带东起曲水，向西经仁布、白朗、拉孜、昂仁至萨嘎，呈东西向沿雅鲁藏布江带状展布；西段蛇绿混杂岩带分布于萨嘎以西，分为南、北两个亚带。南亚带东起萨嘎，向西经牛库、仲巴南、拉昂错至扎达被上新世—更新世沉积物掩盖，向西延出国境；北亚带东起萨嘎，西经如角、公珠错、巴噶、门士至扎西岗以南，向西延出国境。

尚需指出，在以往资料报道中认为雅鲁藏布江结合带的主体断裂位置从东向西延伸至东经90°后，向南西转折沿日喀则南（虾雄—白朗—萨嘎）大断裂展布（任纪舜，1997），其位置基本与航磁确定组成断裂带南侧的萨嘎-日朗断裂吻合。然而，根据1:20万高精度航磁反映结果，雅鲁藏布江结合带从东向西延至东经90°后受北西向或南北向构造变形的影响虽分解为近乎平行展布的北与南两支大断裂，而雅鲁藏布江断裂并未发生明显错移，具有延伸连续、规模宏大和切割深的特点，无疑是组成雅鲁藏布江断裂带的主干断裂。

4. 昌都-澜沧江断裂（F1-4）

昌都-澜沧江断裂展布于多格错仁—唐古拉山—昌都—左贡—维西—昌临—景洪，往南经景洪、大勐龙东而延入缅甸；总体呈"S"形波状弯曲，区内识别长度约2000km。北段为重力高异常带与重力低异常带的转换带，南段亦为重力高、低转换带，但重力梯度带明显；断续分布的剩余重力异常零值线；明显的澜沧江磁异常带。断裂带上呈现宽5~10km的串珠状航磁异常带（澜沧江弧形异常带）沿澜沧江展布。澜沧江大拐弯以北，异常带两侧都具相同的负背景磁场；以南异常带两侧背景磁场存在明显差异：东侧为正背景上的强度不大的呈线状分布的异常带，西侧为负值区，其内出现少数团块状异常，显示了断裂两侧不同地块属性差异。澜沧江弧形航磁异常带在化极磁异常上都有清楚醒目的异常显示。在 ΔT 上延 20km、40km 成果图上断裂也有清楚显示：澜沧江大拐弯以北仍为清楚的负背景上的串珠状正异常带，以南则为正负磁场的明显分界，仅最南分界线偏向断裂西侧。

地震测深结果也显示出断裂的存在。在保山北约 45km 的澜沧江断裂东侧稍远处，Pg、P2、P4 震相均有对比中断，构组界面的中断显示地壳深部可能存在破碎带。此处莫霍界面断距约 2km，南浅北深；Pg 界面断距约 1km，也为南浅北深。

断裂地质特征明显，为西侧花岗岩基与东侧石炭纪、二叠纪火山岩及中—晚三叠世中酸性火山岩的分界线。断裂带也是地壳深部构造区的界线，即北段东侧为剑川-南涧地幔坳陷区的西界，南段则为临沧-勐海地幔坳陷区（西）与镇源-思茅地幔隆坳地区的分界线。说明澜沧江断裂具有地壳深部构造背景。

上述断裂两侧不同的地层组合、岩性差异以及岩浆岩的分布等与重磁异常反映的场源地质体是相当吻合的，断裂的存在是肯定的，依据是充分的。云南地质界对此断裂讨论很多，认识各不相同，有的将其作为板块缝合线，有的则仅作为壳断裂而将缝合线西移至昌宁-双江断裂带。综合物探地质资料，我们认为断裂作为一级构造单元的分界线是合适的，《云南省区域地质志》（1990）也将其作为一级构造单元界线。我们强调澜沧江断裂的理由是：澜沧江断裂重磁场特征十分清楚、明显，反映的断裂规模大、连续性好，而其西却无比此更明显的断裂重磁特征；地震测深和地壳深部构造资料表明，断裂深切地壳底界面，且是地壳界面深度变化显著的地带，而澜沧江和怒江之间却无地壳厚度显著变化的界线；澜沧江断裂带地表虽未发现更多的基性岩分布，但根据重磁资料反映，除地表所见石炭纪、二叠纪火山岩及中—晚三叠世中—酸性火山岩外，似应有隐伏的基性、超基性岩存在；另外，由于断裂受后期构造作用的强烈改造，使其遭受了复杂的移位和性质转化，其早期痕迹多已不清，面貌发生很大变化，这也是此断裂之缝合特征不清的原因之一。

5. 金沙江-红河断裂（F1-5）

该断裂位于西南地区中部，断裂带从西向东由北西向渐转为南东向。总体呈近"S"形展布在玉树—巴塘—得荣—香格里拉—弥渡—元江—屏边一带，向东延出至国境。布格重力异常表现为标准的重力梯度带，剩余重力异常则为零值线分布，磁异常则表现为红岩-哀牢山磁异常带与东侧负磁异常及局部正磁异常的分界。断裂带以规模宏大的串珠状强磁异常带、线性梯度带、变异带为特征，联合构成两侧截然不同的大地磁场分界。化极上延 5km 构造形迹清晰，上延 20km 大部分地段可追踪辨认，表明具有一定的延伸规模和切割深度，应属深大断裂带性质。

沿断裂带由超镁铁岩、辉长岩-辉绿岩墙群、洋脊型玄武岩、放射虫硅质岩等组成的蛇绿混杂岩断续出露，宏观位置基本与地质确认控制二级构造单元甘孜-理塘弧盆系与羌塘弧盆系和昌都-兰坪-思茅地块分界的"羊湖-金沙江-哀牢山结合带"（潘桂荣，2004）对应。

6. 甘孜-理塘断裂（F1-6）

该断裂北起石渠，经甘孜-理塘，南至木里北结束，总长约 900km。布格重力异常表现为相对高值和低值的转换带和弱重力梯度带，剩余重力异常则为串珠状剩余异常边界。航磁 ΔT 等值线图表现为明显的正负异常梯度带，航磁 ΔT 化极及垂向一阶导数异常则以串珠状强磁异常为主，异常特征明显。断裂带上海西期及印支期基性、超基性岩类均有出露，并见到很好的二叠纪蛇纹岩套。在理塘—甘孜一带还有构造混杂岩和蛇绿混杂岩。断裂带也是沉积岩相和建造的明显分界线。化极上延 20km 异常特征仍然存在，说明该异常具有一定的延伸规模和切割深度，应属深大断裂带性质。综合物探、地质资料，该断裂已达上地幔，它初始活动于二叠纪，强烈活动于中—晚三叠世，继续活动于侏罗纪，是西部地区一条重要的深断裂。

7. 木里-丽江断裂（F1-7）

此断裂带是 1982 年根据重力资料的研究在云南第一次提出的，称木里-丽江断裂，属超壳性质的深大断裂。根据浅表资料划分结果，它南西起自剑川附近，往北东经丽江而达木里，再往北东延则与龙门山断裂交会，构成扬子准地台的西部边界的一段。全长约 320km。根据深部资料，有可能往南西延伸，经兰坪盆地后则呈近东西—北西向延伸至与喜马拉雅深大断裂带的南东分支相连。

断裂带上布格重力异常表现为被重力高和重力低干扰、破坏的不十分清晰的多条重力梯度带。在 20km×20km、40km×40km、80km×80km 平均布格重力异常上则表现为清楚的北东—近东西—北西向重力梯度带，并逐渐变成一条巨大的重力梯度带。梯度带北东段梯度大，约达 0.9×10^{-5} m/(s^2·km)，南西段梯度较小，达 0.5×10^{-5} m/(s^2·km) 左右。航磁异常表现为红桥乡—丽江—大桥头负背景上的磁异常带沿断裂两侧呈北东向展布。地壳界面等深度图上在华坪、大理、泸水一线以北，贡岭、德钦以南之间，地壳界面深度由 45km 急降至 58km，北东段梯度大，最大坡度可达 4.6°左右，南西段梯度较小，坡度约 2.8°，此即为断裂的深部构造标志。

根据原地矿部物化探所李立等人（1987）研究，大地电磁测深结果表明攀西及龙门山构造带以西地区的上地幔低阻层突然变深，与青藏高原东缘上地幔低阻层埋深变化最大的地带基本一致或相似，木里-丽江断裂带既包括于南西段内，亦反映了断裂在电性上的差异。

卫星影像上断裂也有清楚显示，北东向线性影像特征清晰。根据全国 1:250 万卫片构造解释结果，此断裂带为由陕西勉县沿龙门山经雅安向西南延伸部分，以七八条斜列式压扭性断裂组成，断裂一般较平直，是比较老的构造，有迹象说明该带曾受后期重新活动的影响。

这条断裂带的地质依据也很充分，中国地质科学院地质所确定的玉龙-龙门山断裂系即与此断裂一致。经他们研究，是一组长期的多旋回活动的深断裂带；古生代—中生代早期（三叠纪末），它是中国东部以地台区为主的稳定区和中部、西部以地槽区为主的活动区的分界；中生代晚期，特别是新生代以来，它是中国西部最大的褶皱隆起区——青藏高原的东南边界。《三江地质志》（1982）称为金沙江-洱海深断裂带，它形成前的构造背景和红河断裂（根据现在认识的应包括前期的红河断裂与现今的哀牢山断裂）相同，具有古老板块俯冲带的基本特征；发展到晚古生代有广泛的玄武岩喷发，具裂谷性质；到中生代，即为康滇地轴张性陆相盆地与松潘-甘孜东南端海陆交互相—海相盆地的分界线；至新生代，沿断裂发生强烈的构造变动，在丽江、鹤庆地区辗掩构造极为发育，并有广泛而强烈的碱性—基性岩侵入活动，具走滑特点。《云南省区域地质志》（1990）则称为箐河断裂，新元古代有强烈活动，具板块活动的某些特点；海西期（二叠纪时）发生较强活动，发生沿断裂带的镁铁—超镁铁岩浆的侵入和喷发活动；古生代—三叠纪期间，断裂组成了槽、台之间的大西洋型边界；新生代，断裂发生了性质转换，表现出向北缓倾的逆掩-推覆断面。

特别值得强调的是，在木里—丽江这一段，它将从北延伸而来的金沙江断裂、格咱断裂、甘孜-理塘断裂带和从南延过来的红河断裂带等明显错断，致使南北众多断裂难以联合。由上述物探、地质、卫片等资料的分析可以看出，断裂标志明显，断裂是肯定存在的。此断裂地表是一组北东向断裂（本书仅指其主断裂），往地壳深部即合为一条巨大的断裂带，北东与龙门山深断裂带相连，西延则可能与喜马拉雅深断裂带相接或者是喜马拉雅深断裂带的南东分支，这是本断裂带的深部结构和发育情况。就浅部来说，布格重力异常虽有西延迹象，但不明显，即西延遇到困难；卫片显示的断裂也是终止于金沙江和红河带附近。地质情况也与上相似：在哈巴雪山和玉龙雪山以东分布的古生界、中生界其区域走向均为北东向，大量分布的二叠纪玄武岩以及基性岩亦作北东向展布，木里-丽江断裂北西侧之褶皱隆起和南东侧之台缘坳陷的轴向也均与断裂方向一致；而在哈巴雪山和玉龙雪山以西地区，北东向地质痕迹也已消失，区域地层走向和隆坳轴向以及局部断裂走向均为北偏西或南北向。这就是说，在浅部断裂西延遇到困难，本书划到剑川附近；但是，在深部西延是可能的。

综上所述，我们认为：这是一条规模很大，活动时间长，切穿岩石圈达软流层的超壳断裂。它形成于晋宁期，活动于澄江期、加里东期和海西期，隐伏于印支期—燕山期，又强烈活动于喜马拉雅期，并由古老的俯冲带演变出新生代的逆掩-推覆及走滑性质，具明显的多旋回特征。木里-丽江断裂确立的意义不仅在于断裂的本身，而更重要的是它对于三江褶皱系明显的控制作用。它不仅构成扬子准地台的西南边界，同时由于发生时间早，活动时间长，构造性质复杂，以及显著的深部构造背景，对三江褶皱系影响最大，使三江南北众多断裂难以连接，使褶皱系南北两部分无论在地球物理场，还是在地质特征、构造、矿产等方面都难以对比、追踪，产生极为明显的差异，可使三江褶皱系分成各具不同特征的南、北、中三段。

8. 龙门山断裂（F1-8）

龙门山断裂带是一条巨大的经向断裂带（主断裂为汶川-青川断裂）。向北延至六盘山、贺兰山，向南延至康定南，即四川盆地东缘。这一条深大断裂构造带不仅是四川东部和西部，也是我国东部和西部的一条重要的构造分界线。沿着这条构造带地震活动频繁，并有基性、超基性岩分布，推断已达上地幔。

布格重力异常图上表现为一巨大的重力梯度带，航磁异常表现为明显的异常梯度变化带。在卫星图像上可以清楚地看到，该断裂勾画出青藏块状隆起与四川盆地的直线形交接关系，而且在龙门山地区可以看到许多受到强烈挤压的菱形岩块。龙门山地区逆冲推覆带的存在表明，该构造带曾经受到过后期重新活动（喜马拉雅山运动）的影响。经相关资料证明，这是一条规模大、活动时间长，深达上地幔的深大断裂，它形成于晋宁期，活动于澄江期、加里东期和海西期，隐伏于印支—燕山期，又强烈活动于喜马拉雅期，并由古老的俯冲带演化为新生代转换断层，具明显的多旋回特征。

9. 石棉-小江断裂（F1-9）

该断裂沿石棉—越西—昭觉—巧家营（东）—大海乡—寻甸—土官村—盘溪—岔科—坡头一线呈微东突的南北向展布，全长约620km。思茅-马龙地震测深剖面表现，断裂（南段）及其西侧包子铺-阳宗海-华宁断裂（石棉-小江断裂西支）所在处P3、P4界面中断，在东西两断裂中间P3、P4界面都未出现，P2界面发生跳跃。断裂面西倾。地壳底界面往东加深，东比西深约1km。丽江-者海地震测深剖面上，断裂（北段）在扭轳（金沙江河谷）附近是地壳介质性质发生显著变化的地段：上地壳下部是该剖面地壳浅层高速侵入岩体的东界，其两侧速度差异较大，东5.7～5.8km/s，西约6.0km/s；中地壳上部断裂东侧速度高于西侧，东约6.6km/s，西6.3～6.4km/s；下地壳P波速度为6.5～6.8km/s，而下地壳顶部断裂东却出现速度达6.9～7.0km/s的高速层，断裂西侧未出现，这可能是断裂导致地幔上涌而形成的壳幔混合体，断面西倾。

地质上以东川为界将其分为两段，北段延入四川境内，南段分东、西两支：西支（即包子铺-阳宗海-华宁断裂）经乌龙、苍溪，过东湖、嵩明达阳宗海，再南行则为若干北北东向分支断裂继续延经抚仙湖、星云湖地区以后逐渐消失于华宁以南；东支经东川、功山、寻甸、小新街、宜良，至禄丰村后顺南盘江而下，经盘溪、巡检司、小龙潭、开远、个旧南而终止于红河断裂带上。东西两支相距10～20km，形成一宽大的断裂带。断裂地质依据充分，其表现为：①控制了断裂东、西两侧岩相古地理及沉积建造的发育，西侧为震旦纪以后的长期坳陷区，而东侧为半隐伏的基底隆起区；②沿断裂带形成一条宽大的挤压破碎带，其中碎裂岩、角砾岩、糜棱岩、构造透镜体十分发育，水平擦痕、阶步及擦痕镜面屡见不鲜，断裂带内及其旁侧褶皱、断裂比比皆是；③断裂产状十分复杂，总的表现为陡倾而近于直立，主要倾向西；④断裂两侧构造特征不同，东侧以北东梳状构造为主，西侧以非线状断块为主，地表断裂明显地与北东向构造构成"入"字形构造，古生代一系列北东向隆起和凹陷明显被小江断裂截止；⑤沿断裂带有少量岩浆侵入，但为海西晚期基性岩浆喷发提供了通道，起到了控制作用；⑥是强烈的历史及现代地震活动带，沿断裂分布的一系列温泉及断陷湖泊，左行水平扭动行迹明显。其现代活动性十分明显，尤其是北段；⑦在卫片影像上，断裂主要表现为两侧地质构造的不连续性，在地貌上多出现直线型河谷，南北向湖泊等线性特征；⑧据区域资料分析，最早在新元古代末即有活动迹象，二叠纪时，则表现了强烈的裂陷张裂，成为大规模基性岩浆喷发、侵入、溢流的通道；中生代时，曾发生强烈挤压；到喜马拉雅运动则表现了明显的张裂和左行水平扭动，既造成东西地块间的相对位移，又沿断裂形成一系列断陷湖泊；至现代，断裂仍在活动。

上述物探地质资料表明，石棉-小江断裂带是一条形成于晋宁期，经海西期、燕山期、喜马拉雅期的多期运动，性质复杂，岩浆活动、地震活动、热流活动强烈，特征明显的深切地壳界面的深大断裂，其活动性明显表现出北强南弱。它构成康滇地轴内三级构造单元——东部凹陷带的东部边界。

10. 弥勒-师宗-松桃断裂（F1-10）

该断裂沿富村—马街镇—师宗—弥勒—盘江（西）—普安—安顺—贵阳—石阡—松桃—秀山一线呈

北东向线形展布，长约930km。该断裂为区域上的弥勒-师宗-松桃-慈利-九江断裂，在《贵州省区域地质志》(1987)上表明为区域性的深大断裂，也是所划分的江南造山带北亚带，区域重力资料显示为重力梯度带，航磁资料显示为不连续的正负磁异常分界线。遥感资料显示影像成密集线性影纹，束形波状形态，解释为北东向一系列走向线性断裂带，宽17km。弥勒-师宗断裂因受南北向断裂影响，形成诸多北东向三角形条块体夹持于北东向大致平行的线性构造之间。

沿断裂地球化学异常呈条带状分布，Cu、Hg异常严格沿断裂带北东向展布，Au、Ag、Pb、Zn、As、Sb等分别于断裂的南、北两侧与之平行展布，即罗平-泸西、龙海山-圭山-苏租两个元素高含量带。异常带向北东撒开，南西在开远附近收拢。断裂带两侧Ag及Pb、Zn异常形态、疏密度及展布均有明显差异。

基本与地质划定的师宗-松桃-慈利-九江断裂一致，沿断裂见地层强烈挤压破碎，褶皱异常发育。断裂北西盘为上古生界，南东盘为三叠系，沿线可见上古生界逆冲在三叠系不同层位之上。断裂面倾向北北西—北西，倾角40°~60°，为一条压剪性断裂。其地质构造上恰好位于牛头山复背斜的东南，其两侧元古宇基底深度变化很大：牛头山及陆良附近新元古界已出露；据石油钻探资料，路南尾则地区300~400m在泥盆系之下见新元古界，罗平法本构造孔1290m见新元古界；断裂南东侧，泸西杨梅山构造孔3211m在泥盆系终孔，丘北塘房构造孔3205m在二叠系玄武岩终孔，罗平背斜孔3206m仍未打穿二叠系玄武岩。由于沿断裂常见一系列镁铁岩体出露，表现了该断裂对基性岩浆活动的控制作用，据此可以认为，它曾经是一条深及地壳下部硅镁层的壳断裂。根据沉积岩相及古地理资料分析，弥勒-师宗-松桃断裂应为一条可能形成于晋宁期，以后又多次活动的深断裂。

该断裂在贵州部分的特点：该断裂带北西出露的中元古代地层与上覆新元古代地层之间均呈高角度不整合接触，新元古代早期沉积的板溪群，相对丹洲群显然处于较稳定的构造环境，震旦纪到中三叠世基本均为浅海台地沉积，从晚三叠世开始逐渐为陆相沉积。除二叠纪的大陆溢流拉斑玄武岩外，没有其他岩浆活动。褶皱变形主要是在燕山期，反映出从武陵运动形成褶皱基底后，除有局部抬升外，一直是稳定的地域。

该断裂带南东出露的中元古代地层与上覆新元古代地层之间，由低角度不整合，过渡到假整合，新元古代至早古生代为过渡型（江南型）和活动型（华南型）沉积，新元古代时有大洋拉斑玄武岩浆喷溢和侵入。晚古生代的断块活动，导致出现盆、台沉积分异，其中拗陷幅度较大的右江地区，海相盆、台沉积分异持续到晚三叠世卡尼期，并在槽盆位区断续有以基性岩浆为主的喷溢和侵入。早三叠世之后，从南东向北西逐渐转为陆相沉积。武陵期之后的褶皱变形有加里东期、燕山期、喜马拉雅期等几个时期，褶皱和逆冲推覆，以中酸性侵入岩为主的岩浆活动以及区域变质作用，均表现为由北向南东逐渐增强。

11. 康定-彝良-罗甸断裂（F1-11）

该断裂沿康定—永善—彝良—威宁—水城—紫云—罗甸一线呈北西向线形展布，长约700km。与地质上康定-彝良和紫云-亚都断裂基本吻合；该断裂在布格重力异常图上表现为异常梯度带，康定到安顺一带表现特别明显，认为是川滇菱形地块的北东界线（王保禄，2004）；在剩余重力异常上表现为串珠状剩余重力异常。航磁异常在断裂北段表现为平静磁异常与零乱的强磁异常分界线，南段表现为正负磁异常分界，垂向一阶导数特征表现尤为明显。化极上延10km后，断裂北段的凌乱正磁异常消失，出现大面积的负磁异常，负磁异常的形态也是近北西向。说明该断裂北段的较浅，为浅源断裂；断裂南段仍有正负磁异常的梯度带的特征，说明南段较深，为深源断裂。

12. 镇远-凯里-独山断裂（F1-12）

该断裂沿镇远—凯里—独山一线呈半圆形展布，长约200km。该断裂在布格重力异常图上表现为异常梯度带，剩余重力异常上表现为正负异常边界。航磁异常特征表现为正负磁异常梯度带，垂向一阶导数特征尤为明显，东部以正磁异常为主，西部以平静的弱磁异常为主。化极上延10km后，仍有正负磁异常的梯度带的特征，说明南段较深，为深源断裂。

13. 城口断裂（F1-13）

该断裂经城口县，呈近东西向展布，为米仓山断裂的一部分，在编图区内长约100km。该断裂在布格重力异常图表现为异常梯度带，剩余重力异常上表现为正负异常边界。航磁异常特征表现为正磁异常梯度带。化极上延20km后，仍有正磁异常的梯度带的特征，说明该断裂为深大断裂。

14. 狮泉河-申扎断裂（F2-5）

该断裂位于西藏中部，呈北西西—东西向延展在狮泉河—昂拉仁错—达瓦错—申扎—乌玛塘北—嘉黎—波密一带。向西延至国境，向东延至无数据区，区内长约1820km。布格重力场为线性梯度带和不同特征场分界线，以北为串珠状重力高，以南为重力低。断裂带以规模宏大的串珠状强磁异常带、线性梯度带、变异带为特征，构成两侧不同磁场分界；上延5km形迹清晰，上延20km可追踪。表明具有一定的延伸规模和切割深度，应属区域性大断裂性质。

该断裂地表破碎形迹清晰，控制了侏罗纪—第三纪火山岩和燕山期中酸性侵入岩的分布，形成南北两侧地层发育、岩浆活动、构造变异截然不同的地理分界。宏观位置基本与地质确认构成"昂龙岗日-班戈-腾冲岩浆弧"（潘桂棠等，2004）与"隆格尔-工布江达复合岛弧带"（王立全等，2005）分界的"狮泉河-申扎-嘉黎结合带"（潘桂棠等，2004）吻合。

15. 龙木错-双湖断裂（F2-7）

该断裂位于西藏北部，呈近东西向延展在扎普—加错—戈木—双湖一带。向西延至国境，向东至双湖，区内长约900km。布格重力场为线性梯度带和不同特征场分界线，以北为重力低，以南为重力高。断裂带以串珠状强磁异常带、线性梯度带、变异带为特征，构成两侧不同磁场分界，垂向一阶导数图的特征尤为明显；上延10km形迹清晰，上延20km基本没有反映，表明浅源断裂。

16. 申扎-定日断裂（F2-17）

该断裂南起定日东部，北至申扎，位于西藏中部，呈北北东向延展，区内长约300km。布格重力场为线性梯度带和异常错动线，剩余重力异常也可以明显地看出异常错位。磁异常以串珠状强磁异常带、变异带为特征，构成两侧不同磁场分界；上延5km形迹清晰，上延20km仍能看出左右两侧的正负磁异常特征，表明断裂具有深源特征，为隐伏的深大断裂。

17. 维西-无量山-勐腊断裂（F2-25）

该断裂经过维西-卓潘-无量山-景洪-勐腊重力高带与东侧不同重力低带的转换带，部分表现为重力梯度带；北段和南段表现为剩余重力异常零值线分布，中段为局部剩余正异常的变化带；明显的曲决-小火山上村-北斗街-大里街-竹里乡串珠状磁异常带。地表局部地段有断裂显示，主要是控制了西侧晚三叠世中基性、中酸性火山岩及隐伏火山岩的分布，北段尚有超基性岩露头分布。

18. 昌宁-双江-勐连断裂（F2-26）

该断裂经昌宁-双江-勐连重力低带西侧的重力梯度带断续分布，剩余重力异常零值线断续分布，莽水街-大窝铺-双江-澜沧磁异常带。云县-临沧-勐海花岗岩基与西侧澜沧群变质岩系的深部分界线（地表界线偏东），地表局部地段有断裂显示。

19. 南汀河断裂（F2-27）

该断裂北东向重力高与重力低的分界及部分北东向重力梯度带，北东向剩余重力正异常与负异常的梯度带，北东向崇岗-孟定磁异常带。地表断裂显示清楚，地质特征明显，并有基性、超基性岩分布，第四系沉积盆地北东向断续分布。

20. 瑞丽江断裂（F2-28）

该断裂北东向重力高与南北向重力低的分界，北东向展布串珠状剩余重力正异常的北西部等值线密集带，磁测资料不全，显示不明显。北西侧高黎贡山群变质岩与南东侧古生界—中生界的分界，沿带除有酸性岩浆活动外，还有超基性岩侵入和基性喷发，部分地段有地表断裂。

21. 阿墨江断裂（F2-29）

该断裂经东风岭-墨江-金平重力高东部局部重力高与西侧局部重力低转换带，南段重力梯度带明显；断续分布的剩余重力异常零值线；垭口街-双沟-三村乡串珠状磁异常带西侧突变带。北、中段为哀牢山变质古生界与西侧中生代沉积的分界线，沿断裂及西侧有基性、超基性岩体分布，南段虽有断裂，但方向不一致。

22. 哀牢山断裂（F2-30）

该断裂表现为哀牢山重力低与西侧重力高的转换带，局部表现为重力梯度带；剩余重力负异常西侧突变带；红岩-哀牢山磁异常带与西侧磁异常带低值过渡带或陡变带。北段为东侧哀牢山群深变质带与西侧浅变质带的分界，地表断裂特征明显，沿带有基性、超基性岩体分布；南段为哀牢山深变质带与中生代沉积的分界，基性、超基性岩浆活动减弱。

23. 程海-宾川断裂（F2-31）

该断裂沿宁蒗、程海、宾川、弥度一带呈南北向展布，向北止于木里-丽江断裂，向南止于红河断裂。布格重力异常主要表现为异常梯度带上，剩余重力异常位于正负异常交界处；航磁异常特征为强磁异常边界，化极上延20km异常特征仍存在，说明该断裂具有深源特征，为深大断裂。

24. 磨盘山-元谋-绿汁江断裂（F2-33）

该断裂沿磨盘山、元谋、绿丰、易门、新街一带呈南北向波状展布，元谋以北则沿金沙江北上，至会理、米易附近汇入磨盘山断裂。新街以南则被石屏断裂错断而出现在青龙、扬武一带，最后止于红河断裂。该断裂是一条长期活动的、北强南弱的切穿地壳底界面的深断裂。断裂形成于晋宁期，强烈活动于海西期，中新生代乃至近代仍有活动，现代地震活动频繁，表现了继承性和复合性，具多旋回特征。

断裂的重力标志十分清楚。断裂带正好位于冕宁—渡口—双柏重力高和布拖-东川-建水复杂重力低异常区的分界线上，易门至新街段及会理、米易以北地段，布格重力异常表现出明显的梯度带，其梯度分别为 1.0×10^{-5} m/（$s^2\cdot$km），（$2.0\sim3.0$）$\times10^{-5}$m/（$s^2\cdot$km），北段梯度明显大于南段。被石屏断裂错动后的青龙、扬武一带布格重力异常表现为北西向圈闭的新平重力高突然中断、消失。除上述外的其余地段，布格重力异常表现为重力低和高的转换带。剩余重力异常对断裂北段反映较好，米易以北出现连续性好的正、负异常的分界线。该断裂的磁异常特征非常明显，处于正负磁异常交界处；上延20km异常仍然存在，说明该断裂具深源特性。断裂明显地控制了扬子准地台基底古元古界红山群和昆阳群的分布，昆阳群仅出露于断裂带以东，而大红山群则分布于断裂以西且无褶皱期后的磨拉石沉积——澄江砂岩的分布；其次，沿断裂带岩浆活动也很强烈，伴有碱性、酸性、基性、超基性岩浆侵入；在此，断裂对两侧地质和沉积岩相古地理有明显的控制作用。

25. 南华-双柏-石屏断裂（F2-37）

该断裂北西向大麦地-新平-扯直重力高带与北东侧重力低、重力高之转换带，部分地段表现为重力梯度带；北西向剩余重力正异常带北东侧边缘陡变带，部分地段表现为剩余重力异常零值线；沿带分布平川镇-沙桥-大麦地-洼垤串珠状磁异常带。化念-杨武段地表有北西向断裂显示，其余地段基本无断裂显示，但为侏罗纪与白垩纪地层分界线。

26. 磨盘山断裂（F2-58）

布格重力场为线性梯度带及不同特征场分界线，西侧为重力低，东侧为重力高及宽缓异常区。该断裂表现为线性磁异常特征，磁异常特征非常明显。断裂东、西两侧出露地层明显不同，以西岩浆岩呈带状展布，以东并无岩浆岩分布，主要为元古宇老地层出露带及新生代断陷盆地，断裂严格控制了这一地区岩浆岩及地层的发育状况。

27. 安宁河断裂（F2-59）

安宁河深断裂北起石棉，经冕宁、西昌、会理进入云南省，总体形态呈南北向展布，内部有北东向、北西向拐折的追踪性张性断裂的遗迹。该深断裂带的连续性比较好，为重磁异常特征明显并与地质反映较为一致的断裂带。

安宁河断裂地质特征：北段（石棉以北），为韧性剪切带，发育在早寒武世结晶基岩中。糜棱岩带出露宽度多在1km以上，多向西倾，倾角50°～70°。中段（德昌—石棉）是典型的深断裂地段：带内挤压破碎带明显，对两侧地层有明显控制作用（以西有康定群，以东无康定群），是一条多旋回火成杂岩的分布带，也是一个地震活动带，有很多温泉分布，从元古宙直到新近纪以来都有活动。南段（德昌以南）断裂切割了会理群——白垩纪红层，沿断裂带有玄武岩及基性、超基性岩分布，构造破碎带明显。

安宁河断裂重磁异常特征：该断裂北段石棉至德昌，重磁场反映深部的安宁河断裂十分清楚。从重磁场上延的构造特征线图看出，重磁构造特征线由低平面至高平面，从西向东有顺序的排列，从而推测安宁河断裂带的北段断裂产状为向东倾斜。

第二节 重磁推断岩浆岩

西南地区岩浆活动期次较多，其中以中条期—澄江期及海西晚期—燕山早期两个时期为岩浆岩的活动高峰，岩浆岩分布与不同地质构造密切相关。区内岩浆岩较为发育，主要分布于冈底斯地块、喜马拉雅造山系、三江造山系、川西高原、四川盆地的周缘山区及扬子陆块，一般多呈带状分布，延展方向与区域构造线方向基本一致。

密度特征是重力勘探的前提条件，更是重力解释工作的基础。从前述密度特征分析中可以得知，解释区内有密度值从上到下、地层由新到老呈逐渐增加的趋势；同一地层在不同地区、不同构造单元中密度值也存在差异。岩浆岩酸性→中性→基性→超基性密度值逐渐增加，侵入岩的密度与新生界、中生界、古生界、前古生界亦存在明显密度差；因此，视其规模和与围岩的关系，侵入岩将引起规模、性质各异的局部重力异常。

岩石磁性与铁磁性物质含量有关，组成地壳的各类岩石磁性，一般具有同一岩性随岩浆源（壳源—幔源）加深磁性加强，而不同岩性随岩石的基性程度增加（酸性—超基性）磁性相应增高的变化规律。通过资料的综合研究，磁异常条带基本与地质划分深大断裂控制的岩浆岩带对应，说明航磁异常与各类岩石组成的岩浆岩之间具有较高的同源性。

一、重磁推断岩体概况与岩体的定量解释

1. 重力资料识别岩体信息的依据

（1）以重力资料为主，配合其他地质、地球物理资料可有效识别从基性到酸性的各类侵入岩体、岩浆岩带。重点是识别隐伏的和半隐伏的岩体，特别要关注与多金属矿产有关的斑岩体的识别。

（2）各类侵入岩体的异常特征。

超基性岩体：一般显示重力高。异常强度和规模通常较大，规模也有较小的。

基性岩体：一般显示为弱的重力高异常。

酸性岩体：一般显示重力低异常。异常规模通常巨大，也有较小的。

变质基底：一般引起的重力高。

2. 航磁资料识别岩体信息的依据

岩体往往成群成带分布，因此往往形成磁异常群或磁异常带。但就单个岩体来说，特别是中酸性岩体的顶部，往往呈近似等轴状，其接触带蚀变后磁性往往变强，因此平面上常出现等轴状的异常区和环形异常带，这也可作为识别岩体的标志。但应注意的是，不同类型的岩体，因其磁性矿物含量的不同，由酸性岩到超基性岩，磁性由弱到强；同一种类的岩石，因其产出时代和条件的不同，岩石中的分相、分带以及蚀变风化等原因，磁性可能变化很大。

不论是基性岩体还是酸性岩体，其边界的圈定方法基本相同，具体为：①通常以化极磁异常的梯度陡变带为岩体的边界；②对规模较小的磁性体，可按化极磁异常一阶导数零值线圈定；③对规模较大的磁性体，可采用化极磁异常二阶导数零值线圈定；④对岩体本身无磁性、但因接触带蚀变后磁性增强而引起磁异常时，通常使用环状化极磁异常内侧的梯度陡变带来圈定。

岩体边界圈定方法：利用推断为岩体的重磁局部异常的垂向一阶导数零值线（或布格重力异常的垂向二阶导数）、水平一阶导数极值位置，或总梯度极值位置，结合地质认识进行圈定；岩体产状、顶面埋深等几何要素，通过定量计算确定。识别隐伏的和半隐伏的岩体，并对岩体周边的倾没形态或隐伏顶

底界面形态进行适当研究具有重要意义。对于出露或半出露的侵入岩体，可以根据重磁异常特征，结合地表地质、物性资料及其他物探资料进行推定，如花岗闪长岩、花岗斑岩、闪长玢岩等。对于隐伏、半隐伏的岩体，则要依据密度、磁性资料，从已知岩体异常的特征分析入手，根据重磁场特征，结合地质及其他物探资料进行定性、定量解释推断。

通过对局部重力异常、航磁异常及对应地质资料的初步分析研究，按引起重磁异常的地质原因，将其分为4类：①酸性－中酸性岩体引起的重力低异常，大多表现弱磁异常，仅个别为强磁异常；②超基性岩体引起的重力高、高磁异常；③基性岩体引起的重力高、中高磁异常；④变质基底引起的重力高、高磁异常。

依据上述不同地质体的密度、磁性特征导致的重磁异常空间展布，西南地区共登记解释局部重磁异常344个（图4-3），其中由超基性岩共同引起的重磁异常67个，表现为重力高、磁高异常特征；由中基性岩体引起的重力高异常96个，表现为重力高异常、中等磁性特征；由酸性－中酸性侵入岩引起的重磁异常175个，表现为重力低异常、磁高异常特征；变质基底引起的重力高、高磁异常6个。

二、重磁推断岩体的分布规律

对每个类别的局部异常，选择有代表性的异常，以地质资料为基础，参考有关航磁、重力资料进行分析研究、推断解释，对异常做简单异常特征描述、定性分析和推断解释。

1. 超基性岩体特征

西南地区超基性岩分布较少，仅沿雅鲁藏布江缝合线、班公湖-怒江缝合线分布，见图4-3。从古生代至中新生代均有出露，具有多期活动特点。根据其侵位时代可划分为5期，即前海西晚期、海西晚期—印支期、印支期、燕山期和燕山晚期—喜马拉雅早期。但据区域地质调查超基性岩大部分属蛇绿岩型，呈古洋壳碎块或残片沿深大断裂带或板块结合带断续出露。

通过野外岩石物性调查，区内超基性岩普遍具有磁性，且大部分具有强磁性，常可见到 $n\times10^3$ nT 的磁异常，因此在航磁异常图上反映明显。一般剖面形态多呈孤立的强磁异常，或线性升高强磁异常带、或面型强磁异常群；平面形态多为浑圆状、串珠状、条带状或不规则状展布。ΔT 化极和化极垂导磁场图特征醒目、清晰，边界易于辨认。超基性岩局部重力异常一般显示重力高，异常形态多呈椭圆状、串珠状、线状、等轴状等。

本次推断的超基性岩主要沿雅鲁藏布江、班公湖-怒江、金沙江-红河、甘孜-理塘、拉竹龙-若拉岗等断裂分布。部分超基性岩地表伴有 Cr、Ni、Co、Cu、Au 等化探组合异常，且有铬铁矿、磁铁矿、金矿、铜矿等多金属矿化。为间接寻找铬、铜等多金属矿或直接寻找磁铁矿，提供了重要的成矿地质环境。

2. 基性岩体特征

在基性岩体上常可观测到 1×10^2 nT 的磁异常。辉长岩磁性变化较大，有的磁性较强，有的地区辉长岩磁性很弱。辉绿岩的磁性一般也很显著，它常呈脉状穿插在其他岩石中，在其上可观测到明显的磁异常。

隐伏基性岩判识依据：①基性岩具有较强磁性，其上往往出现一定规模的磁异常，这就是隐伏基性岩体的磁法判识依据，基性岩磁性都有一定变化，故磁异常有强有弱，但一般都有可分辨的磁异常显示。②基性岩密度较高，在 $(2.8\sim3.0)\times10^3$ kg/m³ 之间变化，与围岩存在 0.1×10^3 kg/m³ 以上密度差，只要有一定规模一般可产生一定强度重力高，剩余重力异常则显示为正异常，这是判识隐伏基性岩的重力场依据。

西南地区共推断基性岩体96个。这些基性岩体主要分布在西藏中西部，云南西北部、北部、东部和四川西部、南部，贵州西部、北部，均沿深大断裂带或次级断裂分布。区内基性岩以辉绿岩、辉绿玢岩、辉长岩、辉长辉绿岩等为代表的基性岩类从元古宙至中新生代均有出露，多呈岩株或脉状产出，但大部岩体或因强度较弱、或因规模有限、或因处在强磁性地质体分布区而未能形成独立的航磁特征。

依据区内剩余重力异常、ΔT 化极和化极垂导磁场图边界清晰，易于圈定基性岩类。航磁 ΔT 剖面

第四章 西南地区重磁推断成果及地质认识

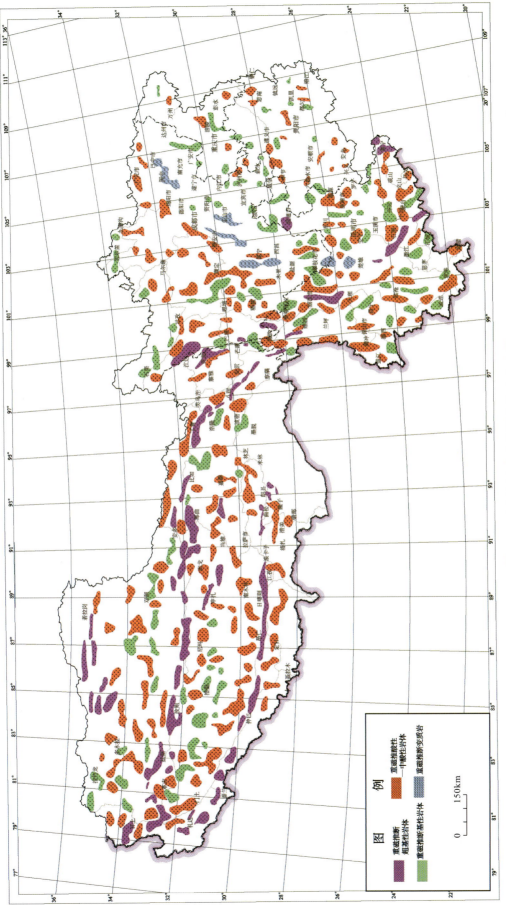

图4-3 西南地区重磁推断岩浆岩分布图

形态呈现梯度较缓、线性升高的异常带或梯度较陡的孤立异常；平面形态多呈串珠状或椭圆状展布。

以武定-罗茨隐伏基性岩定量推断解释：武定-罗茨隐伏基性岩定量推断解释剖面见图4-4。由图可见，隐伏基性岩顶界面呈波状起伏，局部出露地表；截面形态总体呈水平盘状；根据地表出露岩性，岩体应由辉绿岩、辉长辉绿岩组成，埋深不大。

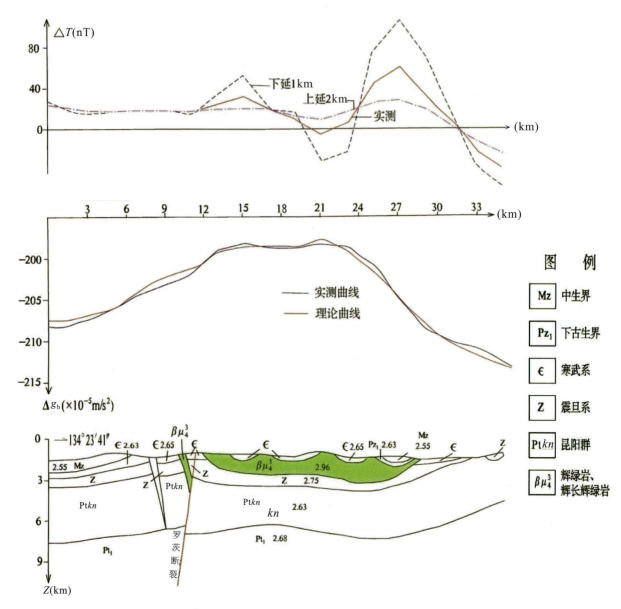

图 4-4 武定-罗茨隐伏基性岩定量推断解释剖面图

3. 酸性—中酸性岩体特征

西南地区磁法推断中酸性岩体为175个，主要分布在西藏大部、云南大部、四川西部和北部、重庆西部等。西南地区中酸性侵入岩从太古宙至中新生代具有多期活动特点，发育完整、演化系列齐全。侵入岩活动始于五台期—晋宁期，经加里东期、海西期、印支期和燕山早期有逐渐加强的趋势，到燕山晚期和喜马拉雅早期发展到鼎盛，喜马拉雅晚期渐趋减弱。燕山晚期—喜马拉雅期的中酸性侵入岩，主要分布在冈底斯-念青唐古拉山脉主脊线以南，雅鲁藏布江缝合带以北，称为冈底斯-念青唐古拉南岩带，东西长约2000km。它表现为规模巨大的、断续延伸的复式大岩基。目前已圈出扎西冈-冈仁波齐峰、布姆松绒-麦拉、谢通门-曲水、桑日-林芝等巨型复式岩基。较小的岩基有阿依松日居、剥尔果、江勤、羊八井、古荣-拉萨等岩体，它们紧靠大岩基分布。

酸性岩体主要指花岗岩类的侵入岩体，一般多显示为重力低异常，一般异常规模较大，异常形态多样，如椭圆状、串珠状、线状、等轴状等。中酸性岩类主要包括花岗岩、花岗闪长岩等，从磁异常角度不易区分，因此通常统称为中酸性岩类。就花岗岩来说，其磁性差别较大，这种差别是由其岩浆源物质磁性决定的，深源物质越多，磁性越强，反之则磁性越弱。一般来说，A型和I型花岗岩的磁性较强，S型花岗岩的磁性较弱。另外，不同地区、不同期次的花岗岩磁性变化也很大，我国南方分布的加里东期花岗岩，基本上是无磁性的。我国东北分布的海西期花岗岩，大多数磁性较弱，还有一部分是无磁性的；分布较广的燕山期花岗岩，磁性比较明显，可观测到300~500nT的磁异常，但南岭和两广的燕山期花岗岩磁异常的幅度较低，异常不明显。

重磁异常较为清楚的花岗岩体，主要是分布于川西高原的印支期—燕山期花岗岩，岩体以岩基、岩株为主，均为构造岩浆岩。据四川西部区域岩石物性成果统计，川西高原花岗岩体的平均密度为2.62~2.64g/cm³。其围岩主要是巨厚的三叠系岩层，平均密度约为2.68g/cm³，其间存在有0.04~0.06g/cm³的密度差。花岗岩体的密度略低，在剩余布格重力异常图上一般表现为负异常；花岗岩体的磁性与围岩差异很小，均为无—微弱磁性。因此，在磁异常图上花岗岩体一般异常较弱。

根据上述重磁场特征，结合地质资料，对川西高原的花岗岩体进行了研究，推测壤塘南可能有隐伏花岗岩体存在（图4-5）。

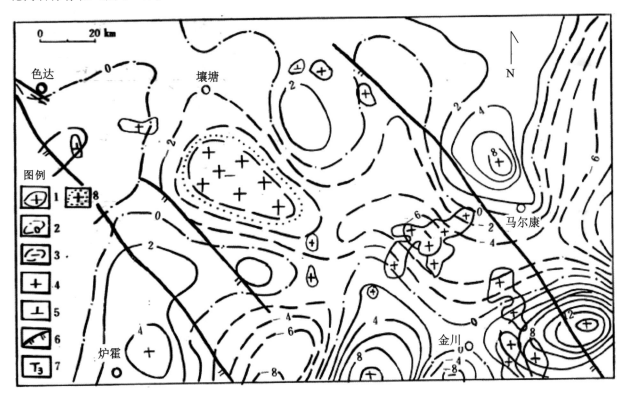

图4-5 壤塘-马尔康布格重力（0~80km²）剩余异常与地质构造简图
1.正异常；2.零值线；3.负异常；4.酸性岩类；5.中性岩类；6.断裂；7.上三叠统；8.推测岩体

关于岩体的形态，我们选取毛尔盖花岗岩体和格聂花岗岩体为代表进行模型研究。毛尔盖花岗岩体位于黑水、宏远、松潘三县交界处，属印支期—燕山早期岩体，整体呈等轴状。在剩余布格重力异常图上岩体表现为近东西走向的负异常，异常的中心位置与出露岩体的中心位置不完全一致，略为偏东。据地质分析，该花岗岩体为同构造期侵入岩，岩体与变质作用关系密切。通过红原县向南东方向穿过异常中心图切异常剖面，进行岩体形态模型研究，正演时取花岗岩平均密度2.64g/cm³，围岩三叠系西康群平均密度2.68g/cm³，第四纪平均密度2.36g/cm³，拟合结果如图4-6所示。岩体呈巨大的面状岩基产出，地表宽约32km，地下5km处最宽，约60km，岩体东厚西薄，最厚约15km。

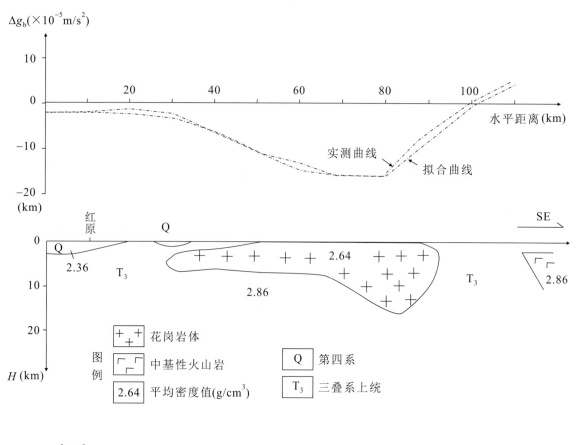

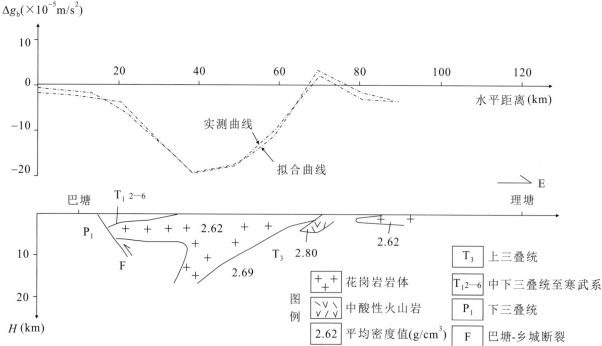

图 4-6 毛尔盖花岗岩（上）与格聂花岗岩（下）形态重力推断剖面图

格聂花岗岩岩体位于巴塘与理塘之间，岩体呈南北走向。据地质研究，该岩体为燕山晚期富钾、贫钠的钙碱性岩石，属岩浆成因。该岩体的成矿条件较为有利，是寻找辉钼矿、钨锡矿、稀土矿的远景区。在剩余布格重力异常图上，岩体表现为南北走向的强负异常，通过巴塘县和理塘县作东西向图切剖面，进行岩体形态模型拟合计算，正演时取花岗岩平均密度 2.62g/cm³，围岩平均密度 2.69 g/cm³，拟合结果见图 4-6，岩浆顺西倾断裂倾入地壳浅部以后，向西扩展，呈不规则的蘑菇状，地表出露约 35km 宽，向西隐伏于古生代地层之下，岩体厚约 5km，其下则为"根部"，上宽下窄，延深在 14km 以下。从岩体的形态及切割地层的关系看，岩体属于岩浆侵入形成的，这与地质推断是一致的。

就花岗岩而言，磁性差别较大。其差别是由岩浆源物质所决定的，即深源物质越多磁性越强，反之则磁性越弱。云南花岗岩主要分布在滇西及滇东南地区，属于两个不同的花岗岩带。滇西花岗岩与密支那、澜沧江两大板块缝合线之弧后高温变质带对应，成因上以地壳深部重熔高侵位为主，其次为原地—准原地混合成因，并有少量断裂重熔成因岩体，物性以无—微磁性和低密度为特征，岩体上一般无磁异常显示。滇东南花岗岩属南岭花岗岩带之西延部分，与滇西花岗岩的区别是岩体上有弱磁异常显示，位置重叠或略有偏移。

中甸-雪鸡坪隐伏花岗岩定量推断解释见图 4-7。其重力异常特征是一条等值线圈闭的长圆状重力低异常带，南北走向，长约 25km，宽约 7km，强度 $-2\times10^{-5}\mathrm{m/s^2}$；北北西向长圆状剩余重力负异常，强度 $-24\times10^{-5}\mathrm{m/s^2}$，范围比布格重力低异常大；南北向椭圆形、强度达 150nT 正磁异常偏东分布。其地质上出露上三叠统图姆沟组火山岩，南北向断裂纵贯隐伏岩体东侧，断裂东有石英闪长玢岩小岩体出露。推测重力低系由隐伏花岗岩体引起，地表石英闪长玢岩为隐伏岩体之浅成相，已探获雪鸡坪、红山和普朗等地的大、中型铜矿和斑岩铜矿。

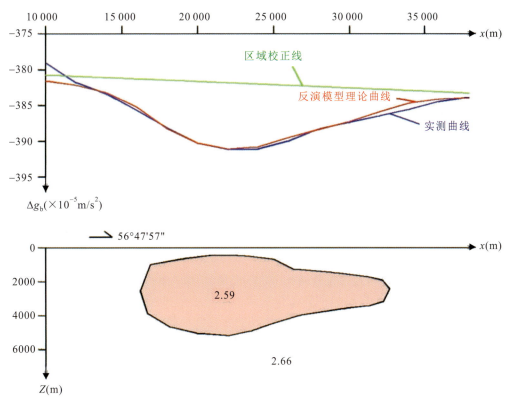

图 4-7　中甸-雪鸡坪隐伏花岗岩定量推断解释剖面图

宁蒗小平子隐伏花岗岩定量推断解释见图 4-8。布格重力异常显示为北西向相对重力低，长约 17km，宽约 8km，有一条等值线圈闭的小低值中心；倒三角形剩余重力负异常与其对应，强度 $-3\times10^{-5}\mathrm{m/s^2}$ 以上；无磁异常显示。地表为北东向穹隆，长约 34km，宽约 10km，出露最老地层为震旦系灯影组，周围被二叠系玄武岩包围，有铜铁、铜金小型矿床点分布。推断重力低系由隐伏花岗岩引起，有寻找与隐伏花岗岩有关的铜、铁等矿产远景。

4．变质岩特征

变质岩分为两类，即正变质岩和副变质岩。正变质岩一般磁性较强，可观测到几百乃至上千纳特的异常；由于变质岩经受热力变质作用，铁质成分重结晶，磁性矿物分布不均匀，常使磁场出现较大跳

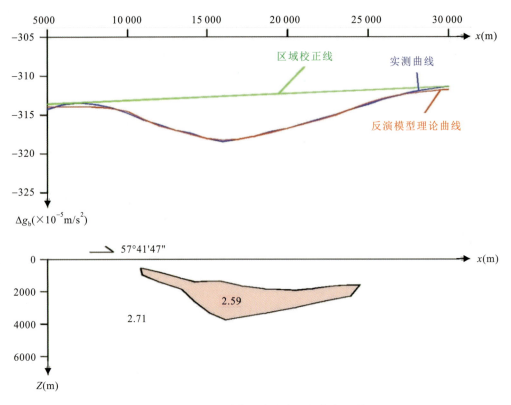

图 4-8 宁蒗小平子隐伏花岗岩定量推断解释剖面图

动；总体上说，由于正变质岩往往成片分布，因此往往形成大的区域背景磁异常，其上常叠加一些次级异常。副变质岩的磁性通常较弱，在磁测资料中的表现与沉积岩地层差不多，一般情况下用磁测资料也难以圈定出来，只是当其处于特定环境（由强磁性体包围）时才可以间接地圈定出来。

正变质岩地层定性和半定量解释要求：首先依据磁异常特征、重力异常特征和地质环境判断磁异常是否为正变质岩地层引起，在此基础上利用化极磁异常带外部异常的外侧拐点或化极垂向一阶导数零值线等圈定正变质岩地层的范围，以磁异常的走向作为变质岩地层的走向（如果存在明显走向特征的磁异常）。

兰坪-思茅双向弧后盆地区内西边是楚格扎-卓潘-无量山-景洪重力高异常带，以清晰、连续为显著特征，剩余重力异常亦为清晰、连续的正异常带显示；无量山及其以南地段与曲决-小火山上村-北斗乡-古里街-竹里乡串珠状磁异常带南段对应，北段该磁异常带则偏重力高异常带东侧分布；总体来看，重磁异常场源体应为同源，即是兰坪-思茅盆地西缘的边缘隆起以及发育的中、晚三叠世酸性-中基性火山岩所致，有的地段出露，有的地段隐伏。往东则是本区的主体部分，以中段狭窄、向南北变宽的鲁甸-点苍山-南涧重力低带和镇源-普洱-勐腊重力低带组成；与其对应的磁异常则具有南正、北负之不同背景磁场；北部负背景场磁异常较少，仅有维西（东）-剑川（西）异常带和其东侧平行分布的塔城-鲁甸磁异常带呈北北东向分布；南部则多达 4 个北西向展布的磁异常带；无论南、北磁异常带，都是区内分布或隐伏的基性火山岩和金沙江蛇绿混杂岩带和哀牢山蛇绿混杂岩带的反映。南北背景磁场的差异，经推断主要为兰坪、思茅盆地基底属性不同所致，即北部兰坪盆地为塑性基底，而南部思茅盆地则为刚性（具磁性）基底，经景东、镇源磁异常剖面磁性体模型计算，其正背景场磁性体（$Jr=952\times10^{-3}$ A/m，$Is=64.67°$），埋深 6~8.5km，厚 7km 以上，北端呈楔形，往南逐渐加厚，见图 4-9；据南部中南半岛地质资料，泥盆系之下的新元古界变质岩岩性可能具中等磁性及弱磁性，并缺失下古生界，故推测思茅盆地具有与中南半岛地块相似的古老变质磁性基底。

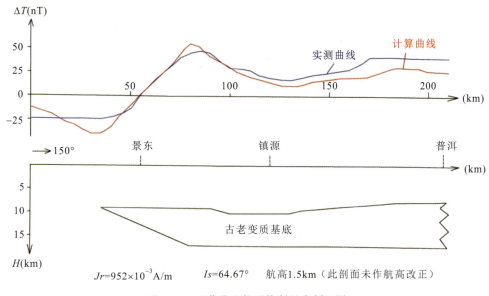

图 4-9 思茅盆地航磁推断基底剖面图

第三节 重磁推断盆地

一、盆地信息识别

在地质、地震勘探程度较高、浅部盖层得到控制的前提下,能够通过剥层处理消除浅层影响、利用重力资料研究盆地基底深度。也可以使用信号增强技术探测基底潜山起伏特征。中新生代盆地一般显示为明显的重力低,盆地部分变质基底表现高磁异常。综合应用重力、航磁和其他物探资料并结合钻探资料能够判别盆地的盖层性质,区分正常沉积盆地、火山沉积盆地、正常沉积与火山沉积复合盆地。

在基底信息和地震资料缺乏的盆地,通过定量的三维界面反演,可以大致确定基底深度和目的层深度及其起伏情况,还可以根据密度和周边地质认识,结合磁异常特征判定基底岩石性质。

二、盆地要素确定方法

1. **盆地边界与基底埋深**

描述根据地质或其他地球物理方法确定的沉积盆地边界。根据剖面数据 2.5D 正反演拟合计算结果,并结合垂向二阶导数零值线,确定未知地区的沉积盆地边界。

重力反演的基底深度面多指上覆盖层与下伏地质体之间有明显密度差异的主密度界面。多为古生界、元古宇或太古宇与上覆中新生界之间的密度界面。应用剖面数据 2.5D 正反演拟合、三维密度界面反演方法计算该面的埋深,单位为 km。

2. **沉积盆地面积**

计算由闭合多边形圈定的沉积地层的面积,单位为 km^2。

3. **重力推断沉积盆地基底性质**

在有地震、钻探等资料完全控制沉积盆地地层分布的前提下,可以使用重力剥层技术消除浅表沉积盆地的重力效应,达到研究沉积盆地基底性质的目的。应用三维视密度反演方法能够计算反映基底岩石密度性质的视密度图,为基础地质填图服务。

4. **沉积盆地基底构造**

根据重力、磁测资料界面反演方法、二维正反演拟合等技术手段研究盆地基底断裂,或者目的地层的埋深与起伏。重力异常的转换处理和异常信息提取及增强处理,可以定性勾画盆地内部断裂构造的格架。

5. 盆地与矿产之间的关系

重点研究沉积盆地的成煤、成油远景特征，明确二者之间的关系。

西南地区重磁推断盆地（图4-10），重点介绍羌塘、措勤、四川等盆地物探情况，单独做各区域的重磁图件。一般而言，沉积盆地均显示为明显的重力低、变质基底表现高磁异常；故利用重力、航磁资料和其他物探资料并结合地质资料可以判断盆地的盖层性质、基底形态等。下面介绍西南地区主要沉积盆地的重磁资料研究成果及地质认识。

三、羌塘盆地重磁异常特征及地质认识

羌塘盆地的地质调查工作始于20世纪初，在Douville（1915）、Dainelli（1913）、DeTerra（1927—1928）、Norin（1931—1935）等外国地质和地理探险家的调查报告中就有所涉及。羌塘盆地地学研究大致分为4个阶段：19世纪启蒙阶段，19世纪末期—20世纪中期奠基阶段，20世纪50—80年代大发展阶段，20世纪80年代末至今的深化阶段。启蒙阶段主要是地层研究、地质剖面和构造识别、大地测量等。奠基阶段研究包括在许多地区（如喜马拉雅、克什米尔、帕米尔等）厘定地层系统、奠定构造格局，开始深入到喀喇昆仑、藏东、腹地部分地区研究及中国地质学家对高原地质的调研。大发展阶段包括遍及整个高原的调研，如区调、矿产普查与科研，重点区调研与全区的路线调研，并已开始部分方法的地球物理调查。深化阶段研究包括以岩石圈结构构造及其动力学和高原隆升机制研究为主题，采用重点地区、重要科学问题的详细研究与整个高原的综合研究相结合，地物化相结合，定性与定量、半定量观测相结合，高层次、多学科的综合研究及多种形式的国际合作研究与交流。截至1998年底，先后在羌塘盆地完成了石油地质路线3210km，1∶10万石油地质填图58460km^2，1∶20万遥感地质36万km^2，1∶20万重力19.4万km^2，1∶20万航磁21万km^2，大地电磁测深4375km，二维地震2652.8km，化探路线2867km和1∶20万化探4700km^2，取得了近3万件分析数据和近150份生产及科研报告，并编制了1∶50万羌塘盆地石油地质图（付修根，2008；杨兴科，2003）。

2005年，国土资源部油气资源战略研究中心组织成都理工大学、成都地质矿产研究所开展了羌塘盆地常规油气资源评价，通过类比法和成因法对羌塘盆地油气远景资源量进行估算，获得了石油远景资源量84.73×10^{8}t，天然气远景资源量为12113.16×10^{8}m^{3}的认识，并认为羌塘盆地具有良好的油气资源勘探潜力，其特征可与特提斯油气构造域其他盆地相类比（付修根，2008）。

本次编制图件数据来自于全国矿产资源潜力评价项目组，为2000年以来西南地区实测的1∶20万和1∶100万（东经91°为界，以东为1∶20万，以西为1∶100万）高精度航磁资料与1∶100万重力资料（经过"五统一"改算，1∶20万重力资料未收集到），经过数据处理，编制了羌塘盆地布格重力异常图、剩余重力异常图、上延20km等值线图、航磁ΔT等值线图、航磁ΔT化极等值线图、航磁ΔT化极垂向一阶导数等值线图；根据各种图件，分析重力、磁场特征，并进行相关地质认识方面的讨论。

（一）羌塘盆地重力场特征

1. 羌塘盆地密度特征

南北羌塘盆地均存在2个密度界面（表4-2、表4-3），即：新生界与下伏白垩系、侏罗系间的密度界面，北羌塘密度相差0.17g/cm^3，南羌塘密度相差0.11g/cm^3。北羌塘存在二高密度、一低密度局部地质体：新近系石坪顶组玄武岩高密度体、三叠系肖茶卡玄武岩层高密度体、侏罗系那底岗日群和三叠系土门格拉组低密度体。南羌塘存在二高密度局部地质体：新近系石坪顶组玄武岩高密度体、二叠系鲁谷组高密度（方慧，2012）。

羌塘盆地东、西两区岩石物性标样测试发现（杨兴科，2003），东部区有2个密度差界面：新生界与下伏K—J$_2$s—J$_2$x砂岩段之间（−0.14g/cm^3），K—J$_2$s—J$_2$x砂岩段与下伏J—T—P之间（−0.1g/cm^3）。西部区有4个密度差界面：新生界与下伏地层间（−0.15g/cm^3），T$_2$、P$_2$与P$_1$间（−0.11g/cm^3），P$_1$与C—D间（−0.11g/cm^3），前泥盆系与上覆地层间（−0.11g/cm^3）。

第四章 西南地区重磁推断成果及地质认识

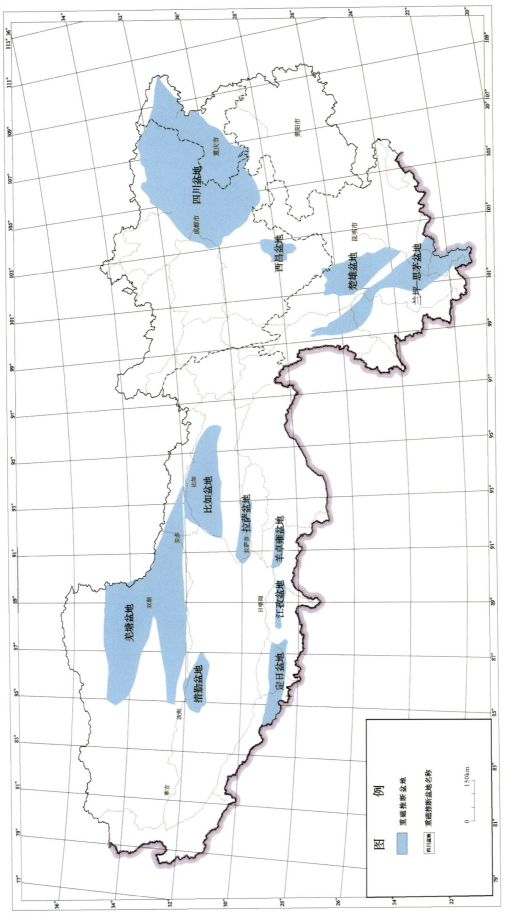

图4-10 西南地区重磁综合推断盆地图

表 4-2 南羌塘盆地地质-物性综合表（方慧，2012）

界	系	组	厚度(m)	岩矿石名称	密度($\times 10^3$ kg·m^{-3})	磁化率($\times 4\pi \times 10^{-6}$ SI)	电阻率(Ω·m)	剖面装置
新生界	古近系	唢呐湖组 E_3s	27	安山岩	2.565	1561	348	昂达尔错
中生界	侏罗系	索瓦组 J_3s	366	泥晶灰岩、生屑、砂屑、颗粒灰岩、砂岩、细砂岩	2.690	0.5	1101	昂达尔错、阿木查跃、毛毛山
		夏里组 J_2x	630	粉砂岩、中细砂岩、灰岩	2.651	13.0	140	昂达尔错
		布曲组 J_2b	853	泥晶灰岩、砂屑、生屑灰岩、石灰岩、白云岩、砂岩、凝灰岩	2.688	1.1	900	昂达尔错
		曲色组 J_1q	937	千枚岩、泥灰岩、细砂岩、粉砂岩、变砂岩	2.666	16.6		P3
	三叠系	日干配错组 T_3r	650	鲕粒灰岩、生屑灰岩、细砂岩、粉砂岩、火山岩	2.675	13.3	126	牛堡、瀑赛尔错
		土门格拉组 T_3t	550	砂岩	2.544	3.6	128	昂达尔错

表 4-3 北羌塘盆地地质-物性综合表（方慧，2012）

界	系	组	厚度(m)	岩矿石名称	密度($\times 10^3$ kg·m^{-3})	磁化率($\times 4\pi \times 10^{-6}$ SI)	电阻率(Ω·m)	剖面装置
中生界	侏罗系	雪山组 J_3x	532	粉砂岩、细砂岩	2.625	12.1	75	雪环湖、美日切错玛日
		索瓦组 J_3s	1228	石英砂岩、粉砂岩、泥晶灰岩、生屑灰岩	2.666	14.9	270	那底岗日、龙尾错、吐错、美日切错玛日
		夏里组 J_2x	600	石英砂岩、粉砂岩、岩屑砂岩、泥晶灰岩、球粒灰岩、生屑灰岩	2.669	9.6	871	雪环湖、美日切错玛日、P12
		布曲组 J_2b	976	泥晶灰岩、生屑、介屑灰岩、泥灰岩、安山岩	2.687	79	842	龙尾错、映天湖
	三叠系	若拉岗日群 T_3Rl	5000	变砂岩、石英砂岩、灰岩	2.636	2.9	950	诺拉岗日、映天湖

火成岩密度变化范围较大，常见在 2.55~2.91 g/cm³。橄榄岩密度大，均值为 2.87g/cm³，玄武岩次之为 2.81g/cm³，闪长岩、花岗岩较低为 2.62~2.64g/cm³，花岗斑岩最小为 2.55g/cm³。

2. 重力场的特征描述

本区布格重力异常的总体特征是南北边缘各有 1 条重力梯度带，均为近东西向展布，它们对应着盆地南北边界。中间地带上异常呈东低西高态势，其间分布着许多局部重力高和重力低，它们被一系列的北西向和北东向的条带状及串珠状异常所分割，形成南北分带、东西分块的格局；盆地中东部重力低值区地表多见中生界、新生界，酸性、中酸性岩浆岩，以及新生界火山岩分布，而盆地周边重力高值区地表多见古生界有部分中基性岩浆分布。盆地布格重力异常阴影图（图 4-11）显示盆地整体为重力负异常区，盆地最低值为 -585×10^{-5} m/s²，异常低值区主要位于双湖北—雪莲湖—雁石坪—唐古拉兵站一带；盆地最高值为 -485×10^{-5} m/s²，主要位于南羌塘多不杂地区，高值异常区主要分布于南羌塘与班公湖-怒江缝合带接触带上，中西部有零星异常。从剩余重力异常阴影图（图 4-12）上可以看出，南北边缘重力梯度带特征尤为明显，连续性很好的串珠状重力高异常。

昌果一带也有近东西向的剩余重力异常梯度带，也有局部近北东向、北西向的串珠状剩余重力异常。从布格重力异常上延 20km 阴影图（图 4-13）可以看出，巴青北-琵琶湖的低重力异常带特征非

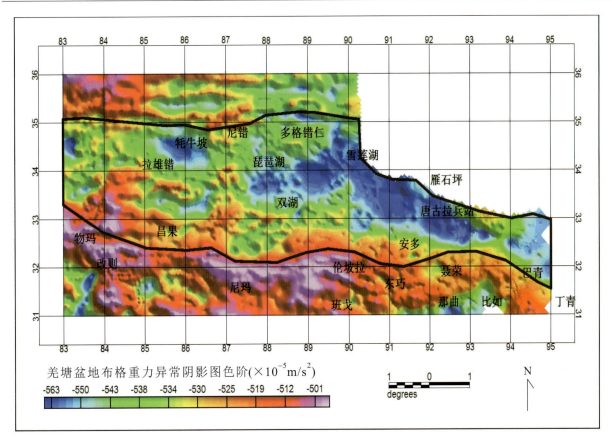

图 4-11 羌塘盆地布格重力异常阴影图（1∶800万）

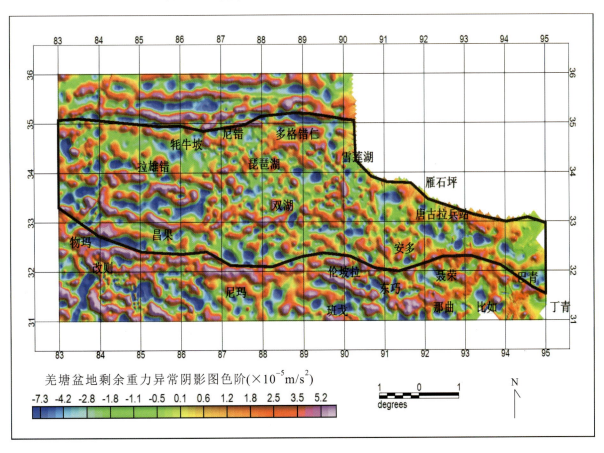

图 4-12 羌塘盆地剩余重力异常阴影图（1∶800万）

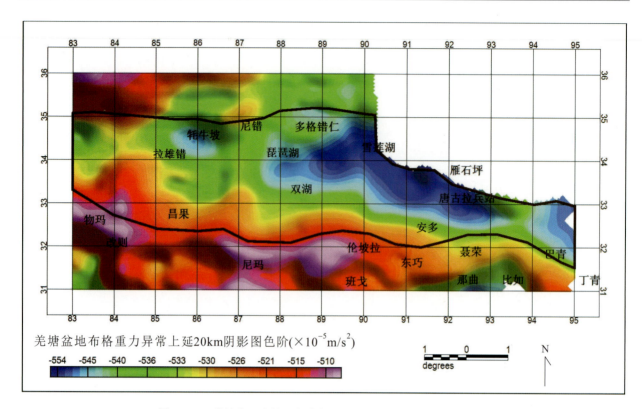

图 4-13 羌塘盆地布格重力异常上延 20km 阴影图（1∶800 万）

常明显，主要是由盆地内厚度大的侏罗系、三叠系引起的；双湖以西表现为局部重力高，主要是由盆地石炭系—二叠系（密度相对高）引起；南边的班公湖-怒江缝合带与南羌塘分界线的重力梯度带特征仍然非常明显，说明该界线具有深源特征；北边的分界线重力梯度带特征较南边次之，仅西段表现较为明显，说明该断裂深部有向北偏移的特征。

（二）羌塘盆地磁场特征

1. 羌塘盆地磁性、电性特征

羌塘盆地大多数沉积岩（主要为灰岩、砂岩及泥岩）磁化率都很低，一般在 $(n \sim n \times 10^2) \times 10^{-5}$ SI 的范围内变化（表 4-2、表 4-3）。而区内的火成岩则表现出较强的磁性，且从酸性到基性、超基性磁性逐渐增强。由于该区构造活动具多期性，岩浆活动也具有多期次的特点，某些时期的沉积地层由于含有中基性火山岩和火山碎屑岩，在空间上表现出明显的磁异常，羌塘盆地中央隆起区的下二叠统鲁谷组中的玄武岩层和羌塘盆地南部三叠系肖茶卡组底部的玄武岩层即是其中的代表，当这些玄武岩层埋藏较浅或出露于地表时，则会引起明显的磁异常。另外，新生界新近系康托组，虽然分布局限，但因含有玄武岩成分，当具有一定规模时，也能产生磁异常。在羌塘盆地测到的黑云母花岗岩和黑色橄榄辉长岩磁性较强，磁化率均值分别为 597×10^{-5} SI 和 1660×10^{-5} SI，当这类岩体有一定规模时，可产生航磁异常。而双湖西部东西向展布的高磁异常带与二叠纪玄武岩对应很好，说明这个高磁异常带是二叠纪玄武岩的反映，也进一步证明在盆地内发育的升高磁异常可能主要由二叠纪玄武岩引起，有的与中酸性侵入岩有关。

盆地古生代、中生代碳酸盐岩地层总体呈高阻，碎屑岩总体呈低阻，喷出岩和侵入岩多呈高阻。地表湖泊、河流区 MT 测点平均电阻率一般在 $1 \sim 100 \Omega \cdot m$ 间。第三系、第四系表层电阻率与测点附近地下水矿化度和含水饱和度相关，差异大（$10 \sim 100 \Omega \cdot m$），表层有喷发岩区达 $100 \sim 1000 \Omega \cdot m$。此外，新生界夹有喷出岩可使表层电阻率升高。侏罗系各类灰岩电阻率较高（表层 $100 \sim 25\,000 \Omega \cdot m$）。碎屑岩中表层电阻率多在 $20 \sim 600 \Omega \cdot m$。上三叠统肖茶卡组砂泥岩夹灰岩多在 $100 \sim 200 \Omega \cdot m$，二叠系鲁谷组灰岩、砂砾岩、硅质岩、枕状玄武岩等表层电阻率<100Ω·m，前二叠系变质岩多在100～1000Ω·m。南北羌塘分别存在8个、10个电性分层，均存在两个明显的低阻电性标志层：上三叠统和奥陶系—志留系。本区的火成岩均表现为高阻，变质基底为高阻（方慧，2012）。

2. 羌塘盆地磁场的特征描述

羌塘盆地总的磁场特征：在宽缓、幅度不大的负磁异常背景上叠加有规模差异较大的正磁异常区带，其中正磁异常以北西西向和近东西向为主；北西西向以拉雄错—双湖—安多—巴青和尼错—琵琶湖—唐古拉兵站为主，东西向以昌果—双湖为主。在航磁ΔT阴影图上（图4-14），磁场强度为-10～

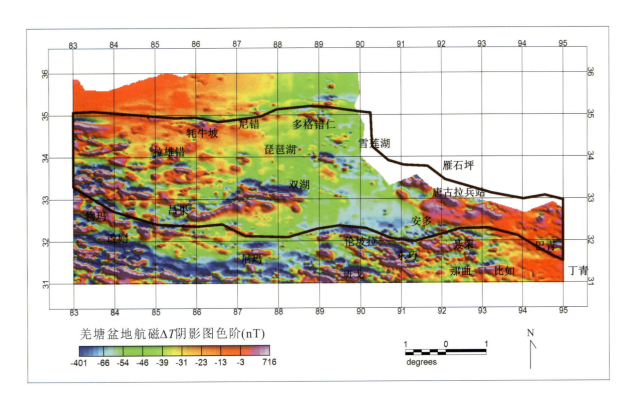

图4-14 羌塘盆地航磁ΔT阴影图（1∶800万）

-50nT，在局部地段背景场上叠加有磁异常，强度一般约为20nT，个别可达30～40nT。尤其在双湖以西明显地存在一条东西走向的升高磁异常带，磁异常强度为50～250nT。当磁场向上延拓10km后，背景场仍显示出平静的磁场面貌，双湖西侧这条升高磁异常带也有反映，但其他局部升高磁异常大都消失，说明引起升高磁异常的磁性体规模小（图4-15、图4-16），羌塘盆地的基底由前震旦纪变质岩系构成。盆地西侧的布尔嘎达拉、丁沟地区大面积出露这套变质岩系，其与平静磁场对应较好。而这套变质岩系与分布在林芝和墨竹工卡地区的前震旦纪变质岩系可以对比。林芝、墨竹工卡地区实测的变质岩（硅质岩、石英岩、大理岩、板岩、石英片岩、石英云母片岩、绿泥片岩、石英砂岩）磁化率值为0～270×10^{-5}SI，平均值为30×10^{-5}SI，属弱磁性，在磁场上引起降低的磁场面貌。由此可知，羌塘盆地内平静、低缓的磁场应由磁性弱、埋深大的前震旦纪变质岩系引起，而且盆地内缺乏大规模的岩浆活动。另外，羌塘盆地内被中生代和古生代地层充填，从邻区（改则、措勤、羊八井、曲水、日喀则等地）实测物性资料得知，中生代、古生代碳酸盐岩和碎屑岩的磁化率值均小于30×10^{-5}SI，基本上无磁性。可见，发育在羌塘盆地的中生代和古生代地层的磁性较弱，由其引起的磁异常非常平缓。

（三）羌塘重磁资料地质认识

1. 羌塘边界

本书编图盆地范围主要依据地质资料，东经83°～95°，北纬31°～36°，比实际的盆地范围略大，东

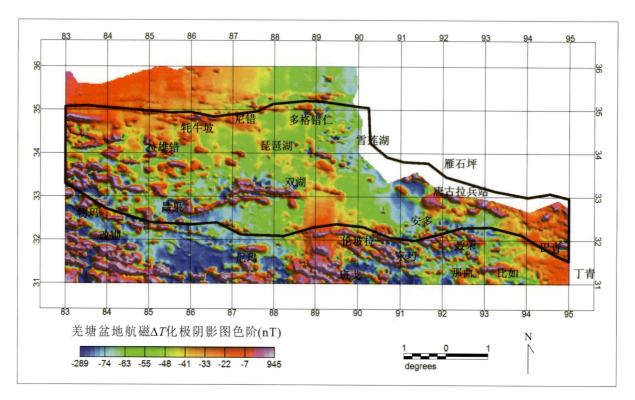

图 4-15　羌塘盆地航磁 ΔT 化极阴影图（1∶800 万）

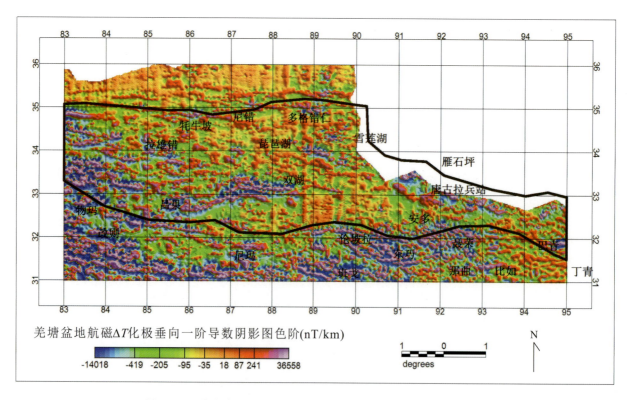

图 4-16　羌塘盆地航磁 ΔT 化极垂向一阶导数阴影图（1∶800 万）

部局部由于没有数据，占未成图显示。羌塘盆地的南北边界范围认识基本一致，盆地的东西界线认识差异较大。

熊盛青等（2013）认为羌塘盆地北以拉竹龙-金沙江断裂西段为界，西以拉雄错—蜥蜴山—玛依岗日—知塞—丁沟—改则东一线为界，南以班公湖-怒江断裂西段为界，东以雪莲湖—各拉丹东一线（亦即雪莲湖断裂）为界，整体呈向西张开的钳形。因东界与前人划分位置范围有所缩小，羌塘盆地面积约为 $1.67\times10^5 \text{km}^2$。

关于盆地的东界，目前诸多文献没有明确的划法，熊盛青等（2013）依据重磁场特征及盖层厚度差别加以划分。首先，重磁场清晰地反映出了羌塘盆地的东界在雪莲湖及各拉丹东沿线。该界线西南侧的羌塘盆地在磁场上反映为北西向和东西向展布的平静变化磁场面貌，局部磁异常不发育。其次，在东界两侧的盖层厚度也有较大差别。利用重力资料进行反演计算，得到羌塘盆地及周缘中生界厚度图。根据岩石密度资料可知，中生代沉积层的平均密度为 2.6g/cm^3，古生代沉积层的平均密度为 2.7g/cm^3，它们之间的密度差为 0.1g/cm^3，根据这两套地层之间的密度差以及《西藏自治区区域地质志》和地震资料确定的羌塘盆地中生界深度值，使用空间域线性迭代法进行反演计算，得到羌塘盆地中生界厚度达 $4\sim8\text{km}$，而雁石坪-杂多-昌都中生界厚度为 $0.5\sim2\text{km}$。可见羌塘盆地构造稳定，岩浆活动弱，凹陷开阔，构造走向为东西向和北西向，盖层沉积厚度大，中生界十分发育。这些明显的特征差异也说明在雪莲湖—各拉丹东一线存在着一条断裂，即雪莲湖断裂，这条断裂不但控制了该区地质构造的发展，而且也构成了羌塘盆地的东界（熊盛青，2013）。综合地质、物探方面的资料表明，北羌塘盆地西界以东经 $85°$为界，南羌塘盆地西界以东经 $83.5°$为界；盆地东界以东经 $94°$为界。

2. 羌塘构造

前人已提出了5种主要划分方案，第一种是以赵政璋（2001）、王剑（2004）、吴珍汉（2014）等为代表的将盆地划分为3个部分，即"两凹一隆"，强调在盆地中间有羌中隆起呈东西向穿过盆地，南边为南羌塘凹陷，北边为北羌塘凹陷。第二种划分是蒋忠惕（1996）等提出的"三凹两隆"方案，他们认为存在有两个隆起带（南部的未穿过盆地），呈近东西向延伸，并将盆地划分为3个凹陷，即北部凹陷、中部凹陷和南部凹陷，均为近东西走向。但是，认为羌中隆起在双湖以东延伸有限，从而否定了赵政璋（2001）提出的东西向羌中隆起。第三种划分是易积正（1996）等提出方案，认为羌中隆起仅伸展到双湖，其北为中央凹陷，盆地的东北角为北部冲断带，中央凹陷的南部为羌南凹陷，三者都呈北西-南东走向，但未说明其划分的依据。第四种是杨辉（2002）等认为羌塘盆地分为4个一级构造单元，由北往南分别为：北羌塘凹陷、中央隆起、南羌坳凹陷以及东部的沱沱河隆起。各种观点均认可构造面貌总体为南北凹凸相间、东西分块的特点。第五种是由赵文津（2006）等认为盆地内二级构造划分"三凹三隆"，分3个北西-南东走向沉积带，3个北西-南东走向火山岩岩浆岩带。从5种划分方案可以看出，羌塘盆地均以"凹、隆"为主，区别是划分的方向及数量多少，近几年的地质资料显示，羌塘盆地的北西-南东走向的断裂并不存在，所以暂不支持第五种划分方案，第四与第一种方案基本相同，本书认同"两凹一隆"的划分方案。

东北部凹陷位于盆地东北部的布诺错、龙尾错、多格错仁、才钦玛地区，总体走向为北西向。这与羌塘地区大地电磁剖面反映出的凹隆相间、东西分块的构造格局可以对比。该凹陷在航磁图上反映为平静降低的磁场区，说明基底埋藏深，盖层沉积厚度大，缺乏强烈的岩浆活动。经对磁性体深度计算，基底埋深大多在 $7\sim13\text{km}$，最深可达 15km。在布格重力图上反映为重力低，说明凹陷内中生界发育，厚度大；经对重力场反演计算，凹陷内中生界厚度多为 7km，向北向南，其厚度逐渐减薄至 2km 左右。古生界沉积厚度则正好相反。

双湖隆起位于双湖以西地区，走向东西向。航磁反映为升高磁异常带，当磁场上延至 10km 和 20km 时仍有显示，说明该异常带是由以二叠纪基性火山岩为主的强磁性中基性岩浆岩杂岩引起，而不是由埋深浅具中等磁性的前震旦纪变质基底引起。重力场反映为重力高异常，说明引起该磁异常带的地质体密度较大。在该高磁异常带北侧见有白垩纪花岗岩出露，与之对应为降低的磁异常和重力低异常。根据重磁场特征和与地质图对比分析认为，这个高磁异常带反映的是中基性岩浆岩杂岩隆起，而不是基底隆起。该杂岩体埋深很浅，向东延伸止于双湖一带。

南部凹陷位于盆地西南部的果根错、诺尔玛错及加青错地区，走向东西向。磁场以平静降低面貌为特征，局部叠加有升高磁异常，重力场反映为重力低异常。盖层沉积厚度大，为 $5\sim11\text{km}$，最厚达

13km。凹陷内主要被侏罗系和三叠系覆盖，经重力反演计算，中生界厚度为4~5km，局部为2~3km。可以看出该凹陷中生界厚度薄，古生界沉积厚度大。

熊盛青等（2014）对盆地进行了构造区划，并将羌塘盆地构造划分为3个二级构造单元（东北部凹陷、双湖隆起和南部凹陷）及17个三级构造单元。在重磁场上看到，盆地东北部的异常走向为北西向，西南部的异常走向为东西向，表明盆地东北部构造走向为北西向，盆地西南部构造走向为东西向，这种构造格局与大地电磁测深资料反映的构造面貌可以对比。值得指出的是，双湖东部构造走向呈北西向，重磁场反映为基底凹陷，基底埋深可达13~15km。航磁异常图反映羌塘盆地是在前震旦纪变质基底之上发育起来的盆地，盖层由两套构造层组成，一套是古生界构造层，另一套为中生界构造层。盆地在构造上比较稳定，结晶基底埋深可达5~15km。这个深度与大地电磁测深结果比较接近，如在双湖及东南地区，大地电磁测深反映的沉积岩厚度在7~15km，最厚可达14km。而反射地震资料证实，在双湖西缘的隆起带北侧发育一个规模较大的深凹陷，深度达10km。综合地球物理解释认为，在双湖北缘凹陷最深达14km，而航磁反映的深度为5~15km，可见两者的深度可以对比（熊盛青，2013）。

3. 羌塘基底

含油气盆地基底结构影响着盆地的构造格局，制约着含油气建造的展布规律、厚度变化以及宏观控油构造。由于羌塘盆地经受了青藏高原隆升等强烈的后期改造作用，盆地是否具有刚性基底，对于评价油气的保存条件至关重要。羌塘盆地是否具有前寒武纪基底，是一个长期争论的问题。王成善等（2001）和黄继钧等（2001）认为羌塘盆地具有双重基底，基底由元古宙变质岩系组成，具明显的双层结构，其下为结晶"硬基底"；由戈木日组和下部阿木岗组构成，主要由石英片岩、斜长角闪片岩、蓝片岩、变质砂岩、千枚岩组成，为古元古代产物，经历了绿片岩相—角闪岩相区域动热变质作用、绿片岩相动力变质作用、绿片岩相变质作用，并经历了多期变形改造和叠加。其上为变质"软基底"，由玛依岗日组组成，主要为钠长阳起片岩、绿泥片岩、绿泥绢云石英片岩；经历一次绿片岩相变质作用和两幕变形改造。据最新重力和航磁资料，盆地内部为"两凹夹一隆"，即南羌塘凹陷、中央隆起和北羌塘凹陷。隆起和凹陷内部又被次一级凸起和凹陷复杂化，具断凸断凹特征。鲁兵等（2001）认为羌塘盆地只有结晶基底，由古中元古代的戈木日组与阿木岗组组成，所谓的褶皱基底可能仅是结晶基底后期隆升的产物，只发育在双湖—鲁谷一带。谭富文等（2009）通过锆石SHRIMP U-Pb年龄研究认为羌塘盆地具有前寒武纪结晶基底，形成时期大致为1780~1666Ma。李才（2003）则认为羌塘地区尚无可靠的结晶基底或古老基底存在的同位素年代学证据。卢占武等（2011）通过对QTNS长剖面的研究发现，羌塘盆地具有"前中生代基底"和元古宙的基底。前中生代基底埋深在3km左右，南、北羌塘埋深变化不大。元古宙基底断续出现，在南羌塘盆地较深，出现在5.5km，中央隆起下方元古宙基底也表现为隆起形态，顶部抬升到3.5km，北羌塘盆地内元古宙基底出现在4.5km左右。羌塘盆地古生代基底岩石地层的地震反射连续性较差，但逆冲推覆构造通常具有明显的地震反射界面，断层上盘和下盘分别发育伴生褶皱变形，如羌中隆起深度11~14km的变质基底缓倾斜逆冲断层。

熊盛青等（2013）通过计算磁性体埋藏深度和编制变质基底深度图，可以了解羌塘盆地变质基底起伏变化特征，经计算，得到大约350个反映基底埋深的深度点，盆地的基底埋深起伏不大，基底凹陷占主导地位，基底埋深大都在7~15km，只在各拉丹东和双湖西部地区基底埋深为0.5~1.0km。航磁资料还清楚地反映出羌塘盆地的基底结构及其性质。盆地的基底结构为轮廓分明但走向不同的块体镶嵌区，在航磁ΔT化极等值线图和上延磁场图上反映出西西南部为东西向、东北部为北西向条带状或条块状磁场区，这种磁场面貌表明羌塘盆地基底在西南部为东西向条带或条块状，而东北部为北西向条带或条块状，这两种走向不同的基底镶嵌在一起，形成羌塘盆地的基底结构。基底的这种结构特征也同样被重力场反映出来。由前震旦纪变质岩系和强磁性岩浆岩杂岩体共同构成的羌塘盆地基底，其结晶程度较高，稳定性比较好，对油气保存十分有利。

从重磁场特征还可以看出，沿雪莲湖—各拉丹东一线，将藏北分为羌塘地区和雁石坪-杂多-昌都地区，其分属前震旦纪基底结构和性质各异的基底岩相区。而羌塘地块是一个统一的地块，沿龙木错—泉湖山—双湖一线并未发现基底被分割的现象。羌塘地块的基底呈东西向条块结构，基底由前震旦纪变质岩系构成；雁石坪-杂多-昌都地区基底呈北西向条带状结构，基底主要由中新元古界宁多群变质岩系构成。

4. 关于"中央隆起带"

羌塘盆地中部存在一条近东西向分布的隆起带，称之为"中央隆起带"或"双湖缝合带"，认为它西起戈木日，向东经双湖达各拉丹东，隆起带上发育的蓝片岩、蛇绿岩及各种岩性的混杂堆积等表明羌塘中央隆起带是一个长期发育的构造带。对羌塘地区的"中央隆起"的成因有不同的看法，刘增乾（1983）等认为是澜沧江缝合带的西延部分，是典型的混杂岩带。李才（2003）认为是古特提斯洋在晚二叠世关闭时的混杂岩带，Sengor（2003）认为是金沙江洋关闭时所形成的增生楔。潘桂棠等（2004）认为是岛弧带。此中央隆起带的提出，主要是依据双湖以西的戈木日地区已见变质岩系出露，双湖以东存在一系列磁性体高点，并认为这些磁性体高点是基底隆起的反映。吴功建等（1996）在龙木错附近确定了莫霍面存在断开；张胜业等（1996）认为南羌塘存在两个壳内高导层，北羌塘一般只有一个壳内高导层。和钟铧等（2000）认为中央隆起带并不是加里东期的古隆起，而是一个复杂的褶皱带，经历了晚石炭世—早二叠世的裂谷大洋化阶段及晚二叠世—中三叠世的俯冲闭合阶段，晚三叠世再次出现裂解，于早侏罗世开始消减闭合，并沿北侧形成陆缘岛弧。尹福光等（2004）认为中央隆起的变质核杂岩体为片麻岩，上覆层为以断层分割的未变质、弱变质的盖层岩石。刘国成等（2014）利用宽频带地震资料认为双湖缝合带下存在一个3km的莫霍台阶，北羌塘地体下的莫霍面平均深度约为60km，而南羌塘地体下约为63km。整体上，盆地下的莫霍面呈近水平。宏观上来看，藏东以及滇西也分布着一系列的印支期变质杂岩，例如研究区东部的聂荣、吉塘、嘉玉桥变质杂岩，以及滇川西部的云岭变质杂岩、澜沧变质杂岩。梁晓等（2013）认为羌塘盆地中央玛依岗日—角木日一带（中央隆起）近东西向展布的变质杂岩为三叠纪古特提斯洋向北西单向俯冲形成的增生杂岩，其呈带状分布于龙木错-双湖缝合带以南，南北向宽度大于70km，向东经过双湖，与藏东的聂荣、吉塘、嘉玉桥相连，并向东南延伸对接滇川西部的云岭、昌宁-孟连变质杂岩，构成了青藏高原印支期的巨型增生造山带。

熊盛青等（2013）通过研究认为此"中央隆起带"不存在，此结论与赵文津（2006）等人的观点相同。此次通过对航磁异常图研究发现，在双湖以东并未出现一系列航磁异常，仅在双湖偏东处有一个走向北西向的磁异常，异常强度为8~28nT，而且范围比较小，这个磁异常是由中酸性岩体引起，再向东也未发现规模更大的东西向展布的磁异常，前人认为存在"中央隆起带"的地区，磁场以平静变化为特征，虽然偶见磁异常，但幅度非常小，表明是由浅层磁性体引起。双湖以东这种平静的磁场面貌，总体呈北西向展布，连续性好，并没有发现被东西向分布的磁异常带分割的迹象。实质上这一区域属于羌塘盆地东北部凹陷，而且双湖东侧结晶基底埋深可达13~15km，是盆地内基底埋深最大的地区之一。该区域也是被前人认为"中央隆起带"穿过的地区，双湖以西确实存在一个东西向升高的磁异常带，但它不是由结晶基底引起的，而是埋深很浅的岩浆岩杂岩引起，范围较小，仅局限在双湖以西地区。在重力场上，双湖以东反映为北西向的重力低，未发现东西向的重力异常带，而双湖以西反映为东西向重力高，当重磁场上延10km时，这种构造特征反映得更加清楚。因此，从重磁资料分析，"中央隆起带"是不存在的，仅在双湖以西存在一个岩浆岩杂岩隆起，即双湖隆起，与中央隆起有所区别。

通过以上资料对比分析研究，"中央隆起带"在双湖以西基本不存在争议，认为西部隆起确实存在。对双湖以东的中央潜伏带有较大的争议，熊盛青等（2013）从重磁资料认为隆起不存在，主要是由于双湖以东缺少变质杂岩，到聂荣、吉塘、嘉玉桥一带才有出露，所以航磁异常没有反映，但从羌塘盆地化极等值线图上可以看出，双湖以东仍有一条带状强磁异常，但异常宽度确实比西部窄，与地质推断的中央潜伏带基本吻合；从航磁化极垂向一阶导数也显示双湖—安多一带也存在航磁异常，从剩余重力异常图也可以看出，双湖以东的隆起带仍有反映。本书认为"中央隆起带"仍然存在，仅东部比西部重磁异常要弱，异常范围要窄。

四、措勤盆地重磁异常特征及地质认识

措勤盆地位于青藏高原中西部，北纬30°—33°之间，东经89°以西至国境的大部分地区，构造位置

位于班公湖-怒江缝合带和雅鲁藏布江缝合带所夹持的冈底斯-念青唐古拉地块的中部西段。盆地北以日土-改则-尼玛-崩错断裂与北侧的班公湖-怒江构造带为界；南以江让-尼雄-措麦断裂为界；东至尼玛、申扎一带，以申扎断裂为界与比如盆地相邻，总体呈东西—北西向展布的中新生代盆地，盆地南北宽约为130km，东西长约800km的，总面积103 786km²，是青藏高原仅次于羌塘盆地的第二大盆地（图4-17）。盆地在晚古生代形成基底，经中－新生代演化至今，其间受海西运动、印支运动、燕山运动、喜马拉雅运动影响，构造变形强烈，因此措勤盆地的形成与演化过程非常复杂（汤子余，2010）。盆地地表一般海拔4600～5200m，最高可达6882m，措勤地区经济十分贫困，人烟稀少，交通极为不便。

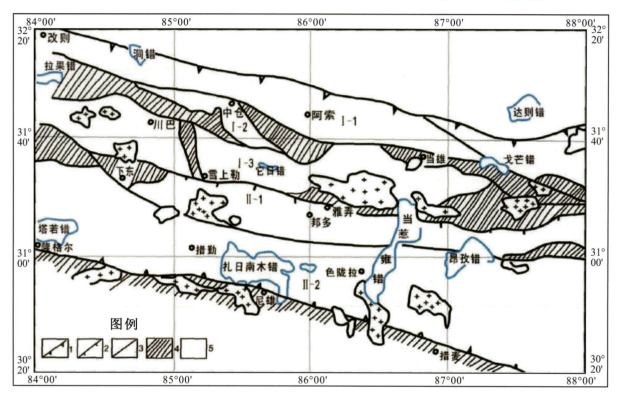

图4-17 措勤盆地构造单元划分略图（1:800万）（据王剑，2004）
1.盆地边界；2.二级构造单元边界；3.三级构造单位边界；4.古生界基底；5.中新生界盖层

本区的工作程度相对较低，开展了1:25万区域地质调查，中国石油天然气集团公司（1993）在措勤盆地北部地区开展了1:50万重力和1:20万航磁调查（资料未收集到），中国科学院地球物理研究所和中国地质大学（北京）（1991）等单位完成地球物理综合剖面研究，中国石油天然气集团公司（1993）完成了措勤西E300线大地电磁测深剖面调查，中国地质调查局航空物探遥感中心（2000）完成了1:20万青藏高原中西部航磁调查。

本次编制图件数据来自于全国矿产资源潜力评价项目组，数据为1:100万高精度航磁资料与1:100万重力资料（经过"五统一"改算），经过数据处理，编图范围北纬30°—33°之间，东经83°—89°；编制措勤盆地布格重力异常图、剩余重力异常图、上延20km等值线图、航磁ΔT等值线图、航磁ΔT化极等值线图、航磁ΔT化极垂向一阶导数等值线图；根据各种图件，分析重力、磁场特征，并进行相关地质认识方面的讨论。

（一）措勤盆地重力场特征

1. 措勤盆地密度特征

根据野外采集标本所测定的密度，结合前人的资料，经统计分析后得出：措勤盆地新生界和白垩系竟柱山组平均密度为$2.59\times10^3 kg/m^3$，中生界平均密度为$2.66\times10^3 kg/m^3$，上古生界平均密度为2.67

×10³kg/m³，下古生界平均密度为 2.75×10³kg/m³（钟清，2010）。由此可见中生界与上古生界之间没有密度界面。明显的密度界面存在于中生界与新生界地层之间，基底与上覆地层之间；中生界与上古生界之间的密度差异并不明显。

2. 重力场的特征描述

措勤盆地区域重力场南北分带，东西分块（图 4-18）。中部北西西向重力高弧形带将重力异常一分为二，北部为相对平缓的重力低异常带，南部为复杂异常带，北西西向重力高异常被 3 个北北东或近南北向的重力低异常分解。

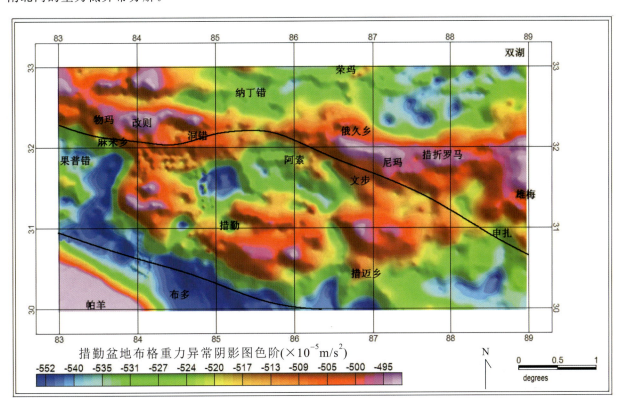

图 4-18 措勤盆地布格重力异常阴影图（1:800 万）

盆地布格重力最低值为 -570×10^{-5}m/s²，异常低值区主要位于改则南、盆地南边界、措勤北和申扎南部；盆地最高值为 -495×10^{-5}m/s²，主要位于南羌塘多不杂地区，高值异常区主要分布于南羌塘与班公湖-怒江缝合带接触带上，中西部有零星异常。从剩余重力异常阴影图（图 4-19）上可以看出，南北边缘重力梯度带特征尤为明显，连续性很好的串珠状重力高异常；昌果一带也有近东西向的剩余重力异常梯度带，也有局部近北东向、北西向的串珠状剩余重力异常。

从布格重力异常上延 20km 阴影图（图 4-20）可以看出，巴青北-琵琶湖的低重力异常带特征非常明显，主要是由盆地内厚度大的侏罗系、三叠系引起；双湖以西表现为局部重力高，主要是由盆地石炭系—二叠系（密度相对高）引起；南边的班公湖-怒江缝合带与南羌塘分界线的重力梯度带特征仍然非常明显，说明该界线具有深源特征；北边的分界线重力梯度带特征较南边次之，仅西段表现较为明显，说明该断裂深部有向北偏移的特征。

中部位于略向南凸出的北西西向重力低弧形带中的北东向场值大、梯度陡的重力低异常带，可能为措勤研究区沉积地层最厚的区段之一，为古生界基底的断裂凹陷地带；南部的局部平缓重力异常位于复杂重力高异常带中，反映出该研究区具有局部的地质时代更新的松散碎屑沉积带或者中酸性侵入岩体。措勤盆地"两隆一凹"的构造格局，伴随有较多的构造断裂活动和中酸性、基性、超基性岩浆侵入喷溢活动。

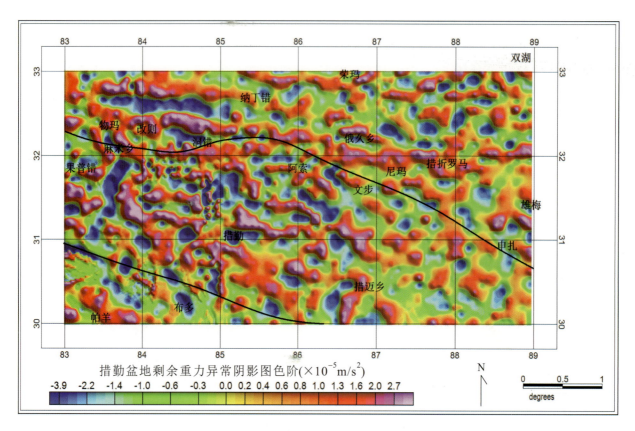

图 4-19 措勤盆地剩余重力异常阴影图（1∶800 万）

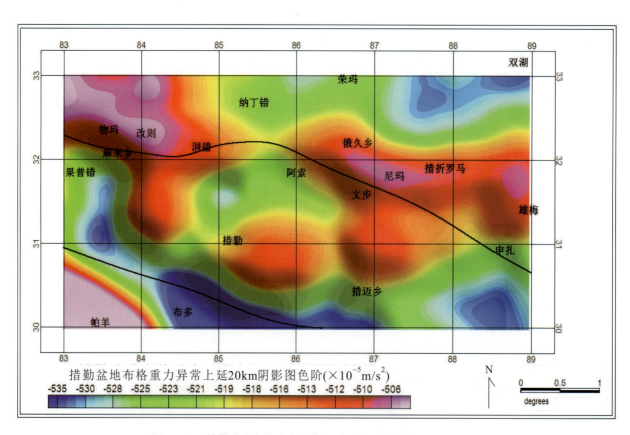

图 4-20 措勤盆地布格重力异常上延 20km 阴影图（1∶800 万）

(二) 措勤盆地磁场特征

1. 措勤盆地磁性、电性特征

本区沉积地层除个别夹火山岩沉积具中等磁性外，其他均为无磁性或弱磁性。岩石物性标本的测试结果显示：中生界整体电阻率较低；上古生界电阻率较高；下古生界碎屑岩基底电阻率较低，碳酸盐岩基底电阻率较高；古老的结晶基底电阻率最高。沉积地层的磁性整体表现为非常弱；岩浆岩表现出明显磁性，且由酸性到基性逐渐增强。从表 4-4 可以看出，侵入岩的密度从酸性至基性逐渐增大，均呈中等磁性，中性与基性岩体的剩磁强度较大。

表 4-4 措勤盆地侵入岩标本的密度、磁性统计结果

岩性	块数	密度（$\times 10^3$ kg/m^3）	块数	磁化率（$\times 4\pi \times 10^{-6}$ SI）	块数	剩磁强度（$\times 10^{-3}$ A/m）
中酸性岩类	233	2.63	295	314	230	108
中性岩类	142	2.68	113	257	52	2608
基性岩类	24	2.74	55	593	18	3949

根据对岩石标本、地层露头和大地电磁测深结果的统计，措勤盆地可大致分出 5 个电性层，其中电性标志层有 3 个。第一电性层：由新近纪地层组成，电阻率变化范围为 130~800Ω·m，为中低阻地层。第二电性层：由中生代地层组成，电阻率变化范围为 40~1000Ω·m，为中低阻地层，其中白垩系多尼组和侏罗系接奴群为明显的相对低阻层，电阻率均小于 100Ω·m。将白垩系多尼组定为标志层。第三电性层：由二叠系组成，电阻率变化范围为 20~2000Ω·m，表现为明显的"两低夹一高"的特征，其中坚扎弄组和昂杰组表现出显著的低阻特征，电阻率小于 60Ω·m；下拉阻表现出显著的高阻特征，电阻率最大超过 2000Ω·m。将坚扎弄组与昂杰组定为标志层。第四电性层：包括石炭纪和更老的未变质地层，电阻率变化范围为 250~2000Ω·m，表现为中高阻的特征。第五电性层：为变质结晶基底，电阻率表现出两类特征，一类基底表现为相对高阻的特征，电阻率变化范围为 1000~3000Ω·m；一类基底表现为相对低阻的特征，电阻率变化范围为 80~250Ω·m。措勤盆地的火成岩无论是喷发岩还是侵入岩，一般电阻率均呈高阻的特征（钟清，2010）。

2. 措勤盆地磁场的特征描述

措勤盆地磁异常变化剧烈和形态复杂反映出本区的岩浆活动十分强烈。措勤盆地磁异常正负伴生、变化强烈、形态复杂，主要展布方向为北西西向，其次为东西向、北西向，极个别为南北向，负值异常多出现于正值异常的北侧。从措勤盆地航磁 ΔT 阴影图可以看出（图 4-21），盆地北部存在北北西向的负磁异常，异常面积较大；盆地南部也存在较小的负磁异常，异常面积略小；盆地中部以条带状正磁异常为主，磁性较为连续。措勤盆地航磁 ΔT 化极等值线图看出盆地北部负磁异常，中部高磁异常和南部负磁异常特征更为明显，南部负磁异常的面积略有扩大（措勤—措迈乡以南），正磁异常的极大值为 160nT，负磁异常的极小值为 -140nT，磁异常值均不太大（图 4-22）。措勤盆地航磁 ΔT 化极垂向一阶导数阴影图（图 4-23）更准确圈定措勤盆地的范围，北部以较缓的正磁异常为主，周边为串珠状的正磁异常，在措勤—洞错—阿索—文步等形成"环状"异常；南部也以较缓的正磁异常为主，周边为串珠状的强磁异常，在措勤南—布多北—措麦乡等形成"环状"异常；其余地方以串珠状强磁异常为主。

(三) 措勤盆地重磁资料地质认识

1. 措勤盆地边界

本书编图盆地范围主要依据地质资料，东经 83°—95°，北纬 31°—36°，比实际的盆地范围略大，东部局部由于没有数据，暂未成图显示。中晚侏罗世的措勤盆地主要受班公湖-怒江缝合带演化控制，早白垩世的盆地受班公湖-怒江和雅鲁藏布江两缝合带共同控制，晚白垩世到新生代则主要受雅鲁藏布江

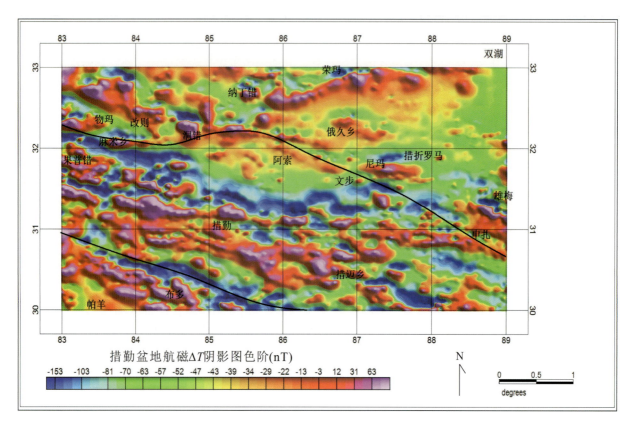

图 4-21　措勤盆地航磁 ΔT 阴影图（1∶800 万）

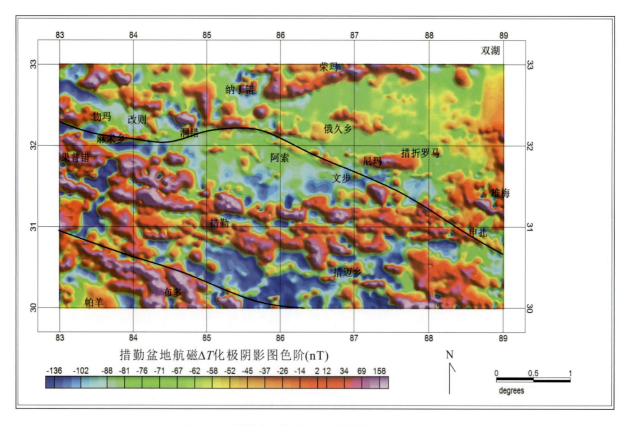

图 4-22　措勤盆地航磁 ΔT 化极阴影图（1∶800 万）

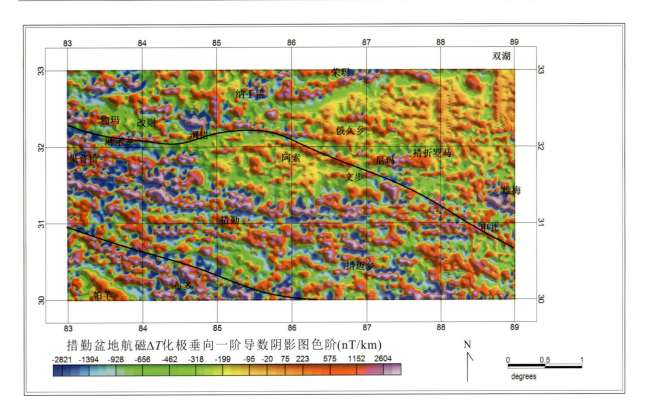

图 4-23　措勤盆地航磁 ΔT 化极垂向一阶导数阴影图（1∶800 万）

缝合带演化控制（陈明，2004）。

措勤盆地的北边界范围认识基本一致，北部边界断裂（盐湖—俄雄—改则—康如瑞罗）为班公湖-怒江缝合带之南缘边界断裂带（汤子余，2010）。南部边界断裂作为措勤盆地中—新生代盆地，该断裂由西向东经隆格尔—江让—尼雄—措麦一线呈北西西向延伸，个别地段被第四系所掩盖，盆地内长度大于 550km；从重磁场特征综合分析，南部边界断裂应向西南方向偏移约 50km，有可能是由于地球物理场反映的是构造深部延伸情况。

盆地的东西边界线认识差异较大，认为西边界为 80°或 84°，东边界为 88°或 91°。就其地球物理特征来看，西边界 83°度以西沉积盆地特征不明显，航磁异常较为强烈，且以串珠状正磁异常为主，说明岩浆活动较为强烈，本书编图以 83°为界。东部边界认为 91°的是把比如盆地划归到措勤盆地里，认为 88°的是以改则-申扎断裂为界，为了将比如盆地与措勤盆地分开认识，本书以 89°为界，对措勤盆地与比如盆地进行划分。

2. 措勤盆地基底

含油气盆地基底结构影响着盆地的构造格局，制约着含油气建造的展布规律、厚度变化以及宏观控油构造。由于措勤盆地经受了青藏高原隆升等强烈的后期改造作用，盆地是否具有刚性基底，对于评价油气的保存条件至关重要。中生代措勤盆地的基底主要出露于盆地的中部和南部，由前寒武纪古老变质结晶基底和古生代基本不变质的褶皱岩系组成双重基底（陈明，2004），从重磁场特征可以看出（图 4-18、图 4-21），盆地的中部和南部具有明显的重力高、磁力高的特征。

措勤盆地内广泛发育中生代和古生代地层，可以分别按中生代和古生代盆地进行评价：中生代盆地总体表现为"三凹两隆"，凹陷区基底深度 3~4km；隆起区地层减薄甚至缺失。基底为上古生界碳酸盐岩地层，或者为下古生界碳酸盐岩或碎屑岩地层。上古生代盆地整体表现为"两凹夹一隆"，其空间位置与地面地质调查确定的南部凹陷、中部凹陷和南部隆起相对应。相对中生代地层，上古生代地层厚度更大，最大厚度超过 5km，位于中部凹陷内。盆地基底为下古生界碳酸盐岩或碎屑岩地层。区内的老地层中，前泥盆系变质地层有一定磁性，磁化率为 $(64.5 \sim 572) \times 10^{-5}$ SI，磁性从弱到相对较强，构成了措勤盆地的弱磁性基底（方慧，2007）。

3. 关于"隆起"与"凹陷"带的划分

措勤盆地构造具有明显的南北成带特征（雷振宇等，1999），据此将盆地划分为两个二级构造单元：南部隆起带、北部凹陷带。二级构造单元以江马-雪上勒-雅弄断裂为界。考虑到盆地古生界基底出露情况及所反映的基底起伏特征，盖层分布特点和构造变形特征（王剑，2004），在基础上将盆地进一步划分为"两隆三凹"5个三级构造单元：北部洞错-阿索坳陷带、拉果错-当雄隆起带、川巴-它日错凹陷带、夏东-雅弄-夏嘎日隆起带、措勤-色陇拉凹陷带（汤子余，2010）。

张义等（2008）将措勤盆地划分为北部凹陷、北部隆起、中部凹陷和南部隆起4个一级构造单元，总体具"两凹两隆"特征。北部凹陷（洞错-阿苏凹陷）位于盆地北部边缘带，基底最大埋深9km。北部隆起（拉果-当穿错隆起）位于盆地北部，西起拉果错，向东经它日错、当惹雍错、格仁错、木纠错、仁错，至纳木错。呈东西向狭长条带状展布，基底最大埋深5.6km。中部凹陷（狮泉河-扎日南木-纳木错凹陷）位于盆地中部，规模大，东西向横贯全盆地，西起革吉地区，向东经果普错、达瓦错、扎日南木错、当惹雍错、昂孜错、越恰错，至纳木错，基底埋深大于9.0km。南部隆起（塔若错-罗扎隆起）分布于盆地南部，呈东西向狭长条带状分布，西起塔若错，向东经改布错、姆错丙尼、拉麦区、罗扎乡，东至玛日一带，最大埋深5.0km。

从重磁场特征可以看出（图4-18、图4-21），果普错—申扎有明显的南、北分界线，与江马-雪上勒-雅弄断裂基本吻合，北部出现重力低、磁力低的异常特征；南部出现重力高、磁力高的异常特征。从重磁场深源特征可以看出（图4-20、图4-23），果普错南、措勤—阿索、布多北等出现重力低、磁力低的异常特征；中部出现重力高、磁力高的异常特征；且措勤—阿索和布多北两处凹陷为近东西走向，与区域构造特征吻合；果普错南异常特征为近南北向，凹陷与东西拉张断裂或盆地有关。

五、四川盆地重磁异常特征及地质认识

四川盆地位于扬子准地台偏西北一侧，属于扬子准地台的一个一级构造单元，且处于扬子板块、塔里木板块、青藏高原、印度洋板块等多个地体的交会处，故受板块运动作用的影响较为强烈。其西北、北东隔龙门山、大巴山台缘褶皱带，与潘松-甘孜地槽和秦岭地槽相望；西北、东南两条边界分别以灌县-江油大断裂和齐岳山大断裂分界；东北、西南两条分界也以断裂为界，但参差不齐，略有扭转。盆地方向为北东向，呈菱形，面积约为23万km^2，四周为高山环绕，内部为低山丘陵。因整个盆地被中新生代红色地层覆盖，故称"红色盆地"（江为为等，2001）。

（一）四川盆地重力场特征

从布格重力异常阴影图（图4-24）可以看出，盆地内布格重力异常值均为负值，异常值$-(120\sim80)\times10^{-5}m/s^2$，呈北东向开口的箕状分布，且以中心位置异常强度最大，最大值位于内江附近，由中心向外部异常逐渐减弱，边部为平缓的梯度带异常，这些梯度带与盆地周边及内部存在的断裂体系有着密切的关系。从剩余重力异常阴影图（图4-25）可以看出，盆地内部剩余重力异常以重力高为主，异常较为平缓，盆地外围剩余重力异常较为零乱，盆地的边界特征很明显；仅在重庆—万州一带出现几条条带状剩余重力高、重力低相间的异常，可能与该处造山带褶皱有关。布格重力异常上延20km后（图4-26），仍然形成西南部重力低、东北侧重力高；重庆西部的大足重力高依然存在，表明该异常可能与深部高密度古老基底或地壳局部隆起关系密切。

资料显示，由于盆地具有相对较高的上地幔平均密度，是造成盆地内部重力异常相对周边较高的原因之一。而南部重力低已不明显，表明该异常主要由埋深相对较浅的低密度地质体引起的。盆地西部边界异常走向近南北向，重力异常变化较大，异常梯度带宽约150km，等值线分布较为密集；盆地西南缘重力梯度带走向北西，宽约120km，异常变化变缓；盆地东南部北东走向的重力异常梯度带将局部重力高异常分为南、北两部分，北部四川盆地局部重力高异常规模较大且形态较为完整，南部局部重力高异常中心位于重庆与贵州分界线上，异常规模相对较小；盆地北部及北东部边缘重力异常梯度带宽度

第四章　西南地区重磁推断成果及地质认识

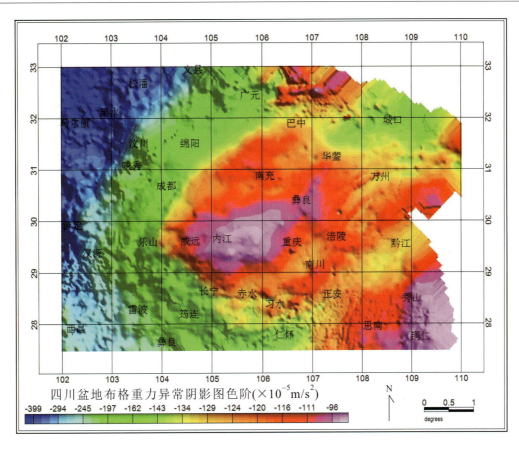

图 4-24　四川盆地布格重力异常阴影图（1∶800万）

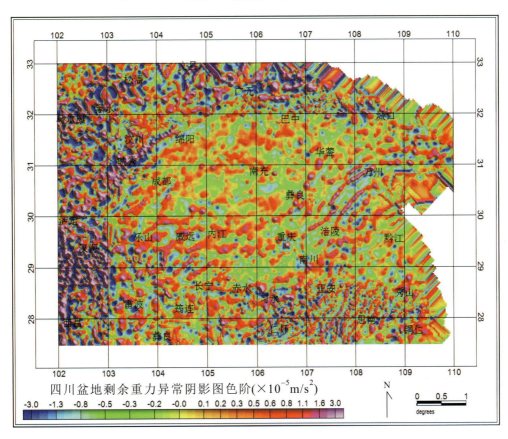

图 4-25　四川盆地剩余重力异常阴影图（1∶800万）

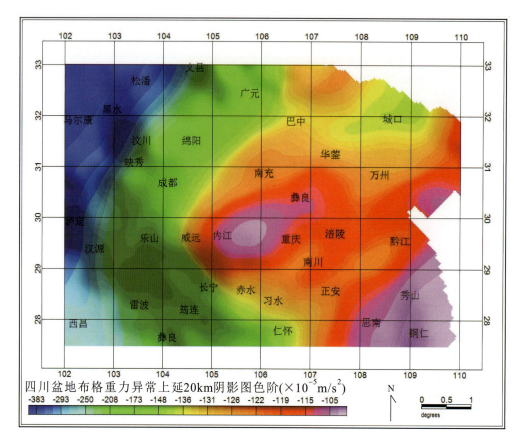

图 4-26　四川盆地布格重力异常上延 20km 阴影图（1∶800 万）

较小，特征较为模糊，表现为近东西向局部重力低。

（二）四川盆地磁场特征

从航磁 ΔT 阴影图（图 4-27）可以看出，四川盆地中部以北东走向的航磁异常正异常为主，其间偶见北东或北西走向、形态较为规则的负磁异常。盆地西北、南东及北东边界均以负异常为主，局部分布正磁异常，盆地西南边界分布有走向变化复杂的小规模高频磁异常。异常上延 20km 时，分布于盆地西北部和西南部的小规模正磁异常消失，表明该异常主要由浅部地质因素引起。根据磁场背景强度及本地区磁异常分布特征，可将该盆地分为 3 个主磁异常区。

（1）川中强磁场区。有以南充和石柱为代表的强磁异常，其异常值分别为 +350nT 和 +250nT，在上延 20km 的磁异常图中，该异常特征更加突出，表明该异常主要与深部地质因素有关，推测其主要反映了太古宙深变质基性—超基性结晶基底的特征。

（2）川西北和康滇负异常区。围绕上述强磁场的北部、西部和西南部分布，包括龙门山负磁异常条带和分散的小范围正异常，磁异常值一般为 -200～-50nT，北川低磁异常圈闭与南充之间形成了一陡变的磁异常梯度带，平均梯度变化可达 6nT/km，德阳-绵阳正磁异常规模相对较小，异常值 75nT，走向与川中强磁异常带平行。

（3）黔东和湘西弱磁场区。异常变化趋势不明显，异常强度总体较弱，一般值为 0～50nT。

从航磁 ΔT 化极阴影图（图 4-28）可以看出，区内航磁异常北部负异常条带迅速变窄，而中部正磁异常条带中心整体北移，且由与其平行、断续相接的负磁异常条带分隔，与南部正磁异常形成明显的分界线。南部异常又以彝良-长宁及仁怀-赤水两个正异常条带为界，将磁异常由西往东分为 3 部分，其中，西部和中部以正异常围限的负磁异常为主，而东部则以负异常包围的涪陵正磁异常为主。

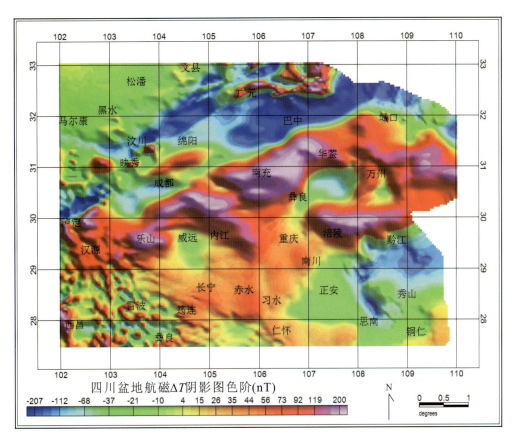

图4-27 四川盆地航磁 ΔT 阴影图（1∶800万）

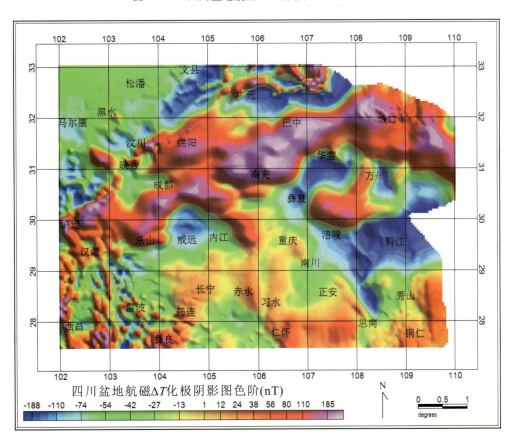

图4-28 四川盆地航磁 ΔT 化极阴影图（1∶800万）

(三) 四川盆地重磁资料地质认识

四川盆地位于扬子板块的西缘，其形成与古特提斯洋碰撞聚合密切相关，是在印支期至喜马拉雅期，特提斯构造域与滨太平洋构造域的发展演化过程中，在上扬子区长时期的、时强时弱的、此起彼伏的和愈来愈强的挤压作用下形成的（郭正吾等，1996）。印支期盆地已具雏形，后经喜马拉雅运动褶皱形成现今构造面貌。

1. 四川盆地边界及构造重磁资料认识

四川盆地是中上扬子克拉通的主要组成部分，为扬子克拉通最稳定的区域。高金慰等（2012）认为四川盆地包括四川省和重庆市大部分地区，西部以龙门山断裂带为界，东部至齐耀山断裂带，北抵米仓山—大巴山，南到峨眉-瓦山断褶带，具明显的菱形边界，该观点目前得到普遍认可，仅南部边界略有争议，张维宸等（2009）认为南部边界为荥经—沐川，仅是在前者向西南方向偏移30km。本书根据重磁场特征，认为康定-彝良断裂为四川盆地南部的主要断裂，为荥经-沐川断裂向西南方向偏移60km，康定-彝良断裂在布格重力异常图、布格重力异常上延20km异常图、航磁化极及垂向一阶导数等值线图（图4-24、图4-26、图4-28、图4-29）上均有明显的反映。

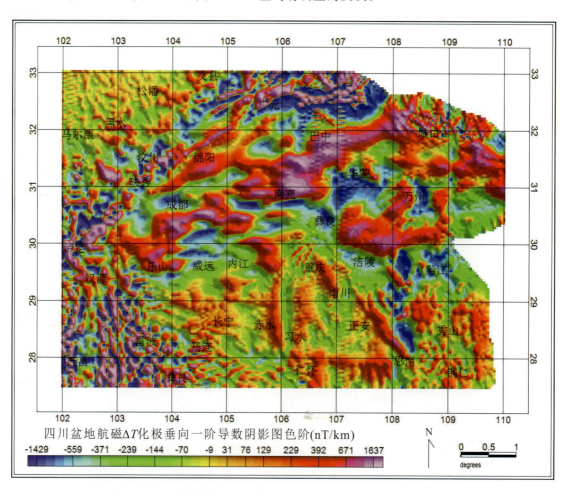

图4-29　四川盆地航磁 ΔT 化极垂向一阶导数阴影图（1∶800万）

何登发等（2011）根据盆地构造特征，结合油气田分布特征，将四川盆地由西向东划分为川西凹陷、川中隆起带和川东高陡褶皱区3个二级构造单元，每个二级构造单元又可划分为北、中、南三段，共9个三级构造单元，基本包括了前人的所有观点。川西凹陷位于龙泉山-三台-巴中-镇巴断裂带以西，川中隆起带位于龙泉山-三台-巴中-镇巴断裂带与华蓥山褶皱带之间，川东高陡褶皱区位于华蓥山褶皱带以东。

川西凹陷的布格重力异常为重力低，广元—汉源重力值变化不大；航磁化极异常以正磁异常为主，仅在成都、广元南有两处弱的负磁异常；航磁化极垂向一阶导数等值线广元南—雅安一带有明显的条带状负磁异常，与川西凹陷对应关系良好。

川中隆起带的布格重力异常为重力高，中段重力值较高，北段和南段重力值略低；航磁化极异常以正磁异常为主，仅在遂宁一带有磁异常错动，可能是犍为-安岳断裂带的反映；航磁化极垂向一阶导数等值线乐山—城口一带有明显的条带状强磁异常，与川中隆起对应关系良好。

川东高陡褶皱区的布格重力异常以相对重力高为主，重力异常为北东向条带状，剩余重力异常条带状特征更为明显，北段的条带状异常特征比南段明显；航磁化极和化极垂向一阶导数异常特征均显示北段为强正磁异常，中段为负磁异常，南段为弱正磁异常，与川东高陡褶皱区地质特征基本吻合。

2. 四川盆地基底重磁资料认识

前人对盆地基底岩系的认识目前并不统一或者在不断地完善中，在《四川省区域地质志》（1991）中将四川盆地基底划分为结晶基底和褶皱基底，其中结晶基底岩系为新太古界—古元古界康定群及其等时代岩层的中、深成变质岩，褶皱基底为中新元古界。郭正吾等（1996）认为在川西和川北地区存在新太古界—古元古界"灰色片麻岩"或者中度变质以及部分混合岩化的绿岩形成的结晶基底以及浅变质岩或火山岩形成的褶皱基底，因此，在这些地区具有双层基底结构的特点，而在湘西-黔东地区则是单层的褶皱基底，其余地区均是单层的结晶基底。刘德良等（2000）认为四川盆地的结晶基底由古老的太古宇—古元古界经过深成变质作用的混合片麻岩系组成，褶皱基底由较新的中新元古界浅变质的绿片岩系组成，而且褶皱基底形成年代大约在晋宁期。汪泽成等（2002）认为四川盆地基底为中新元古界，而且根据航磁资料和露头资料分析，在平面上也认为其基底结构具有三分性，不同区带具有不同的磁异常。这些基底分带特征总体上反映了盆地基底硬化程度的差异性以及大体呈北东向展布的构造格局（高金慰，2012）。

四川前陆盆地为中新生代构造盆地。根据《四川省重力航磁异常综合研究报告》（1991），以航磁异常、剩余重力异常为主，结合地震、大地电磁测深剖面和深钻孔等资料综合推断盆地具双层基底：下部结晶基底以航磁异常反映出来，具古陆块性质；其上存在浅—中等变质程度的中元古界及晚元古界的褶皱基底。根据《四川省重力航磁异常综合研究报告》（1991）中引用的多项研究成果（利用航磁资料），推断的基底深度综述如下：古元古界埋深6～10km，中元古界埋深12～15km，太古宇—新元古界埋深15～18km（李明雄，2013）。

四川盆地中部地壳厚度为38～41km，在重庆之西有上地幔隆起区，该区地壳厚度为37km，而在盆地西部边缘地区地壳厚度从41km陡变至47km与地形成镜像关系。在盆地中部磁性顶界面埋深较大，在6～9km，厚度在带两侧逐渐减小，而在盆地边缘地区埋深较浅，一般为4～6km。该盆地磁性底界面在盆地中部磁性底界面有北东向的陡变带，厚度从边缘处的37 km变至中部的43km，在盆地内部磁性底界面厚度为40～44 km，在南充强磁场区有磁性底界面较深区（深于44 km），在重庆东北方向同样存在磁性底界面较深区（深于44km），与磁异常分布相对应，周边地区则为36～39km（江为为，2001）。

熊小松等（2015）通过四川盆地及周缘地震资料的采样插值获得了四川盆地的盖层厚度分布图和莫霍面深度图，而后对四川盆地布格重力异常剥离沉积盖层和莫霍面起伏引起的重力异常，所获得的中、下地壳重力异常结果显示在四川盆地内部沿重庆—华蓥一线东西两侧存在不同的结构特征，结合航磁异常资料、出露的基底岩石的地球化学特征和深地震反射剖面显示的精细深部信息，认为四川盆地可能存在东、西两个陆核，具有不同的基底物质。

通过四川盆地航磁 ΔT 化极等值线图（图4-28）与四川盆地布格重力异常上延20km等值线图（图4-26）可以看出，航磁高值异常区主要沿雅安—新津—三台—南充—巴中—城口一线，中间有多处异常错断，可能是深部变质基地受多次构造影响而表现为不连续；布格重力异常上延20km等值线仍显示北东向开口的箕状特征，体现了"两凹一隆"的地质特征。

第四节 重磁资料在重要地质问题中的应用研究

一、康滇地轴重磁场特征及地质认识

上扬子西缘菱形地块包括川、滇、黔三省交界区域，大地构造单元属扬子地台西缘（Ⅱ级），其范围比前人认识的康滇地轴要大。该区地质构造特征复杂，20世纪90年代，前人对该区从地质上有深入的研究；而且，国内主要构造学派（槽台说、地洼说、地质力学、断块说、板块说等）都对本区进行过研究，出版了一系列代表性论著（周名魁，1988；郑建中，1988）。该区是我国重要成矿区域，著名的几个超大型矿床，如大红山铁铜矿、攀枝花钒钛磁铁矿、东川式铜矿、滇池周缘磷矿、金宝山铂钯矿等，多矿种的大—中型矿床在区内发育。参考前人综合研究资料（王宝碌等，2004；骆佳骥，2012），对川滇地区菱形地块周边的界线进行粗略的划分，由于当时重磁比例尺及精度的限制，未对内部的小断裂进行划分，研究还不够深入。本次收集相关的西南地区大地构造图、天然地震数据和区域地球物理方面的证据，进一步明确新的上扬子西缘菱形地块四个边界为：康定-木里-丽江断裂、红河断裂、弥勒-师宗-安顺断裂、康定-彝良-安顺断裂。同时对其内部次级断裂进行了分析研究，确定了3条隐伏断裂。

（一）川滇黔菱形地块地质背景

早在20世纪70年代中后期，川滇地区的活动块体划分就已具雏形。李玶和汪良谋（1975，1977）、阚荣举等（1977）最早提出了川滇地区菱形块体的概念。徐杰（1977）将四川与云南交界地区划分为色达-松潘断块区、成都-师宗断块区、冕宁-楚雄断块区和甘孜-盐源断块区4个断块区，其中后2个断块区构成"甘孜-楚雄联合断块区"，现在称之为"川滇菱形块体"，是川滇地区活动块体中最为重要和最受关注的部分，目前无论是从现代构造应力场分区，还是活动块体划分边界均有争议（骆佳骥，2012）。2002年以前资料主要认为川滇菱形块体的边界为：北边以甘孜-玉树断裂为界，东边以鲜水河-则木河-小江断裂为界，少部分学者认为以大凉山-小江断裂为界，西边以金沙江断裂，南边以红河断裂为界，少部分学者认为以楚雄-通海断裂、腾冲-澜沧江断裂为界。在此之后，众多学者从大地构造（阚荣举，韩源，1992；潘桂棠，2002）、活动断裂（宋方敏等，1998；李国和等，2000；向宏发等，1986；徐锡伟等，2003；程万正等，2003；胡家富等，2003，2005）以及GPS（吕江宁等，2003；乔学军等，2004）等角度，对川滇地区的活动块体的划分开展了大量的研究，丰富了学界对于川滇地区活动块体的认识。

据西南地区大地构造图（图4-30）可知，甘孜-理塘弧盆系、崇山-临沧地块、中咱-中甸陆块为羌塘-三江造山系，而扬子陆块南部碳酸盐岩台地、康滇基底断隆、盐源-丽江陆缘裂谷盆地、楚雄前陆盆地等属于上扬子陆块。所以从大地质构造来看，木里-丽江断裂为川滇黔菱形地块的边界更合适。

根据西南地区四级构造单元划分图（图4-31），可知上扬子西缘菱形地块共由4个四级构造单元组成，下面进行简要的介绍，认为以下4个四级构造单元构成的上扬子西缘菱形地块更合适。

康滇基底断隆（Ⅸ-2-10）：位于扬子陆块的西缘，西以金河-箐河断裂带、东以石棉-小江断裂带为界，呈南北向展布。该带由以康定杂岩为代表的结晶基底及由大红山群、昆阳群、会理群为代表的中、新元古代褶皱基底组成的双重基底，分布于该带的中心地带——由沉积岩组成的盖层分布于隆起带两翼，且层序多不完整，岩浆活动期次多，规模较大。该带可划分为两个次级构造单位：攀枝花-西昌陆内裂谷带、江舟-米市断陷盆地带。

盐源-丽江陆缘裂谷盆地（Ⅸ-2-12）：位于小金河断裂带与金河-箐河断裂带之间，盆地内基底未出露，其盖层发育齐全，以泥盆系和石炭系最发育，沉积建造与上扬子区相近。

楚雄前陆盆地（Ⅸ-2-11）：西以金河-箐河断裂带为界，与西北的盐源-丽江大陆边缘盆地相连，西南以哀牢山断裂带南段与思茅陆块为界，东为康滇前陆隆起带。本区属扬子西南边缘的前陆凹陷地

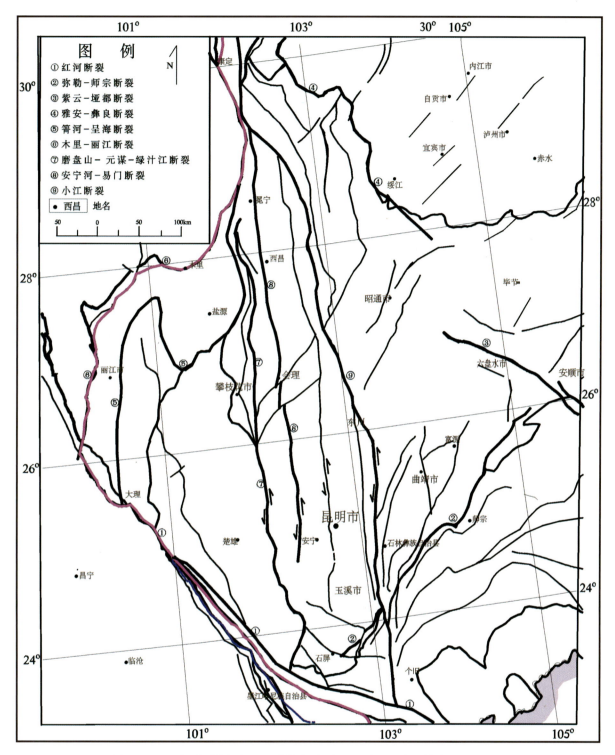

图4-30 上扬子西缘相邻区地质构造图（据《西南地区大地构造图》，2013）

带，西侧有元古宙结晶基底出露，其余地区主要由古生界—三叠系覆盖。

扬子陆块南部碳酸盐岩台地（Ⅸ-2-4）：西接康滇断隆，东北以七耀山断裂与川中前陆盆地分界，南界从西向东为师宗-南丹-都匀-慈利-大庸断裂。碳酸盐岩台盖在梵净山群等前震旦系。全区从震旦纪到三叠纪大部分地区处于稳定的构造环境，盖层除缺失泥盆系外，总体比较齐全，但各地发育程度不一。

通过以往的研究资料，上扬子西缘菱形地块的四条边的形成时代、断裂级别均不一致。东北界线康

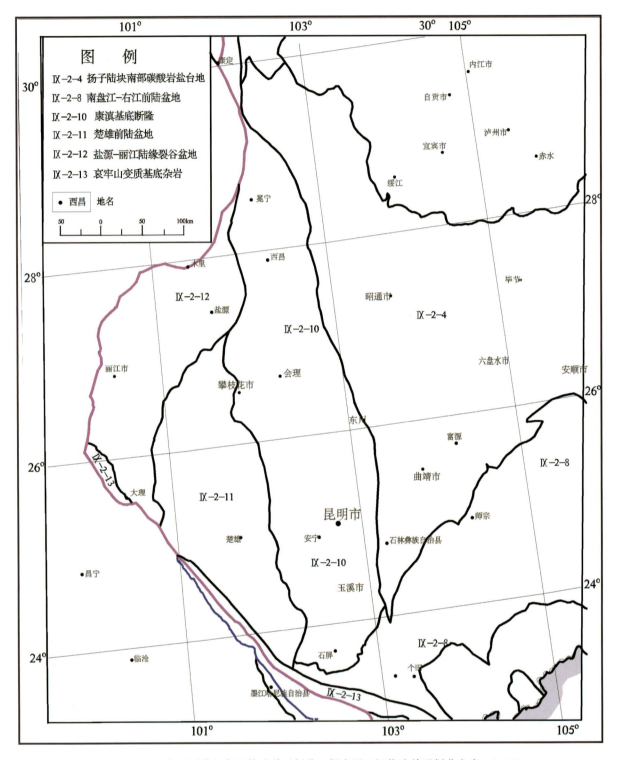

图 4-31 上扬子西缘相邻区构造单元划分（据全国四级构造单元划分方案，2013）

定-水城断裂形成于古元古代，为多期活动的深大断裂（张志斌，2006）；西北界线木里-丽江断裂在晚古生代—三叠纪的古特提斯闭合时形成；西南界线红河断裂为欧亚板块与印支板块结合的产物，时代应是中生代的印支运动；东南界线弥勒-师宗断裂是华南板块与扬子板块的结合带，时代是中元古代末—新元古代初的晋宁期（胡肇荣，2010）。内部的界线箐河-程海断裂在元古宙已具有板块活动特征，属于岩石圈断裂；小江断裂主要是加里东期，为岩石圈断裂（张志斌，2006）。

(二) 上扬子西缘菱形地块地球物理特征及推断地质构造

本次根据西南地区矿产资源潜力评价物探成果综合解释，对上扬子西缘菱形地块的边界确定为康定-彝良-安顺断裂、康定-木里-丽江断裂、红河断裂、弥勒-师宗-安顺断裂，对其内部的断裂进行了推断，为地质工作提供参考依据。

1. 区域重力场特征

从上扬子西缘菱形地块布格重力场特征表明(图4-32)，区内布格重力异常总体上由东南向北西逐

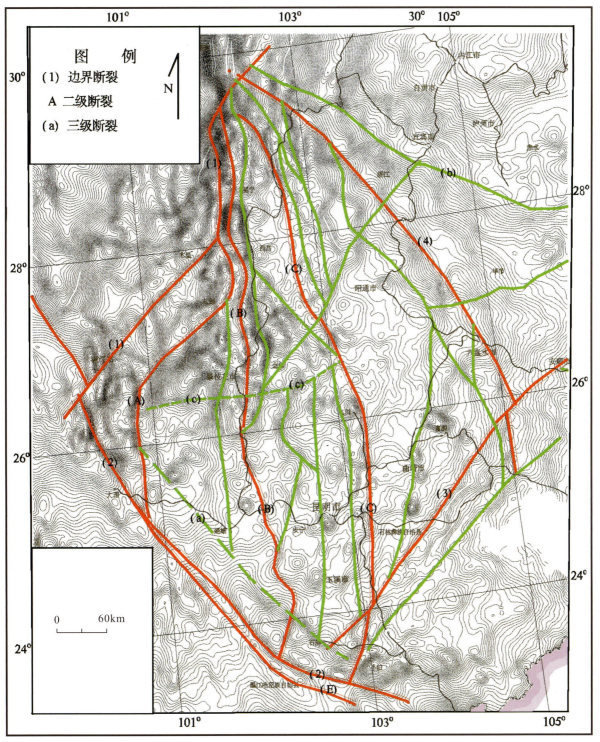

图 4-32 上扬子西缘菱形地块布格重力异常等值线示意图

渐减小，同时也反映地壳厚度逐渐增厚的趋势；各断裂界线均有明显的重力梯度带显示。其中以康定-木里-丽江断裂最为明显，等值线较为密集，约有 $150\times10^{-5}\mathrm{m/s^2}$ 的变化，从走向上看，该段与康定北边的龙门山断裂的异常形态相似，可能是龙门山断裂带向南西的延伸。其次，康定-彝良-安顺断裂表现也较为突出，约 $100\times10^{-5}\mathrm{m/s^2}$ 的变化；该断裂地质特征不明显、且不连续，但从地形高程来看有很明显抬升；另外两条边界的重力异常特征相对要弱一些，但沿断裂带有明显的重力低、重力高值转换带展布。

上扬子西缘菱形地块内部的重力异常特征与内部二级地质块体的划分吻合较好，各二级地质块体界线处重力异常较为明显。扬子陆块南部碳酸盐岩台地的重力异常表现平稳，小的局部异常较少，布格重力异常值约为 $250\times10^{-5}\mathrm{m/s^2}$。康滇基底断隆内部重力异常变化较大，局部异常较多，北段等值线较为密集，南段相对平缓。盐源-丽江陆缘裂谷盆地的重力异常等值线较为密集，局部重力异常较少。楚雄前陆盆地北侧重力异常略为密集，南倾重力异常较为平稳，该特征与康滇基底断隆相似，推测内部可能存在次一级的东西向隐伏断裂，该推测得到了区域遥感资料的认可。

根据前人资料证明，深部莫霍面起伏形态及其所反映的地壳厚度变化特征，同样呈现明显的"菱形地块"轮廓（骆佳骥，2012）。地块边界莫霍面等深线密集变化，显示有上地幔台阶斜坡存在和边界断裂的穿壳特点。

2. 区域航磁异常特征

从上扬子西缘菱形地块航磁 ΔT 化极等值线特征表明（图 4-33），该地块存在与周边明显差异的航磁异常，康定-木里-丽江断裂和康定-彝良-安顺断裂最为明显，地块内部为较密集的磁力高异常带，地块外侧为较稳定的正磁异常。其次，红河断裂与弥勒-师宗-安顺断裂两侧异常强度均不大，但是其局部的线性异常物探特征明显，所以地块的 4 个边界的物探特征均很明显。

该地块西侧存在与盐源-丽江陆缘裂谷盆地相对应的磁力高异常带，但其磁场范围比地质显示的略大，主要是由峨眉山地幔柱活动导致断裂带周边的玄武岩引起的，由于玄武岩分布范围比断裂宽，所以航磁异常宽度比地质界线要大。扬子陆块南部碳酸盐岩台地主要以杂乱的磁力高异常为主，与四川盆地和康滇基底断隆的磁异常特征很明显，形成中间高、两侧低的磁异常，主要是由玄武岩引起的。楚雄前陆盆地分两段，北段以杂乱的磁力高异常为主，主要是由玄武岩引起的，南段为较弱的磁异常，为楚雄沉积盆地。康滇基底断隆带的磁异常强度中等，仅在攀枝花与昆明附近有较为密集的磁力高异常，从整体形态来看，北段磁异常较高，南段磁异常与楚雄前陆盆地相似。在楚雄前陆盆地与康滇基底断隆带的南北分段的特征与重力结果吻合较好，说明南北两段存在一条东西向的隐伏断层，该断层基本沿金沙江展布，暂命名为金沙江断裂。

结合重力和航磁成果，对其内部的次级断裂进行了推断，共推断了约 10 条的次级断裂；由于篇幅限制，本次仅介绍宾川-石屏和雅安-宜宾两条断裂。宾川-石屏断裂的地质特征不明显，地质上仅在石屏到绿汁江段有部分显示，而物探的线性特征很明显，认为宾川-石屏为隐伏断裂。雅安-宜宾断裂地质上显示较少，经过重磁联合推断，认为是一条隐伏次级断裂，该断裂的位置与峨眉山玄武岩的边界相符，该断裂在西北部与地质构造图（图 4-30）部分重合，东南部与成矿区带图（图 4-31）部分相符。

（三）上扬子西缘菱形地块边界其他证据

本次收集了 1970 年—2013 年 7 月的天然地震数据，天然地震资料显示（图 4-34），上扬子菱形地块位于川西南高原和云贵高原，是一个较为活动的地块。目前地震活动最为频繁的是该地块西角、南角，木里—丽江—大理一带的地震活动次数较多，最大的震级为丽江北部 1996 年 2 月 3 日发生的 6.9 级，其中 5—7 级的地震较频繁；该段位于扬子板块与三江板块的接触带，由于其形态为三角形，产生的应力较集中造成地震频繁。南角地震活动主要集中于弥勒-师宗断裂与石棉-小江断裂交会处，最大的震级为玉溪南部 1970 年 1 月 4 日发生的 7.8 级，该地震带位于物探推测的宾川-石屏隐伏断裂，与前面提到的两条断裂进行交会，故产生很强的应力集中；地震活动位于宾川-石屏隐伏断裂东北部，可以推测该断裂是向东北倾向。从 GPS 测量成果来看，红河断裂带北段为右旋走滑兼挤压，中段为由右旋走

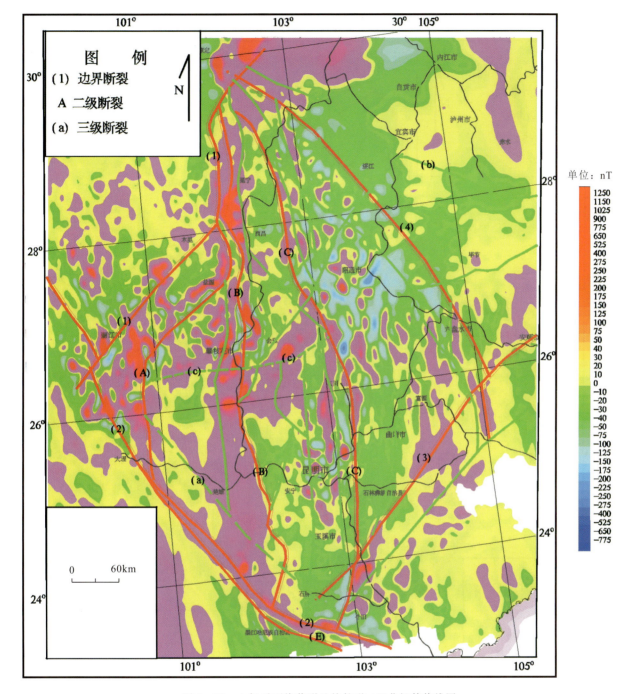

图 4-33 上扬子西缘菱形地块航磁 ΔT 化极等值线图

滑兼挤压转换为左旋拉张的转换区，南段为左旋拉张区；川滇地块运动速率为 $13.18\pm2.43\text{mm/a}$，运动方向为 $134.8°$，其运动速率比甘青地块、华南地块、印支地块均大很多，说明该菱形地块活动较为强烈。弥勒-师宗-安顺断裂和康定-彝良-安顺断裂周边的地震活动相对较少，且地震级别较低。仅在绥江附近出现较为频繁的地震活动，主要是由于四川盆地的华蓥山-宜宾断裂与康定-彝良-安顺断裂的交会，产生应力集中，最大的地震为 7.1 级；并且在雅安-宜宾断裂带也有小的地震活动，与物探推测的隐伏断裂相符。

从深反射地震资料显示，该块体地壳分为三层以上的多层结构，东、西两侧菱形地块的地壳结构有明显的差异，箐河-呈海断裂（A）以西的上地壳速度为 $5.6\sim5.7\text{km/s}$，箐河-呈海断裂与安宁河-绿汁江断裂间（A 与 B）的上地壳速度为 $5.8\sim5.9\text{km/s}$，绿汁江断裂带以东上地壳速度为 $6.0\sim6.1\text{km/s}$

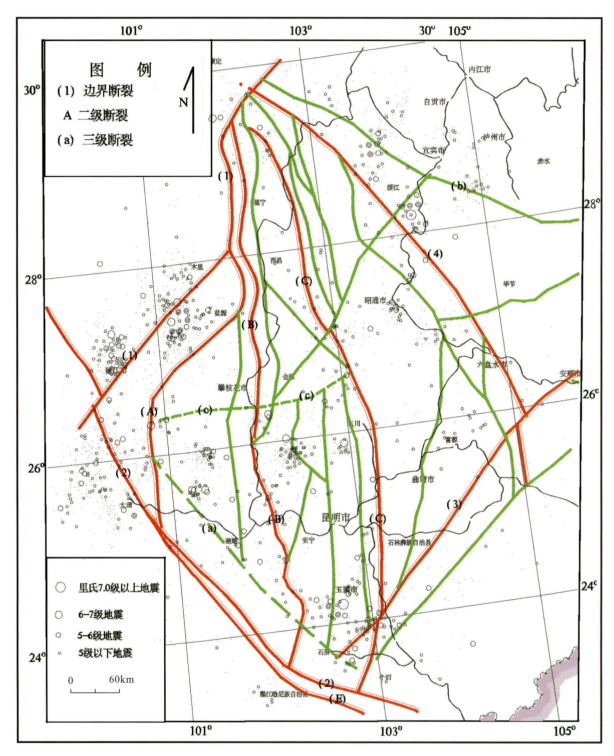

图 4-34 上扬子西缘菱形地块地震震中与重磁推断地质构造图

（王谦身，2004）。

（四）上扬子西缘菱形地块地质找矿意义

该菱形地块中部为南北向隆起带，东西两侧为凹陷带，即所谓的"两堑夹一垒"，区内的矿产主要有铜矿、铁矿、铅锌矿、煤炭、钒钛矿、金矿、铂矿等矿种。地块内构造控矿特征明显，云南的金矿主要在木里-丽江断裂、红河断裂构成向西突出的弧形带，从南向北有金平长安金矿、老王寨金矿、北衙金矿等；经分析重力异常与矿产资源的关系，分布了康定-西昌-攀枝花矿集带、雅安-马边-安顺矿集带、南盘江流域矿集带、金沙江-红河矿集带，与我们所定义的菱形地块边界基本吻合。铅锌成矿区位于扬子板块西南边缘安宁河-绿汁江断裂带以东，康定-安顺断裂以西，弥勒-师宗断裂以北的区域内，形成三角形碳酸盐岩台地，主要是MVT型铅锌矿产出重要部位，其产出时代主要有两期：晚三叠世和早侏罗世。矿化集中区划分以小江断裂为界划分为东、西两个成矿区；西部成矿区矿床（体、化）受到SN向断裂构造控制较为明显，其次就是岩性控制，以及岩浆岩侵入的影响，矿床（体、化）相对集中区从南到北划分为个旧西区-建水-石屏、通海、东川-武定3个铅锌多金属矿化集中区；东部成矿区矿床（体、化）受到SN、EW、NE向断裂构造（含隐伏断裂构造）控制较为明显，其次就是岩性控制，矿床（体、化）相对集中区从南到北划分为罗平、寻甸-宜良、会泽、威宁-水城、彝良-镇雄、宁南-巧家、巧家-永善-盐津7个铅锌银多金属矿化集中区。

滇中的铁铜矿多位于重力高、磁力高异常内，以绿汁江断裂为界，西侧为强度大、范围大、磁力高、重力高；东侧为大范围重力低背景上的局部重力高，如罗茨-易门铁铜矿位于北东向局部重力高、零星分布的正磁异常内，东川-鸿门厂铁铜矿地处东西向重力高、范围大的磁异常内。滇西北斑岩铜钼矿，为北北东向的重力低值带，斑岩铜矿沿两侧重力梯度带分布，而以钼为主的矿床则分布于重力低值带轴部。锡钨矿、稀土矿与花岗岩关系密切，重力表现为局部负异常，出露地表的岩体，磁测为串珠状正异常绕岩体环状分布，隐伏岩体为低缓正磁异常。

金矿沿区域性大断裂分布，区域重力表现为长条状正负异常转换带，或梯度带条带状磁异常带，如哀牢山金矿带的长安、老王寨等大中型金矿，金沙江-红河断裂东侧的小水井、宝兴厂、北衙等大中型金矿。

地块内几条主要南北向的断裂，均严格控制了各矿集区的边界；其次北东和北西向两组断裂，控制次级构造单元的展布；同时区内还存在有东西向隐伏断裂，这些断裂把南北向的地块分成几段，每段有不同的成矿条件，产出不同的矿种，如北部攀枝花钒钛磁铁矿，中部元谋一带的铂钯矿；南部大红山铁铜矿。

（五）结论

上扬子西缘菱形地块是西南地区重要的地质构造、地质矿产研究区，本书通过对西南地区的地质构造和成矿区带划分入手，对前人划分的川滇菱形地块进行了讨论，重新确定了上扬子西缘菱形地块的4个边界，对其内部的4个次级单元进行了详细的介绍。通过西南地区的区域重磁、天然地震和地震测深资料，对菱形地块的边界提供了强有力的依据，并对其内部的次级构造进行了推断解释，推断出宾川-石屏、雅安-宜宾、金沙江3条隐伏断裂。通过菱形地块边界和内部的地质构造，控制区块的矿产资源的种类及相应产出部位，为以后的找矿方向提供参考。

总之，从物探异常、莫霍面形态、天然地震、人工地震和地质构造特征基本一致，上扬子西缘菱形地块表现清楚，成为扬子地台西缘的一个二级构造单元，范围较原康滇地轴有所扩大。

二、龙门山重磁场特征及地质认识

（一）区域地质背景

龙门山造山带自晚三叠世诺利克期以来经历多次逆冲推覆作用叠加而成，表现为由西向东递进推移的背驮式断裂组合，具有典型的推覆构造特征。其构造上位于青藏高原的东缘，松潘-甘孜褶皱带与扬子板块结合部位，北东与昆仑-秦岭东西向构造带斜向相接，南西与康滇南北向构造带相连，东南以映秀-北川断裂带与川西前陆盆地相接，北西侧与构造转换带相连，全长约500km，宽30km，呈NE-SW向展布。其北西界为茂县-汶川断裂，南东界为江油-都江堰断裂，宽约30～60km；由茂汶断裂、北川-映秀断裂、江油-都江堰断裂组成的3条主干逆冲断裂走向均为NE向，断层面倾向NW，在剖面上呈叠瓦状排列（刘树根，2003；贾承造，2005）。

(二) 区域地球物理特征

1. 重力异常特征

青藏高原为全国布格重力异常值最低的负异常区。青藏高原的东部和北部被一个巨大的重力梯度带所围限，它经兰州到天水转向西南，沿龙门山向西南延伸。贯穿四川省的龙门山重力梯度带只是上述巨大重力梯度带中的一部分，在天全以南分为两支，西支与青藏高原重力梯度带重合，向西南方向延伸；东支向东南方向伸展，至遵义附近。研究区异常值由西向东逐渐增大，异常值$-(510\sim 90)\times 10^{-5}\text{m/s}^2$，相对变化达$420\times 10^{-5}\text{m/s}^2$，反映了地壳厚度的巨大差异。重力异常东高西低、东陡西缓，显示了莫霍面的宏观特征。龙门山梯度带以东的四川盆地重力高是地下古老基底和莫霍面隆升的综合反映。

图 4-35 为青藏高原东缘剩余重力异常图。区内剩余重力异常$-(56\sim 36)\times 10^{-5}\text{m/s}^2$，存在 3 条被东西两侧平行的负异常条带包围的大型剩余重力正异常条带，由西往东分别分布于鲜水河断裂、石渠—甘孜—理塘—稻城东一线及龙门山断裂带附近，以东异常条带强度最大，一定程度上反映了区域深大构造的展布特征。

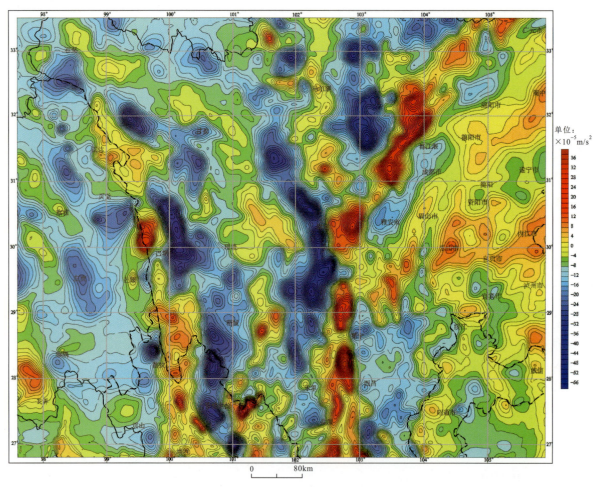

图 4-35 青藏高原东缘剩余重力异常图

2. 航磁异常

图 4-36 为青藏高原东缘航磁异常图。研究区航磁异常$-400\sim 440\text{nT}$，大型负异常主要位于四川东部和南部；龙门山构造带西部的松潘-甘孜地块磁异常较为平缓；其东部与龙门山断裂带相接地带存在一个大型的北东向弧形负异常，该异常带东部即为四川盆地强磁异常区，也是全区磁异常最强的区域，主要反映四川盆地下方的太古宙和古元古代结晶基底特征。都江堰附近出现的局部正异常则与彭灌变质杂岩体中的基性岩脉有关。

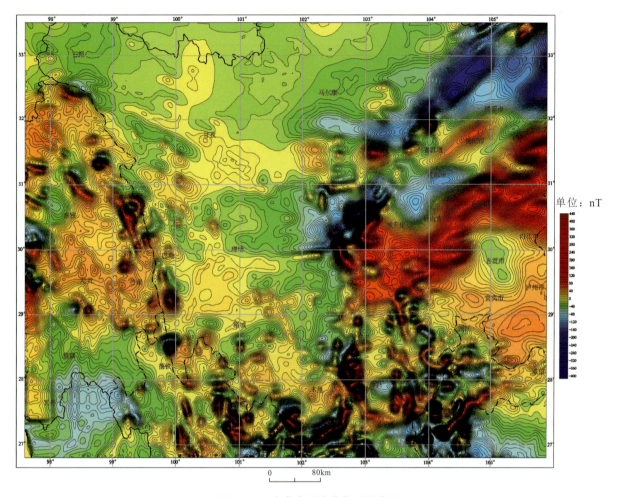

图 4-36 青藏高原东缘航磁异常图

由航磁异常化极上延 20km 平面图可知，研究区异常分带性较为明显：由沿龙门山分布的负异常带将研究区磁异常分为东、西两部分，东部异常呈北东向，主要分布于四川盆地内；西部异常往西延伸可与青藏高原磁异常相接，往南则进入云南省内。

（三）地震分布及意义

龙门山断裂带是近年来较活跃的一个地质断层。"5·12" 汶川特大地震发生后，龙门山断裂带重力均衡异常与地震的联系引起了人们广泛的关注，并获得了一系列研究成果。

Clark 和 Royden 等（2004）研究结果表明青藏高原下地壳物质向东运移受到四川盆地阻挡，分别向南东和东北部运移，上、下地壳的解耦作用过程中，下地壳物质的运动速度比上地壳快，高原东流物质囤积对龙门山上盘的作用不断加强；国家地震局研究所殷秀华等（1982）发现地震发生在均衡异常的梯度带上，而重力高和重力低点很少发生≥4.0 级的地震；王谦身等（2008）通过研究龙门山地区的 Airy 均衡重力异常特征研究，认为四川盆地内部和川西高原的马尔康以西地区均处于较均衡状态，重力均衡异常主要集中于龙门山断裂体系上；李渭娟（1995）通过对龙门山地震带均衡异常特征研究认为，地震发生在均衡异常梯度带和正、负异常的交接部位，且区域性均衡异常梯度带主要反映由现代构造运动造成的失衡区。

以上资料表明，重力均衡异常提供了丰富的地球动力学信息，处于非均衡的区域地壳要向均衡状态过渡，要受到构造调整应力作用，所以这些区域的地壳至今仍处于活动状态。

以下将以剖面 L1 重力资料解释成果分析龙门山断裂带深部构造背景，见图 4-37。该剖面北起甘肃碌曲（34°46′N，102°34′E），南东至重庆合川（29°59′N，106°13′E），剖面长约 620km，地质构造上穿越松潘-甘孜地块、龙门山构造带，其北端和南段分别进入西秦岭造山带和川中南凹陷带。

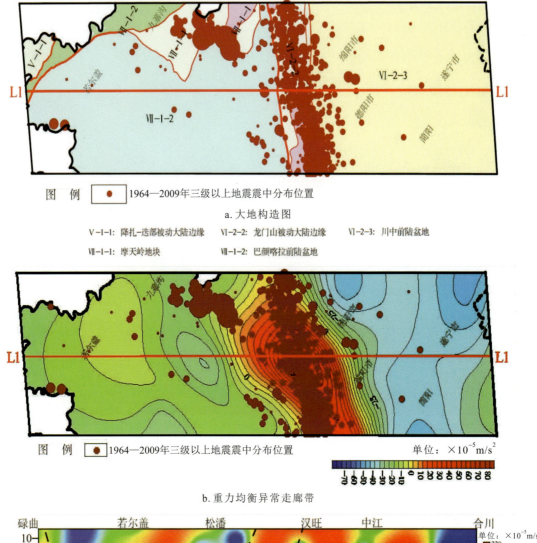

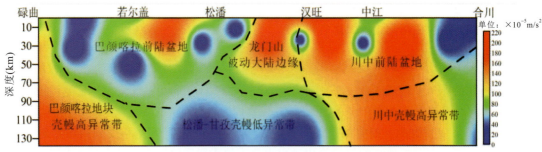

图 4-37 L1（碌曲-合川）剖面解释图

由图 4-37a 可知，1964—2009 年间 3 级及以上的地震震中主要沿龙门山被动大陆边缘分布，与区域构造分界带位置对应性较好。由图 4-37b 可知，该剖面内发育一条走向北东、东陡西缓的重力均衡异常高值带，异常值达 $80×10^{-5}\text{m/s}^2$，位置与布格重力异常的大型梯度带相对应，表明该带不仅是莫霍面的陡变带，也是地壳内（主要为中上地壳）的高密度带，与 1964—2009 年间 3 级及以上的地震震中分布位置较为吻合。研究表明，龙门山构造带下地壳顶面抬升了 11.2~12.6km，是造成龙门山的重力正均衡异常的主要原因。图 4-37c 中由重力归一化总梯度推断的地壳结构结果显示，剖面内一条弱重力梯度异常带将松潘-甘孜地块壳幔带和上地壳分隔开，龙门山地震带深部被松潘-甘孜壳幔低重力梯度异常带倾入，下覆于龙门山及川中壳幔结构体下。前人（王绪本等，2013；Xuben Wang，2014）通过对龙门山构造带长周期大地电磁剖面解释结构，发现龙门山逆冲推覆构造带下方壳幔高阻体向北西延伸形成的楔形构造。由于受青藏高原东缘和上扬子地块的双向挤压，松潘-甘孜地块地壳物质向龙门山逆冲推覆，中下地壳至上地幔向下向南东俯冲，受印度板块的直接碰撞、北侧秦岭构造带及龙门山构造带的阻挡，松潘-甘孜地块产生一系列收敛于壳内低阻层的断裂带，并逆冲推覆于四川盆地之上，该区比其他区域产生更大的地壳形变，其在平面上表现为大规模地缩短，在垂向上则表现为地面剧烈地抬升，地壳增厚。推测在龙门山壳幔高阻体和松潘壳幔低阻带结合部位可能发育一条切割莫霍面的松潘壳幔韧性剪切带，该韧性剪切带向上消失在壳内低阻层中，向下则延伸到上地幔高导层中。在松潘-甘孜地块与四川盆地之间不断积累的应力作用下，导致了该地区地震及各类地质灾害频发的现状，发生于2008年的汶川大地震即为龙门山断裂带中的映秀-北川断裂突发错动的结果（张培震，2008）。

（四）结论

龙门山及邻区地球物理资料研究表明，龙门山断裂带地震活动与深部构造及地壳的结构关系密切，其主要表现为以下两个方面。

（1）重力均衡异常梯度带与大断裂构造关系密切，在一些活动程度较高的大断裂拐弯、分叉、两端，及其与其他构造的交会部位通常是强震活动的重要场所；重力正、负均衡异常的存在，引起地壳局部质量失衡，产生的均衡调整作用力为地震活动提供了重要的动力。

（2）重力归一化总梯度除了能反映剖面内断裂构造分布的基本特征外，还能勾绘变化较大的壳幔结构框架，在地壳或岩石圈减薄带内，构造应力容易快速释放，是地震频发的重要深部背景之一。

第五章　西南地区物探资料在地质矿产中的应用

第一节　磁性矿产资源潜力预测

一、西南地区磁异常分布及找矿意义

为了筛选与矿有关的磁异常和配合成矿规律、矿产预测要素研究，对典型矿床所处地质构造环境、重磁场背景和重磁异常特征进行研究，并对重点的典型矿床进行了定量计算。

1. 西南地区航磁异常分类

本次工作中，应根据地面查证资料和新的地质矿床资料，在磁异常定性解释的基础上，对磁异常重新进行分类。按 ΔT 异常所处的地质环境、找矿意义和以往的工作程度，对磁异常进行分类，划分为甲、乙、丙、丁四大类，其中甲类异常、乙1类和乙2类异常为矿致异常。划分原则如下。

(1) 甲类异常：为矿致异常，可分为两个亚类。

甲1类异常：已知矿引起、推断还有找矿潜力的异常。

甲2类异常：已知矿引起、推断进一步找矿潜力不大的异常。

(2) 乙类异常：推断具有找矿意义的异常。分为三个亚类。

乙1类异常：推断矿体引起的异常。

乙2类异常：推断含矿地质体或地质构造引起的异常。

乙3类异常：推断具有找矿意义的地质体或构造引起的异常。

(3) 丙类异常：找矿前景不明异常。按目前的工作程度和认识水平，无法判明其找矿意义的地质体或地质构造等引起的异常。

(4) 丁类异常：按目前的工作程度和认识水平，认为不具备找矿意义的岩性体引起的异常。

在磁异常的选取、编号、定性解释和分类过程中，应对本次选取的磁异常逐个填写磁异常登记表。

以西南地区45个航磁测区为单元，根据1∶10万、1∶20万、1∶50万～1∶100万、1∶100万磁测圈定的、已编号的所有航磁异常均选取为本次矿产资源潜力评价筛选的待选异常。对西南地区各省的航磁异常进行统计，西南地区共选取航磁异常3144个，其中西藏自治区的航磁异常为1643个，占西南地区总数的一半，贵州省和重庆市航磁异常数量较少（表5-1）。

表5-1　西南地区航磁异常统计表

省份	异常类别				异常总数
	甲类异常	乙类异常	丙类异常	丁类异常	
云南省	5	103	151	658	917
四川省	43	115	119	129	406
西藏自治区	39	531	685	388	1643
贵州省			44	103	147
重庆市		25		6	31
总计	87	774	999	1284	3144

根据以往航磁异常查证结果，结合最新地质矿产资料、磁参数及异常特征，各省级项目组在原推断解释意见的基础上重新对航磁异常进行推断解释（定性）。

2. 西南地区地磁异常分类

西南地区地面磁测工作主要在云南、四川，其他地区工作程度均较低。

云南省 8 个磁性铁矿预测工作区共选取地磁异常 356 个。其中 1∶10 万异常 2 个，1∶5 万异常 125 个，1∶2.5 万异常 17 个，1∶1 万异常 149 个，1∶5000 异常 63 个。8 个预测工作区共筛选参与资源量估算的矿致异常（甲 1 类、甲 2 类、乙 1 类）149 个，其中，维西楚格扎预测区 5 个，腾冲滇滩预测工作区 24 个，澜沧-双江预测工作区 43 个，景洪大勐龙预测工作区 38 个，新平大红山预测工作区 13 个，新平鲁奎山预测工作区 8 个，禄丰-武定预测工作区 12 个，牟定安益预测工作区 6 个。

贵州省地磁工作较少，20 世纪 60—70 年代主要进行了一些航磁异常查证和小面积工作，后面矿调工作在贵州西部地区进行了 18 个 1∶5 万图幅的 1∶5 万高精度磁测工作，该项目开始时地磁工作成果还未提交，因此，地磁异常成果基本为空白。

四川省主要为川西南攀枝花-西昌-马尔康地区、川北南江-旺苍地区和四川盆地 3 个地区。四川盆地 1∶10 万、1∶20 万、1∶50 万地面磁测工作，由四川石油管理局于 1953—1963 年所做，总面积约 13.4 万 km^2，工作目的是寻找油气资源。资料全部存放于四川石油管理局。未收集到资料，地磁异常分类不清。川北南江-旺苍地区 1∶1000、1∶2000、1∶5000、1∶1 万、1∶2.5 万、1∶5 万地面磁测工作，主要由四川省地质矿产局物探队于 1959—1978 年所做，工作目的是寻找铁铜矿产资源。资料全部存放于四川省地质矿产局物探队。磁铁矿多数异常为甲类异常。川西攀枝花-西昌-马尔康地区 1∶1000~1∶20 万共 8 种比例尺地面磁测工作，由四川省地质矿产局物探队所做。工作目的是寻找以铁为主的矿产资源，资料全部存放于四川省地质矿产局物探队。钒钛磁铁矿及其他类型磁铁矿引起的均为甲类、乙类异常。磁铁矿受岩体和构造控制，分布地域规律性很强，远离成矿带后的磁异常均为丙类、丁类异常分布区。

重庆市地面磁测工作主要为 20 世纪 50—60 年代四川石油管理局为寻找油气资料所作小比例尺资料（1∶10 万~1∶50 万）。因未收集到相关资料，故对地磁异常分类及分布异常特征难以进行叙述。

西藏自治区全区地面磁测工作程度较低，仅在尼雄、当曲、加多岭、江拉、吉塘等几个铁矿区进行过地面中到高精度磁测工作。其中，江西省地质调查研究院在尼雄铁矿区做过 1∶5 万地面高精度磁测，获得 40km×10km 磁测 ΔT 资料；当曲做过 1∶5 万地面高精度磁测，获得 ΔT 资料；加多岭获得 1∶5000 地面磁测 ΔZ 资料；吉塘获得 1∶2000 地面磁测 ΔZ 资料。上述矿区地面磁测异常均属甲类异常，呈稀稀拉拉星点状分布于几个磁性铁矿床（点）所处地区；因对无矿地区未作地面磁测工作，所以，无乙类、丙类及丁类异常分布特征可言。

除上述地面磁测工作外，近年来，西南地区配合 1∶5 万矿调工作，相继开展了以 1∶5 万图幅为单元的 1∶5 万高精度磁测工作，但工作尚未结束，成果未提交。

3. 磁异常分类结果及其分布特征

对西南地区 3144 个航磁异常按上述分类原则划分结果为：甲类异常 87 个，乙类异常 774 个，丙类异常 999 个，丁类异常 1284 个（表 5-1）。

西南地区甲类异常主要分布于冈底斯成矿带、康滇地轴、四川盆地、金沙江北段。西南地区航磁丁类异常比较集中分布于西藏中西、南、东部地区，康滇地轴，滇东南，安顺，黔东南，四川盆地，广元北部。西南地区航磁丙类异常比较集中分布于西藏中西、南、东部地区，三江地区，康滇地轴，滇东南，安顺，黔东南，四川盆地，广元北部。西南地区航磁丁类异常比较集中分布于西藏中西、南、东部地区，三江地区，康滇地轴，滇东南，安顺，黔东北，四川盆地，松潘地区。

二、磁性矿产资源潜力预测方法

自然界中，磁性矿物只有磁铁矿、磁黄铁矿、磁赤铁矿等少数几种。磁性矿产，狭义上指由磁性矿物组成的矿体所构成的矿产，广义上指与围岩有明显磁性差异的矿体所构成的矿产。本次"全国重要矿产资源潜力评价"项目将对广义上的磁性矿产开展矿产资源潜力评价和资源量估算。

具体讲，广义上的磁性矿产包括由磁性矿物组成的矿体所构成的矿产和与铁磁性矿物伴生的有色金属、贵金属、多金属和非金属等矿物组成的矿体所构成的矿产，具体可分为四类。

（1）第一类磁性矿产，专指磁铁矿产，即主要有用矿物为磁铁矿构成的矿产。

（2）第二类磁性矿产，指与磁铁矿产伴生的非磁性矿产（如含铜磁铁矿、含锡磁铁矿等多金属矿产），即是指磁铁矿体（床）中伴生的、次要有用矿物构成的矿产，简称磁铁矿伴生矿产。

（3）第三类磁性矿产，包括磁性地质体中非磁性有用矿物构成的矿产（如超基性岩型铜镍硫化物矿）和非磁性有用矿物构成的矿体中伴生磁铁矿的矿产（如磁黄铁矿、磁赤铁矿等），简称伴生磁性矿产。

（4）第四类磁性矿产，指非磁性有用矿物构成的矿体的近矿围岩中存在铁磁性矿物时的矿产（如玉龙式矽卡岩型铜矿、多宝山斑岩型铜矿等），简称磁性相关矿产。

为了筛选与矿有关的磁异常和配合成矿规律、矿产预测要素研究，对典型矿床所处地质构造环境、重磁场背景和重磁异常特征进行研究，并对重点的典型矿床进行了定量计算。

在"西南地区矿产资源潜力评价"项目中，典型矿床研究是一项非常重要的工作，所有矿产预测类型基本开展了典型矿床研究。首先按照矿产预测类型确定典型矿床，进而开展典型矿床研究工作，并编制典型矿床地质-地球物理剖析图。典型矿床研究内容包括成矿地质作用、成矿构造体系、成矿特征等内容。典型矿床成矿要素图主要反映矿床成矿地质作用、矿田构造、成矿特征等内容。

磁性矿产资源量估算范围大、工作量大、工作方法新，是本次工作一大特色与亮点。在西南地区进行全面的磁性矿产分类，具体分为四类；并建立了磁性矿产预测工作流程，应用磁测资料预测磁性矿产资源量的工作流程可分成四大步，即建立磁性矿床地质-地球物理模型、磁异常筛选、定量解释和资源量估算。矿致磁异常进行了半定量和定量推断解释，并在西南地区开展了约 300 条剖面数据进行 2.5D 拟合计算，确定磁性矿体埋深（m）、磁性矿体产状、磁性矿体宽度（m）、磁性矿体延深（m）和磁化强度（$\times 10^{-3}$ A/m）；并对非磁性矿产的重要岩体、地层也进行了 2.5D 拟合计算。

磁性矿产资源量估算包括两种方法，即磁异常拟合体积法和类比法。磁异常拟合体积法是本次磁性矿产预测工作中使用的基本方法，对已知矿床深部及外围的矿致磁异常和绝大多数推断的矿致磁异常都应使用这种方法进行资源量估算，其具体做法是根据定量解释求出的磁性矿体的体积，利用磁性矿石的质量求矿石资源量或利用矿石的质量、品位求金属资源量。类比法是本次磁性矿产预测工作中使用的辅助方法，是对磁异常的特征进行相似类比分析，根据具有相同特征的磁异常、应具有相同资源量的简单原则，类比推测未进行定量解释的、规模较小的磁异常对应的磁性矿产资源量。具体工作方法如下。

（1）根据以往研究成果，地磁、航磁、地质矿产等资料选择 2.5D 人机交互定量拟合计算剖面，提取剖面数据，确定剖面与磁异常走向的夹角和磁异常的背景值等数据。

（2）从地磁、航磁异常线上量取矿致磁异常走向长度。

（3）确定矿石和直接围岩的磁性参数（磁化率、剩磁强度、磁倾角等）。

（4）采用中国地质调查局发展中心研发的 RGIS 软件，对选定的剖面进行 2.5D 人机交互定量拟合计算。

（5）从拟合剖面上量取推断铁矿体的截面积。

（6）确定形态导数和含矿导数。

（7）确定矿石质量，估算预测资源量。

（8）对预测资源量进行分类统计。

（9）对预测资源量可靠性和精度作出分析评价。

（一）磁性矿体体积

1. 第一类磁性矿产

用 2.5D 人机交互解释软件拟合磁异常，待拟合结果满意后，便可求出磁性矿体体积。

对于第一类磁性矿产，2.5D人机交互定量计算中使用的强磁性模型体即可视为磁性矿体（通常磁化强度应大于 $20\,000\times10^{-3}$ A/m，或磁化率大于 $50\,000\times10^{-5}$ SI；具体情况应根据典型矿床的资料确定），其体积就是第一类磁性矿体的体积 V，其计算公式为：

$$V = S\times L\times k\times \sin\alpha$$

式中，S 为 2.5D 拟合出磁性矿体的截面积；L 为矿致磁异常的走向长度；k 为形态系数；$\sin\alpha$ 为矿致磁异常长轴线与拟合计算剖面线夹角的正弦值（α 必须为 $70°\sim 90°$）。

2. 第二类磁性矿产

实质是利用第一类磁性矿产的矿体体积来估算非铁矿产的资源量，因此不存在单独求矿体体积。

3. 第三类磁性矿产

第三类磁性矿产的矿体体积也可用 2.5D 拟合结果来求取。与第一类磁性矿产不同的是，第三类磁性矿产的磁性通常弱于第一类磁性矿产，因此，确定 2.5D 人机交互定量计算中使用的模型体是否属于磁性矿体时，关键因素是定性解释结论，而非模型体的磁性（没有磁性大于多少的要求）。

4. 第四类磁性矿产

当能分辨矿体围岩异常时，利用磁性模型体圈定的非磁性空间（模型体）来计算与磁性有关矿产的矿体体积。当不能分辨矿体左右围岩异常时，则无法用这种方法求出与磁性有关矿产的矿体体积。

（二）磁性矿产资源量估算

1. 第一类磁性矿产

即计算磁铁矿资源量。磁铁矿资源量计算公式为：

$$Q=V\times d\times K=S\times L\times k\times \sin\alpha\times d\times K$$

式中，Q 为磁铁矿体资源量；V 为校正后磁铁矿体体积；S 为 2.5D 拟合出磁性矿体的截面积；L 为矿致磁异常的走向长度；$\sin\alpha$ 为矿致磁异常长轴线与拟合计算剖面线夹角 α 的正弦值（α 必须为 $70°\sim 90°$），用于对截面积进行近似校正；d 为磁性矿石相对密度；k 为形态系数；K 为含矿系数。

矿石平均质量应直接引用已知矿床实测数据。预测工作区采用的质量为预测工作区内或邻近地区同类已知矿床的平均质量。

含矿系数 K 指磁性矿床的含矿系数，主要受矿化和夹石两项因素影响，用典型矿床或邻近已探明储量的矿床求取。若有实测资料，直接采用有关数据计算夹石修正系数（此时可把矿化带当成夹石一并计算）或矿化体校正系数（此时可把夹石当成矿化带一并计算），用夹石修正系数或矿化体校正系数就是所求的含矿系数 K；若缺少实测资料，可用查明资源储量 Qt 与 2.5D 拟合软件求出，并经必要校正的矿床已控制矿体的体积（不包括矿床深部及外围未控制矿体的体积）和矿石平均相对密度的比值作为含矿系数 K，即 $K=Qt/(S\times L\times k\times \sin\alpha\times d)$。

2. 第二、三和四类磁性矿产

计算有用组分金属量资源量，其公式为：

$$M=V\times d\times C\times K\times t$$

式中，M 为金属资源量；V 为校正后磁性矿产的矿体体积，d 为矿石平均质量，C 为矿石有用组分平均品位；K 为含矿系数（一般小于 1，第三类磁性矿产的 K 也可能大于 1）。

3. 定量类比法

对于矿致异常分布较多的地区，一些规模较小的异常可以用定量类比法来计算磁性矿体的资源量，即用已探明储量铁矿的磁异常和开展 2.5D 拟合定量计算的磁异常作为已知模型进行回归分析，建立线性回归类比方程，进而对引起推断矿致磁异常的磁性矿体的资源量进行类比计算。

（三）定量类比法使用要求

1. 定量类比的异常

定量类比的异常，必须是经过定性解释，推断为磁性矿体引起的异常（乙 1 类异常）或推断含矿地质体或地质构造引起的异常（乙 2 类异常），且异常的规模和强度都不大，没有高精度、大比例尺磁测资料。

2. 定量类比方法选择

可用于定量类比的方法很多，如简单对比、回归分析、趋势分析等。本次磁测资料应用规定使用回归分析，具体方法详见第四章第二节。

在定量类比中，应对建立的回归方程进行显著性检验。

3. 变量选择

在磁性矿体资源量预测中，因变量 y 是磁性矿体探明储量或磁异常拟合体积法求得的资源量，自变量 x_i 为与磁性矿体资源量有关的磁异常标志，本次磁测资料应用中推荐为磁异常强度和面积。

对因变量和自变量，都应进行标准化变换，以使各变量具有相同量纲。

4. 已知模型应具有代表性

为了使定量类比法的结果尽量可靠，已知模型应具有代表性。

具体要求：按矿产预测类型，分别进行定量类比。

5. 已知模型应具有足够数量

从统计学的角度来说，已知模型的数量不应小于 30 个。

6. 磁性矿体的埋深

用定量类比法估算磁异常反映的磁性矿体的资源量后，还要用适当方法（外奎尔法、切线法或功率普等）计算磁性矿体的埋深。

（四）磁性矿体资源量分级

磁性矿体资源量分级分成两大类，对于查明资源储量，按勘探程度可分为 333、332、331 等几种级别；对推断磁性矿体资源量，按使用资料的种类分为三级，即 334 - 1 资源量、334 - 2 资源量和 334 - 3 资源量，具体规定如下。

（1）334 - 1 资源量：为一级资源量、可靠性最好。确定该类资源量的依据为在已知矿床的深部和周边，利用钻孔或勘探地质剖面进行建模，使用大比例尺（大于或等于 1：5 万）航磁或地磁测量数据估算的资源量。

（2）334 - 2 资源量：为二级资源量、可靠性较好。在确定该类资源量的依据为在已知矿床、矿点或矿化点的地区，使用测量比例尺大于或等于 1：20 万的磁测资料（未利用钻孔或勘探地质剖面进行建模）估算的资源量。

（3）334 - 3 资源量：为三级资源量、可靠性一般。除 334 - 1 资源量和 334 - 2 资源量的估算条件外，其他情况下得到的资源量。

三、磁性矿产预测结果

西南地区铁矿预测类型共分为六类，其主要分为沉积岩类、岩浆岩类、矽卡岩类、海相火山岩类、陆相火山岩类和其他等。西南地区仅四川省、云南省和西藏自治区开展了铁矿资源潜力预测，由于重庆市与贵州省基本磁性铁矿规模较小，且无大比例尺地磁数据，未开展铁矿资源潜力预测。西南地区磁性铁矿资源潜力由四川省 5 个预测工作区、云南省 8 个预测工作区、西藏自治区 7 个预测工作区，共 20 个预测工作区组成。其预测工作区表见表 5-2。

根据西南地区三个省推断的省级磁法推断磁性矿床分布图及三个省的磁性矿床预测资源量复核报告等资料，对其进行相应的资料整理汇总并修编，完成了西南地区磁法推断磁性矿床分布图，整个西南地区磁法共推断了 93 个磁性矿床，编号为西南 Fe01—Fe93。按相关要求，对其资源量采用不同的方法进行了相应的统计（表 5-3～表 5-5）。

（1）西南地区采用预测资源量方法统计，磁异常拟合体积法及磁异常定量类比法估算资源量共计 $1\,807\,342\times10^4$ t，其中磁法体积法 $1\,577\,443\times10^4$ t，定量类比法 $229\,899\times10^4$ t。

表 5-2 西南地区磁性铁矿预测工作区及预测类型一览表

预测工作区		预测类型
编号	名称	
1	维西楚格扎	楚格扎式沉积型铁矿
2	腾冲	滇滩式矽卡岩型铁矿
3	澜沧—双江	惠民式火山喷发-沉积型铁矿
4	景洪大勐龙	疆锋式火山岩型铁矿
5	新平大红山	大红山式火山岩型铜铁矿
6	新平鲁奎山	鲁奎山式沉积型铁矿
7	禄丰—武定	鹅头厂式火山岩型铁矿
8	牟定安益	攀枝花（安益）式侵入岩体型铁矿
9	攀西钒钛磁铁矿	岩浆型
10	矿山梁子磁铁矿	陆相火山岩型
11	泸沽磁铁矿	矽卡岩型
12	李子垭磁铁矿	矽卡岩型
13	石龙磁铁矿	海相火山岩型
14	弗野	弗野式矽卡岩型铁矿
15	江拉	江拉式矽卡岩型铁矿
16	卡贡	卡贡式接触交代型铁矿
17	加多岭	加多岭式闪长玢岩型铁矿
18	尼雄	尼雄式矽卡岩型铁矿
19	吉塘	吉塘式矽卡岩型铁矿
20	当曲	当曲式层控内生型铁矿

表 5-3 西南地区铁矿预测资源量方法统计表

编号	名称	预测资源量（$\times 10^4$ t）		
		磁法体积法	定量类比法	合计
1	云南省	274 573	229 899	504 472
2	四川省	1 148 922		1 148 922
3	西藏自治区	153 948		153 948
4	合计	1 577 443	229 899	1 807 342

表 5-4 西南地区铁矿预测资源量精度统计表

编号	名称	预测资源量（$\times 10^4$ t）		
		334-1	334-2	334-3
1	云南省	266 006	15 395	223 071
2	四川省	708 927	129 999	309 996
3	西藏自治区	153 948		
4	合计	1 128 881	145 394	533 067

表 5-5 西南地区铁矿预测资源量深度统计表

编号	名称	500m以浅资源量（×10⁴t）				1000m以浅资源量（×10⁴t）				2000m以浅资源量（×10⁴t）	
		查明	334-1	334-2	334-3	查明	334-1	334-2	334-3	查明	334-1
1	西藏自治区	23 630	26 801			23 630	69 774			23 630	153 948
2	四川省	878 372	194 861	129 309	279 550	878 372	708 927	129 999	309 996		
3	云南省	28 027	22 884	5 775	46 471	322 316	266 006	15 395	223 071		
4	合计	930 029	244 546	135 084	326 021	1 224 318	1 044 707	145 394	533 067	23 630	153 948

（2）西南地区采用预测资源量精度统计，其中，334-1精度资源量为 $1\,128\,881\times10^4$ t，334-2精度资源量为 $145\,394\times10^4$ t，334-3精度资源量为 $533\,067\times10^4$ t。

（3）西南地区采用预测资源量深度统计 500m 以浅估算资源量为 $705\,651\times10^4$ t，1000m 以浅估算资源量为 $1\,723\,168\times10^4$ t，2000m 以浅估算资源量为 $1\,807\,342\times10^4$ t。

（4）西南地区已探明资源储量为 $1\,224\,318\times10^4$ t，物探方法预测深部（2km以浅）及外围尚有 $180\,734\times10^4$ t 的资源潜力。

（5）就磁性矿产分布地域而言，西南地区磁性矿产主要分布于三江成矿带、康滇地轴成矿带、班公湖-怒江成矿带、龙门山成矿带。三江成矿带内磁性矿产又集中分布在怒江和澜沧江断裂夹持的构造单元，以及昌都、江达地区；康滇地轴成矿带内，磁性矿产又集中分布在康滇地轴中南部，即攀枝花断裂和普渡河断裂夹持的地域内。龙门山北缘、班公湖-怒江各有一个预测工作区。

预测结果和目前实施的攀枝花钒钛磁铁矿整装勘查深部钻探结果分析，钒钛磁铁矿资源量还有很大潜力，到目前为止，四大矿区（攀枝花、白马、红格、太和）经深部钻孔验证矿层向下延伸从原有 500m 增加到 1000m 以上，且矿层稳定，新增总资源量达 46×10^8 t（其中攀枝花矿区 12×10^8 t、白马矿区 15×10^8 t、红格矿区 9×10^8 t、太和矿区 10×10^8 t）。对于攀枝花钒钛磁铁矿资源量少于地质资源量的说明，因为 1000m 以下，正演计算表明已经没有剩余磁异常，而地质上矿层延伸长度为 2000m（斜距），而磁测预测垂直深度为 1000m。

第二节 物探资料在西南地区矿产资源潜力评价中的应用实例

一、物探资料在攀枝花钒钛磁铁矿资源潜力评价中的应用实例

四川省攀枝花钒钛磁铁矿属侵入岩型铁矿，规模为特大型，探明储量 86.73×10^8 t。攀枝花钒钛磁铁矿典型矿床由4个矿区组成，分别是攀枝花矿区、红格矿区、白马矿区和太和矿区。

（一）地质概况

1. 成矿构造背景

本区东部及中部位于扬子陆块与松潘-甘孜活动带的西南结合部，西邻三江造山带（图5-1）。小金河、箐河-呈海、磨盘山、安宁河、石棉-小江断裂分别通过本区西部和东部，宁会、则木河、黑水河等大断裂分布于本区内；康滇地块（康滇地轴）呈南北向展布于测区中

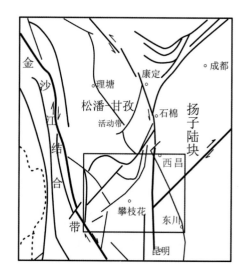

图 5-1 大地构造位置图

部。主要呈南北向构造线展布，全长720km、宽160km，南端被红河断裂截断，其北止于宝兴附近，被印支期褶皱掩覆。安宁河断裂带仅相当于川滇构造带的北段四川境内部分。

本区地质构造极其复杂。东部及中部位于扬子陆块西南缘，包括盐源-丽江前陆逆冲-推覆带（龙门山-锦屏山陆内造山带）、康滇地块、上扬子地块三部分。其中，中部的康滇地块（康滇地轴）演化历史长、构造最为复杂，总体上由磨盘山、安宁河、小江等南北向断裂带与其间的基底和盖层组成，由结晶基底、褶皱基底和盖层构成三层结构。主构造线分别为近东西向（卵形）和近南北向，分别定型于中条期和晋宁期；盖层构造以南北向较宽缓褶皱和断裂为主，定型于喜马拉雅期。上扬子地块构造比较简单，属盖层构造，与康滇地块盖层构造一致。盐源-丽江前陆逆冲-推覆带位于扬子陆块与松潘-甘孜活动带的结合部，属龙门山-锦屏山陆内造山带南部的前陆逆冲-推覆构造带，以发育一系列北东—北北东向、西倾的逆冲-推覆断裂为特色，主要发育于印支期，定型于喜马拉雅期。

本区北西部属松潘-甘孜活动带（造山带）南部，位于木里弧形构造前缘，由一系列向南凸出的弧形逆冲断裂与其间的构造夹片组成，定型于印支—喜马拉雅期。

区内新构造运动强烈，主要形成一系列以北西—北西西向为主的断层、南北向断裂的活化、强烈的差异升降，它一方面形成了独特的山谷地貌，提供了丰富的生态旅游资源的载体；另一方面控制了第四纪断陷盆地的形成和展布，同时控制了西昌—宁南、盐源—宁蒗一带强烈的现代地震活动。

2. 成矿环境

矿区所处大地构造位置为扬子陆块西南缘康滇构造带中段。区内主要地质构造特征有以下三个方面：一是区内褶皱基底甚至结晶基底（陈琪等，1984；黄振华等，1987）发育，呈南北条带分布，沉积盖层不发育；二是规模巨大的长期活动的南北向、北东向断裂发育，南北向断裂主要有安宁河、昔格达-元谋断裂，北东向断裂有攀枝花断裂，普遍认为区内赋存攀枝花式钒钛磁铁矿的基性、超基性岩体产出受这些断裂控制；三是沿着南北向、北东向断裂发育着不同时期、不同性质、不同规模的岩浆岩，形成一个独具特色的构造-岩浆岩带。

3. 成矿时代

区内基底建造时代为前寒武纪变质岩建造，成矿时代为二叠纪，叠加时代为印支期—燕山期。

攀枝花含矿辉长岩体侵入于震旦系灯影组白云质灰岩中，为含矿辉长岩底盘岩石。攀西地区同位素年龄数据比较多，早期多采用K-Ar法，获得的年龄数据偏大，如攀枝花、红格、白马、太和等层状基性超基性、堆积杂岩体为3.60亿年、峨眉山玄武岩2.88亿年，这些数据未表示在图上；近年，香港大学王汾连（2012）等人采用最新方法测获一批新同位素年龄值，1∶5万区调也有部分年龄数据。层状基性超基性堆积杂岩体采用锆石SHRIMP U-Pb法，年龄在2.60亿年左右（攀枝花岩体263±3Ma、白马岩体262±3Ma、新街岩体259±3Ma）。峨眉山玄武岩采用Ar-Ar法，年龄为252±2.5Ma。正长岩采用锆石SHRIMP U-Pb法，年龄在2.52亿年左右。结合区域地质构造分析，这组数据较客观地反映了与成矿有关的岩浆活动时限。

4. 含矿建造或赋矿地层

成矿岩体为海西期（二叠纪）基性-超基性侵入体，矿床为晚期岩浆结晶分异形成，矿体赋存于岩体中、下部，呈层状、似层状产出，矿体与岩层产状一致。含矿层状岩体可分为辉长岩型（如攀枝花、白马、太和等）和辉长岩-辉石岩-橄辉岩型。

（二）矿床特征

1. 控矿条件（或控矿构造）

攀枝花式钒钛磁铁矿明显受构造-岩浆岩带控制，带内形成种类繁多、规模巨大、与岩浆岩有关的矿产，攀枝花式钒钛磁铁矿就是其中一种重要的矿产。

含钒钛磁铁矿的基性、超基性岩体分为东、西两支，东支分布在安宁河、昔格达-元谋断裂夹持的狭地带内，呈南北向带状分布，单个岩体呈南北展布；西支沿北东向攀枝花断裂分布，单个岩体基本呈北东向展布。根据物探、地质资料推断（曹树恒，1984；黄振华，1987），西昌—攀枝花间有一地幔隆起带，这个范围恰与本区含钒钛磁铁矿的基性-超基性岩密切分布相吻合，其中一些大型矿区都可投影在这个隆起带两侧梯度带上，即变异区附近，也就是安宁、昔格达-元谋断裂带上，表明含钒钛磁铁矿的基性-超基性岩体受着前述断裂控制。攀枝花式钒钛磁铁矿四个矿区具体矿床特征如下。

（1）攀枝花矿区。控矿的构造主要有北东向的攀枝花断裂，北西向的惠民-务本-通安构造带（断裂、褶皱）。成矿后构造大致可为北东向、北西向、南北向三组，部分断层导致岩体产生移动。矿区含矿辉长岩体呈北东向延伸，长19km、宽2km，倾向北西、倾角40°～50°。由于北西向断层破坏而划分了朱家包包、兰家火山、尖包包、倒马坎、公山、纳拉箐共六个矿段。区内矿体露头标高高于金沙江水面（金沙江水面标高为1030～1050m）。矿体为山坡露头均可露天开采，平均剥离系数小于$2.4t/m^3$。水文地质条件简单。

（2）红格矿区。位于康滇构造带中段西侧，自晋宁期以来，基底隆起。历次地质运动在区内发生、发育了一系列近南北向、规模巨大的复杂追踪、继承断裂带。不同时期、不同规模、不同性质的断裂活动，导致相应的多旋回岩浆活动，矿区构造比较复杂，特别是后期的岩浆活动和构造作用，致使红格钒钛磁铁矿床分成若干个大小不等的矿区。矿体在岩体中下部，整个红格岩体，走向南北长16km、东西宽5～6km，面积逾$100km^2$。红格矿区仅是红格大岩体中的一小部分，位于大岩体中的南段东侧，面积$12km^2$。含矿岩块倾向西，局部向北东倾，倾角10°～30°。穿插于矿体中的稀有金属碱性岩脉，长度大于50m的共159条，仅选择了2条最大的601脉、473脉做了评价，铌钽含量（Ta、Nb）为0.0999%，储量1250t，为中型矿床。

（3）白马矿区。含矿岩体南北向展布，向西倾，倾角40°～50°。岩体南北长24km，东西宽2～2.5km，面积$50km^2$。矿体主要赋存于下部含矿岩相带，有3个含矿层，总厚174～271m，一般196～247m。

（4）太和矿区。含矿岩体在地表出露有3.3km，北东东走向、向南倾。划分为3个岩相带，总厚度大于700m，又可划分成Ⅰ、Ⅱ、Ⅲ 3个含矿层或矿体。矿体总厚度为195～315m。

2. 矿体特征（产状）

攀枝花矿区白钒钛磁铁矿产出于海西期辉长岩体中，以底部含矿层为主，主矿体呈层状、似层状产出，与岩体产状一致。

红格矿区岩体具多层韵律式结构，在每个韵律层下部或底部形成厚大矿层，红格岩体共有4个Ⅱ级韵律层，同时发育4个厚大的矿层，每个矿层由数个厚度大小不等的矿体构成，这些矿体呈层状、透镜状及条带状产出，它们的产状与岩体产状一致。矿体或矿层的数量、厚度与岩相发育程度密切相关。

白马矿区含矿岩体南北向展布，向西倾，倾角40°～50°。岩体南北长24km，东西宽2～2.5km，面积$50km^2$。1982年攀西队提交了青杠坪矿段勘探报告。对夏家坪、马槟榔二矿段只做了一般评价工作。矿体主要赋存于下部含矿岩相带，有三个含矿层，总厚174～271m，一般厚196～247m。

太和矿区含矿岩体在地表出露有3.3km，北东东走向，向南倾。划分为3个岩相带，总厚度大于700m，又可划分成Ⅰ、Ⅱ、Ⅲ 3个含矿层或矿体。矿体总厚度为195～315m。

3. 矿物组合

本区矿物组合主要有以下几种。

钒钛磁铁矿组合：钛磁铁矿、钛铁晶石、钛铁矿、尖晶石。

硫化物组合：磁黄铁矿、黄铜矿、黄铁矿、镍黄铁矿。

氧化带矿物组合：磁赤铁矿、假象赤铁矿、褐铁矿。

主要造岩矿物：拉长石、异剥辉石、角闪石、橄榄石、磷灰石。

次生矿物：次闪石、绿泥石、蛇纹石。

攀枝花式铁矿石中有用组分：钛、钒、镓、锰、钴、镍、铜、钪和铂族元素。

（三）岩（矿）石物性特征

攀枝花-西昌地区一级构造单元属扬子准台地，由西向东包括盐源凹陷带和攀西裂谷带（康滇地轴）

两个二级构造单元；各组磁性、密度参数见表5-6、表5-7。结合区域地质构造资料，本区地层、岩浆岩和主要铁矿区矿（岩）石的地球物理特征综述如下。

表5-6 攀西盐源凹陷带各组磁性密度表

系	组	k ($\times 10^{-5}$SI)	Jr ($\times 10^{-3}$A/m)	φ (°)	θ (°)	σ (g/cm³)
第四系		339	47.844			1.50
第三系	盐源组	117.160	24.508	353	7	1.94
	丽江组	131	24.505	66	67	2.68
三叠系	松桂组（中、上博大组）	52.1	3.077	9	65	2.61
	中窝组（下博大组）	38.1	3.060	52	-22	2.69
	白山组	50.6	3.151		0	2.67
	盐塘组	72.4	6.071	353	33	2.62
	青天堡组	110	12.171	29	49	2.69
二叠系	黑泥哨组（乐平组）	60.8	5.882	33	26	2.33
	峨眉山玄武岩	115	24.624	130	-22	2.95
	栖霞组、茅口组	32.4	2.800	128	-61	2.67
	梁山组					
石炭系	未分组	36.361	3.715	23	-56	2.68
泥盆系	未分组	39.555	3.302	33	-51	2.58
	未分组	44.273	3.954	20	-43	2.53
志留系	未分组	50.085	3.823	35	-41	2.59
	石门坎组	36.170	3.113	80	-69	2.67
	龙马溪组	28.867	3.322			2.4
奥陶系	巧家组	59.792	4.039	45	-55	2.67
	红石崖组	39.661	3.943	152	-61	2.49
寒武系	未分组	49.914	3.493	152	-61	2.49
震旦系	灯影组	27.108	3.289	16	-3	2.82
		39.527	5.077	53	-33	2.49
	开建桥组	164.797	7.679	18	-57	2.53

1. 沉积岩重磁特征

从表5-6、表5-7可以得出以下特征。

（1）无论在盐源凹陷和攀西裂谷带上，盖层中除下震旦统和二叠系峨眉山玄武岩的磁性较高外，其余的都为弱磁性。

（2）对比两个构造单元的地层剩磁方向可以看出变化规律基本相同，剩磁偏角φ大部分为北东或北西，剩磁倾角θ也能对比，如古生代地层包括峨眉山玄武岩θ都为负，乐平组至三叠系θ为正，侏罗系—下白垩统又变为负（该层在盐源凹陷中缺失）。白垩系至第三系θ又为正，上述剩磁方向因未经退磁虽不能进行古地磁极的计算，但可定性看到古地磁极的反向期。

（3）从震旦纪直到古生代末，两个构造单元的地层密度都比较稳定，自中生代开始直到第四纪，裂谷带上地层密度值有逐渐降低的趋势，盐源凹陷带上除侏罗系—白垩系缺失和新近系密度较低外，其余的中生界密度都很稳定。

（4）地层密度随岩性而变化。我们所测得的沉积岩的密度变化范围见表5-8，在表中的变化范围内，在同一岩性中，一般是新地层到老地层密度值逐渐增加，比如砂岩中的1.93和页岩中的1.78都是第三系的砂岩、页岩密度值，同时，一般说来变质岩的密度也稍大一些，只是变质砂岩的密度值偏低，

表 5-7 攀西裂谷带各组磁性密度表

系	组	代号	k (×10^{-5}SI)	Jr (×10^{-3}A/m)	φ (°)	θ (°)	σ (g/cm³)
第四系	一级阶地	Q^{al}	233.484	12.423			1.31
	二、三级阶地	Q^{ad}	37.251	3.700			1.31
第三系	昔格达组	N_2x	58.137	5.198	23	20	2.07
	雷打树组	K_2-E_1l	41.575	3.701	74	25	2.27
白垩系	小坝组	K_2x	39.045	7.345	2	38	2.38
	飞天山组	K_1ft	34.765	6.720	21	38	2.35
侏罗系	官沟组	J_3g	38.832	5.138	354	−11	2.39
	牛滚凼组	J_2n	32.217	3.918	17	4	2.31
	新村组	J_2x	45.137	3.169	6	−8	2.45
	益门组	T_1y	38.240	2.615	358	−26	2.56
三叠系	须家河组	T_3xj	37.711	2.229	21	−27	2.61
	雷口坡组	T_2l	33.917	2.410	358	19	2.49
	嘉陵江组、飞仙关组	T_1f-T_1j	36.335	4.894	9	26	2.67
二叠系	黑泥哨组（乐平组）	P_2l	517.594	45.878	20	34	2.86
	峨眉山玄武岩	$P_2\beta$	964.707	636.356	305	−52	2.84
	未分组	P_1	27.494	2.375	79	−38	2.68
石炭系		C					
泥盆系	未分组	D_{1-2}	27.671	2.486	64	8	2.61
志留系	未分组	S_{1-2}	40.463	3.027	11	−30	2.65
奥陶系	大菁组	O_2d	19.876	1.991	5	−53	2.79
	巧家组	O_2q	27.826	1.963	83	−39	2.67
	红石崖组	O_1h	31.026	2.144	30	−37	2.55
寒武系	二道水组	ϵ_3e	32.851	2.153	17	−56	2.76
	龙王庙组、大槽河组	$\epsilon_1l-\epsilon_1d$	36.307	1.961	180	−76	2.61
	龙王庙组	ϵ_1l	31.357	3.021	315	−65	2.78
	沧浪铺组	ϵ_1c	31.715	2.281	8	−13	2.34
震旦系	灯影组	Z_bdn	31.282	2.261	75	−45	2.83
	观音崖组	Z_bg	37.155	3.663			2.68
	列古六组	Z_bl	54.001	10.307	49	−12	2.71
	开建桥组	Z_ak	34.914	12.949	77	38	2.71
	苏雄组	Z_as	332.621	32.103	61	20	2.75
前震旦系	天宝山组	P_ttn	65.434	18.832	358	−48	2.57
	凤山营组	P_tf	75.532	5.955			2.25
	力马河组	P_tl	48.066	6.292			2.54
	青龙山组	P_tq	54.840	7.447			2.40
	黑山组	P_ths	48.619	11.416			2.48
	落雪组	P_tl	45.011	3.519			2.75
	因民组	P_tym	82.000	13.416			2.30
	河口组	P_th	360.231	481.712	112	32	2.49
	大田组	P_td	135.846	30.275			2.60

注：各组磁性密度数据为厚度加权平均值。

表 5-8 沉积岩密度表（g/cm³）

岩性	密度值变化范围	岩性	密度平均值及其变化范围
砂岩	1.93~2.66	白云岩	2.73~2.83
页岩	1.78~2.47	千枚岩	2.60
砾岩	2.02~2.71	片岩	2.54
灰岩	2.54~2.83	变质砂岩	2.31

这是因为所采标本为风化壳中较疏松的团块所致。

（5）裂谷带上的褶皱基底有盐边群、会理群、登相营群，这三群中各有一层高磁性层，依次为蛇绿岩套、河口组、朝王坪组和则姑组。

本区只能划出几个高磁性层：盐源坳陷带中有开建桥组和峨眉山玄武岩，攀西裂谷带上有河口组、苏雄组、峨眉山玄武岩。另外作为陆壳的结晶基底是高磁性层。密度界面的划分见表 5-9，因为构造单元不同，所以密度界面划分也不同；裂谷带上存在着 3 个界面。盐源凹陷带上只存在一个界面。

表 5-9 密度界面表

构造单元	地层	界面（g/cm³）	差值（g/cm³）
攀西裂谷带	第四系	1.31	1.00
	侏罗系—第三系	2.31	0.41
	震旦系—三叠系	2.72	0.24
	褶皱基底	2.48	0.32
	结晶基底	2.80	
盐源凹陷带	新近系—第四系	1.81	0.82
	震旦系—古近系	2.63	

2. 岩浆岩物性特征

岩浆岩密度特征见表 5-10。从表中可看出以下特征。

表 5-10 岩浆岩密度表（g/cm³）

岩性	密度平均值 σ	密度变化范围	备注
酸性岩	2.61	2.51~2.73	
中性岩	2.81	2.78~2.90	
基性岩	2.94	2.67~3.18	
超基性岩	3.14	3.02~3.30	不包括蛇纹石化的超基性岩
碱性岩	2.62	2.56~2.67	

（1）密度随岩性的变化而变化，除酸性岩和碱性岩的密度值相同外，其余几种岩性的密度随着岩石基性程度的增加而增加。

（2）超基性岩经蛇纹石化之后，岩石密度较原岩变小而磁性变化不大或略有增加，如石棉超基性岩和会理下村蛇纹岩的密度明显低于一般超基性岩。这是由于辉石在蛇纹石化的过程中可能生成一些磁铁矿。蛇纹石的生成使岩石密度变小。而生成的磁铁矿则使岩石磁性增加。

（3）同岩性但形成时代不同的岩体磁性也不同。根据文献记载，岩浆岩的磁性随岩性变化。如基性岩类的磁性一般都高于酸性岩类，总的说来，本区的岩浆岩磁性也基本符合这个规律。

除上述变化规律之外，本区还有其特殊规律，即尽管属同一岩类但岩体形成的时代不同，它们的磁性也不同，如表 5-11 的数据：本区沿安宁河两岸的花岗岩有晋宁期的和印支（燕山）期的，后者的磁性都较前者强一个级次；基性岩有晋宁期的和海西期的，它们的磁性差异就更大了。因为岩石磁性的强弱与岩石中的铁质含量是呈显著正相关的。因而磁性的差异反映了成岩的岩浆不同的铁质含量，即晋宁期成岩的岩浆的铁质含量低于海西期—印支（燕山）期成岩的岩浆的铁质含量，也可以推论成后者的岩浆源深于前者。

表 5-11 岩浆岩磁性表

岩性	时代	k（$\times 10^{-5}$SI）	Jr（$\times 10^{-3}$A/m）	备注
花岗岩	印支（燕山）期	218.5	37.6	
	晋宁期	29.0	1.88	
基性岩	海西期	4949.3	1031.6	不包括力马河岩体
	晋宁期	195.2	19.4	

（4）不同构造单元中峨眉山玄武岩的磁性和密度都不同。攀西裂谷研究成果认为玄武岩由西到东可分为三个带：西带-盐源丽江边沿海、中带-康滇大陆古裂谷带、东带-凉山昆明台地。盐源凹陷带和攀西裂谷带这两个不同的构造单元上，峨眉山玄武岩的物理性质是不相同的，西带的岩石密度较大而磁性较低，中带的岩石磁性较强而密度较小，形成这种差异的原因是与岩石的物质组分和成岩的固结程度有关。攀西裂谷带上的玄武岩磁性高于盐源凹陷带上的磁性，但是，由西到东固结指数是逐渐降低的，所以裂谷带上玄武岩的密度便低于盐源凹陷带上玄武岩的密度。

（5）岩石磁性和密度的分布与构造有一定的关系。裂谷带上岩石磁性从北到南有增强的趋势，特别是在攀枝花附近是整个带上磁性最强的。另外，在断裂构造线的交会处或两条断裂之间的狭长带上，岩石密度都高一些，如泸定以北，石棉以南、冕宁附近以及攀枝花昔格达断裂之间等处，这表明岩石的磁性密度除受岩性控制外，还受构造控制，由于这些深大断裂使幔源物质沿断裂上涌成岩或上涌改造了原来的岩石，这样生成的或被改造了的岩石便存在着幔源物质成分，因而导致岩石磁性和密度都较高。

3. 主要铁矿区矿（岩）石磁性特征

（1）矿（岩）石磁性由强变弱总体趋势如下：钒钛磁铁矿、磁铁矿（具强磁性）＞玄武岩、基性超基性岩＞变质岩、中性岩＞酸性岩。同一种矿石、岩石，在不同构造地段，因磁性矿物含量变化较大，导致磁性变化也较大。

（2）钒钛磁铁矿、磁铁矿与玄武岩、基性超基性岩磁参数相比，数量级相差 10 倍以上，为区分矿致与非矿致异常提供了物性依据。但是，由于铁矿体与相共生（伴生）的基性-超基性岩体规模相比相差较大，因此，需要将矿致异常从磁性岩体产生的较大磁异常中分离出来。

（四）铁矿资源潜力预测

航磁和地磁资料在磁性铁矿资源潜力评价中发挥了重要作用。根据岩矿石磁性参数特征并结合地质矿产资料，通过定性分析和定量计算，对四种类型磁性铁矿资源量进行了预测估算，效果良好。钒钛磁铁矿资源量还有很大潜力，到目前为止，四大矿区（攀枝花、白马、红格、太和）经深部钻孔验证矿层向下延伸从原有 500m 增加到 1000m 以上，且矿层稳定，预测资源量钻探验证情况如下。

1. 攀枝花矿区

根据攀枝花钒钛磁铁矿典型示范综合预测成果，中国地质调查局、四川省地质调查院于 2008 年 10 月—2009 年 3 月对兰家矿山矿段完成了 ZK801、ZK802 两个深孔钻探验证工作。两个钻孔见矿情况如下。

（1）ZK801 孔。孔深 961m，发现 8 层铁矿石。矿层穿越厚度 83.81m（单层最厚 24m），矿体累计真厚度 62.00m。

(2) ZK802孔。孔深936m，发现4层铁矿石。矿层穿越厚度81.20m（单层最厚64.56m），矿体累计真厚度66.00m。

上述钻孔验证结果与磁测资料定性定量解释推断矿体向下延深1000m估算资源量结果一致。根据目前钻探结果，攀枝花矿区新增资源量$12×10^8$t。

2. 白马矿区

钒钛磁铁矿层南北走向，西倾，延深从500m延伸至1000m以下，与磁测推断结果一致。根据目前钻探结果白马矿区新增资源量$15×10^8$t。

3. 红格矿区

在红格矿区航磁异常中心区域（一碗水地区），根据原有1:1万地磁（ΔZ）资料和重新布置施工的地磁1:1万磁测（ΔT）资料布置施工的钻孔，发现新的厚大透镜矿矿体与磁测推断结果一致。根据目前钻探结果，红格矿区新增资源量$9×10^8$t。

4. 太和矿区

2011—2012年，根据8个钻孔（其中3个为千米钻孔）验证，矿层向南东倾（倾角45°～50°），矿层从500m向下延深至1000m以上，与磁测推断结果一致。其中ZK1313孔，孔深1618m，矿层厚740～1618m，真厚度为492.64m，平均品位19.54%。根据目前钻探结果，太和矿区新增资源量$10×10^8$t。

对地质预测资源量多于磁测预测资源量说明如下：地质上矿层延伸长度为2000m（斜距），而磁测预测垂直深度为1000m。因为1000m以下，正演计算表明已经没有剩余磁异常。

上述成果属于找矿工作的重大突破。红格矿区一碗水和白沙破地区根据磁测成果推断深部发现新透镜状矿体，同样属找矿工作的重大突破。整个攀枝花钒钛磁铁矿区经深部钻探验证，目前新增资源量达$40×10^8$t，位居全国前列，找矿效果显著。

二、物探资料在西藏多龙铜矿资源潜力评价中的应用实例

西藏多龙矿集区位于西藏自治区改则县境内，地处班公湖-怒江缝合带北缘和南羌塘盆地，其具有良好的地质背景和大地构造的特殊性，备受中外地质学家的关注。多龙整装勘查区是西藏首批国家级铜金整装勘查区之一，被中国地质调查局列为建设中国重要矿产资源后备基地的重点地区；多龙矿集区探明的铜资源量已达到$1600×10^4$t，找矿潜力超过$2000×10^4$t，由此成为我国第一个世界级斑岩型矿床。自多龙斑岩型铜金矿床发现以来，众多学者对多龙矿集区内发现的波龙、多不杂、铁格隆南和拿若等矿床的成矿地质背景、矿床特征和成矿机理做了一定的研究。但对多龙矿集区找矿方法技术方面缺乏系统性的总结研究，对区域和典型矿床的物探、化探资料的综合利用和研究存在不足，对物化探找矿模式缺乏总结，目前钻探探边摸底也需要物化探资料提供参考依据。本书通过对多龙整装区的物探与化探资料进行再处理与综合研究，提取有用的找矿信息，构建物探找矿模型，提高多龙地区寻找铜、金矿床的勘查效果，为区域找矿提供指导。

(一) 地质概况

多龙矿集区位于羌塘-三江复合板片南缘的多不杂构造岩浆岩带中，即班公湖-怒江缝合带，是喜马拉雅特提斯成矿域主要成矿带之一，是班公湖-怒江洋向北俯冲、欧亚板片向南仰冲形成良好的成矿地质背景，多期次岩浆活动为岩浆侵位、成矿物源的运移提供了条件。

通过在多龙矿集区内多年持续的研究工作，发现了地堡那木冈、拿厅、拿顿、波龙、多不杂、拿若、赛角、尕尔勤等近10个矿床（点），斑岩型矿床均与北东向、北西向控岩-控矿断层有关；矿集区内断裂构造发育，有近东西向F1、F2、F3、F4，北西向F5、F6、F7、F8，北东向F9、F10、F11、F12、F13，本区内的主要矿点大多位于北东向或北西向构造与东西向构造交会处，且以约6km的间距均匀分布，由于本区大面积出露第四纪地层，部分断层的划分依据需要物化探提供依据，物化探数据的再处理很有必要。F2断裂处于矿区中部，具有多期活动特征，它既是早期的控矿断裂，为多不杂花岗

闪长斑岩的侵入和成矿提供了通道和空间，也是后期破矿断裂。

区内出露地层简单，主要为中生界下侏罗统曲色组、色哇组滨海相碎屑岩，下白垩统铁格隆组火山碎屑岩和新生界新近系康托组陆源碎屑岩夹火山岩。其中，下侏罗统曲色组二段大面积分布在矿区的中、南部，岩性主要为一套浅绿灰色—浅黄褐色薄—中厚层状变长石石英砂岩，它与岩体的内外接触带是矿区主要赋矿部位，受岩体的主动侵位影响，地层产状发生明显变化，形成穹隆构造。经 2014 年的地质填图结果，对美日切错组重新认识，认为定名为铁格隆组更合适，下白垩统铁格隆组上段为火山角砾岩，中段为火山碎屑岩，下段为安山玢岩、安山质玄武岩（图 5-2）。

区内超基性、基性、中酸性、酸性岩体均有出露，主要为花岗斑岩、花岗闪长斑岩、二长花岗斑岩、花岗闪长岩、闪长玢岩、辉绿岩、玄武岩、英安岩等，其中，花岗闪长斑岩、二长花岗斑岩为本区斑岩铜矿的主要含矿地质体。发育的斑岩型矿床的成矿岩石均为多期次脉动侵位的花岗闪长斑岩，矿体均产于花岗闪长斑岩体及其与侏罗系砂岩接触带内，成岩年龄均集中于约 120Ma，成矿年龄集中于 118～120Ma。区内已发现的多个斑岩型矿床总体特征相似，其中多不杂斑岩铜矿和波龙斑岩铜矿、铁格隆南铜矿、拿若铜矿是多龙整装勘查区内最重要的 4 个矿床，已获得找矿突破，均达到超大型规模。

（二）重磁资料的应用效果

1. 多龙矿集区物探工作程度

2008 年，多龙矿集区开展 1∶5 万地面高精度磁测 900km²，由于当时对矿床的认识与重视程度不够，对磁法数据仅进行了简单处理与图件的编制。后期开展了部分重点矿床的 1∶1 万地面高精度磁测，随着矿产勘查投入力度加大，在典型矿床开展过大地电磁测深、瞬变电磁测量、激电测深、激电中梯等剖面测量。

2. 多龙矿集区物探异常特征

斑岩型铜（钼）矿带的矿体内及其表面通常存在磁铁矿、黄铁矿等矿石矿物，高精度磁法测量可测到中等磁异常；矿体一般具有相对低电阻率，电阻率有明显的差异。对多龙矿集区的认识：李玉彬（2012）将正、负磁异常分开圈定异常，认为磁测受多方面因素影响，不能很好地圈出岩体，激电的找矿标志为低视电阻率、高视极化率；宁墨奂、江少卿（2013，2014）也将正、负磁异常分开圈定异常，认为低磁异常间接反映花岗闪长斑岩体成矿母岩，高极化率异常直接反映斑岩型铜矿体两翼的黄铁矿化带，而中高极化异常间接反映铜矿体。本次对多龙矿集区内主要地层物性进行全面统计与对比研究（表 5-12），按磁性特征分为：辉绿岩、安山岩、玄武岩、安山岩＞铜矿化花岗闪长斑岩、火山角砾岩＞石

表 5-12 多龙矿集区主要岩层物性统计表（* 为黄铁矿的参数）

岩（矿）石	剩磁强度（Jr）($\times 10^{-3}$A/m)		磁化率（k）($\times 4\pi \times 10^{-6}$SI)		极化率 (ηs)			电阻率 ($\Omega \cdot m$)		
名称	常见值	变化范围	常见值	变化范围	η_{max}	η_{min}	η	ρ_{max}	ρ_{min}	ρ
砂板岩	92	35～306	650	162～1704	2.5	0.7	1.4	965	218	439
蚀变岩体	94.2	36～387.9	2033	155～39 684						
花岗闪长斑岩	105.9	21.35～518	2229	445～22 300	3.0	1.5	2.2	8185	1927	3904
石英闪长岩	142	38～891	3506	378～94 426						
火山角砾岩	93	78～118	4385	3524～5246	2.9	1.0	1.6	503	195	352
铜矿化花岗闪长斑岩	98	75～119	8586	4219～12 953	7.5	7.2	7.3	151	149	150
玄武岩	374	149～600	16 974	10 691～23 392	3.8	1.9	2.7	17 246	8963	13 000
褐铁矿	626	293～959	19 321	11 351～27 291	65.7*	9.3*	27*	1200*	175*	549*
安山岩	395	292～505	22 560	16 125～25 994	2.7	1.7	2.1	19 172	14 695	16 953
辉绿岩	757	92～2763	37 276	2092～392 688	2.7	1.4	2.0	3538	2141	2906

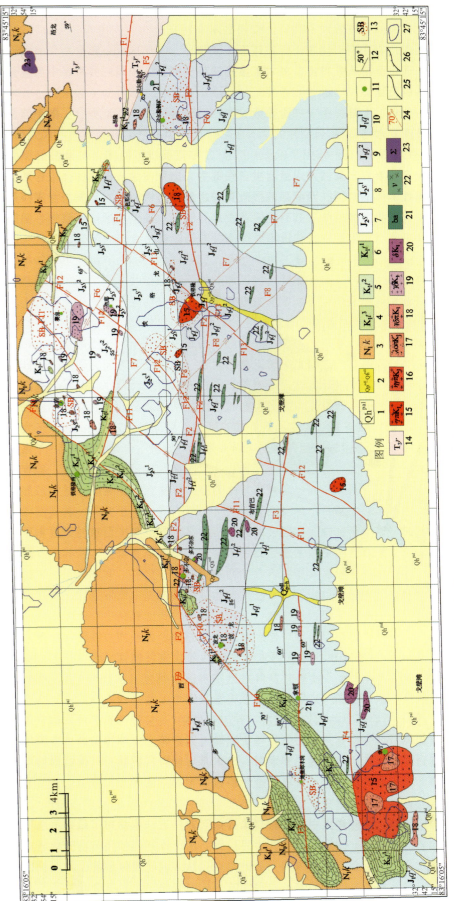

图5-2 多龙矿集区侵入岩浆构造及物化探综合异常图（据郁秋勇修编，2014）

1.全新统；2.更新统—全新统；3.渐新统康托组；4.下白垩统铁格隆组上段；5.下白垩统铁格隆组中段；6.下白垩统铁格隆组下段；7.中侏罗统色哇组二段；8.中侏罗统色哇组一段；9.下侏罗统色哇组二段；10.下侏罗统曲色组一段；11.铜矿（化）点；12.地层产状；13.角岩化蚀变带；14.上三叠统日干配错组；15.早白垩世花岗斑岩；16.早白垩世二长花岗斑岩；17.早白垩世石英斑岩；18.早白垩世花岗闪长斑岩；19.早白垩世花岗闪长岩；20.早白垩世闪长岩；21.枕状玄武岩；22.辉长岩；23.蛇纹石化橄榄岩；24.实测断层岩；25.实测地质界线；26.实测角度不整合界线；27.物化探综合异常区

英闪长岩、花岗闪长斑岩、蚀变岩体＞粉砂岩。按视极化率特征分为：黄铁矿＞铜矿化花岗闪长斑岩＞辉绿岩、安山岩、玄武岩、花岗闪长斑岩＞粉砂岩。按视电阻率特征分为：安山岩、玄武岩＞辉绿岩、花岗闪长斑岩＞粉砂岩、火山角岩＞铜矿化花岗闪长斑岩。证明多龙矿集区具备物性差异的条件，在该区开展物探工作是可行的。通过分析研究得出，多龙矿集物探找矿标志：中高磁异常、中高极化率、低电阻率的"两中高夹一低"的特征。

本文对原磁测数据进行化极、上延、垂向一阶导数、垂向二阶导数、线性增强、二维小波分析和总梯模等新方法新技术进行重新处理与解释，取得了良好的找矿效果。多龙矿集区1：5万 ΔT 化极上延100～2000m 不同深度立体图（图5-3），该图是以150nT 异常等值线进行圈闭，可以看出深部的磁性岩体范围有所减小，表明深部主要以岩浆侵入通道为主，浅部为大面积侵蚀。中部的强磁异常主要以椭圆形为主，大体可以圈定磁性岩体的范围。西南部的强磁异常也显示为椭圆形，东侧为主岩体范围，异常范围较大，且埋深较大；西侧为次级岩体，其磁性岩体范围并不大，地堡那木冈、拿顿、拿厅等矿床均出现在该磁性体周边；从磁测 ΔT 化极小波三阶趋势等值线图可以看出类似的结果。

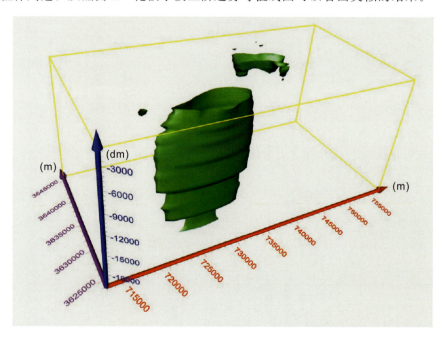

图5-3 多龙矿集区1：5万 ΔT 化极上延100～2000m 不同深度立体图（垂向上放大10倍）

从多龙矿集区磁测 ΔT 化极阴影图（图5-4）可以看出，矿集区区域磁场特征明显，分为高磁场区（中部、南部和西部）、中等磁异常区（东北部与北部）、负磁场区（北东角与东南角）3个磁场异常分布区。其中，高磁场区经工程验证，其下部为隐伏含磁铁矿黑云母花岗岩，为本区的主要地层岩性；中高值区主要是由北东向、北西向的断裂控制，中高磁异常主要是由铜矿化花岗闪长斑岩、花岗斑岩等酸性岩及少量玄武岩、辉绿岩等基性岩引起，其分布特征为零星点状分布，与地质上认识浅层低温热液型和新发现角砾岩筒型铜金矿床特征类似；负磁场区分布于矿集区北西角与东南角，其主要由位于新近系下新统康托组黏土及砂砾石层分布区，属陆相沉积地层，由于其形成时代较新，且构造及后期岩浆活动不明显，显示了平稳场特征。三者界线非常清楚，异常总体特征明显，能清楚指导下一步的有利找矿位置。

很多学者（管志宁等，1997；柳建新等，2006；祁民等，2009）进一步探讨了磁异常总梯度模的极大值法确定磁性体边界的方法，可据此确定地质体的边界位置，由于本区磁倾角方向变化较大，利用磁异常总梯度模函数的曲线形态与磁化强度及其方向无关的特点。从多龙矿集区磁测总梯度模阴影图（图5-5）可以看出，该异常主要体现了磁性体的水平与垂向的总梯度变化，总梯度变化特征与多龙矿集内的矿床分布范围基本一致；该方法有效地体现了矿致异常磁性表现强度，对资料解释起到了很好的效

第五章 西南地区物探资料在地质矿产中的应用

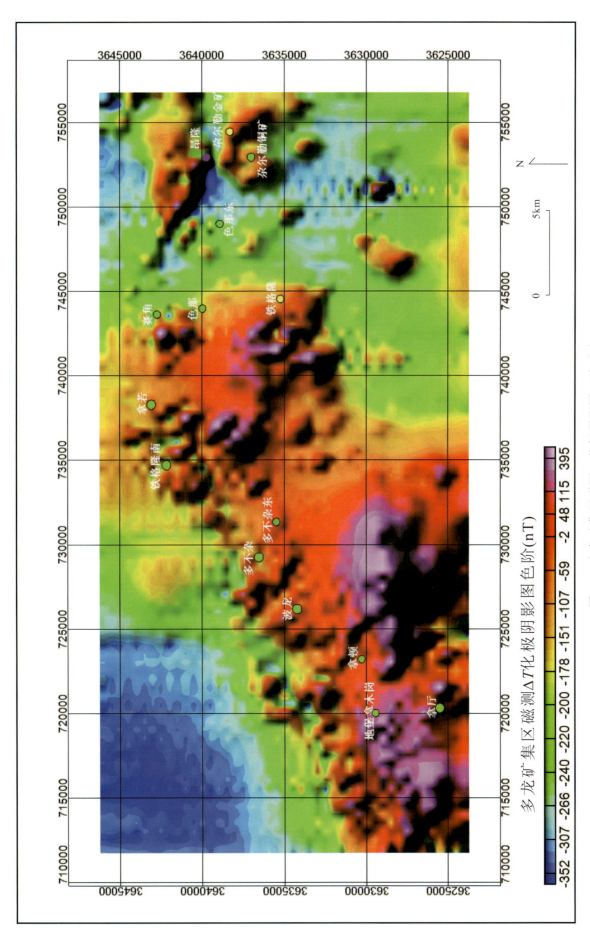

图5-4 多龙矿集区磁测ΔT化极阴影图（●为矿点）

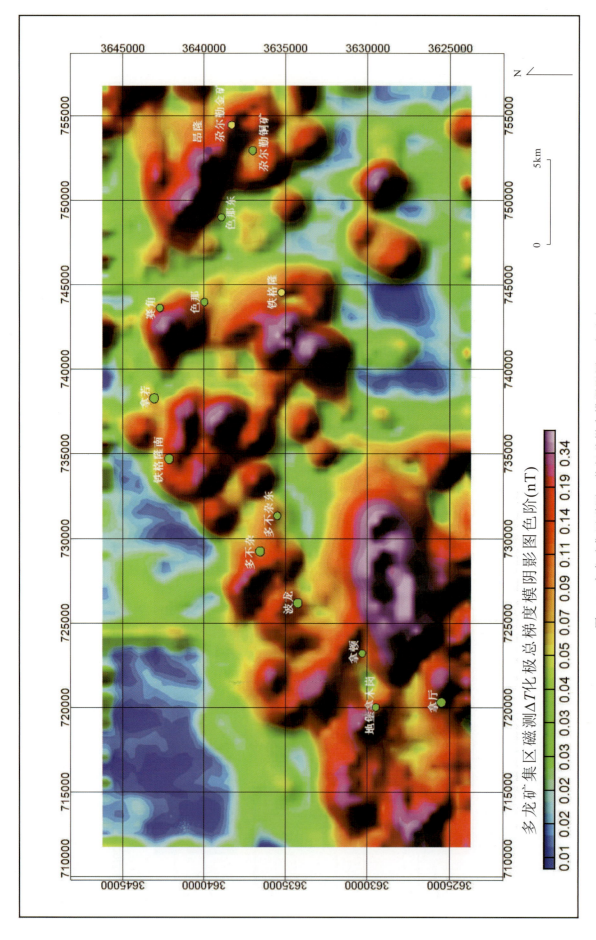

图5-5 多龙矿集区磁测ΔT化极总梯度模阴影图（●为矿点）

果。目前已发现15个已知矿点与磁异常总梯度模吻合较好，均位于磁异常梯度模的中心或周边；同时对北东向、北西向的断裂构造也反映明显，与地质上的构造边界基本吻合。从图5-6可以看出，本区共识别局部磁异常20处，编号为DL-M01、DL-M02…DL-M20。异常编号遵循由西向东，自南向北依次编号的基本原则，磁异常编号为M-01至M-20。区内较明显的深部断裂异常以北东向为主（7条），其次为北西向（3条），近东西向断裂（2条）仅在测区中南西边部附近有明显异常反映。

北东向断裂：该组断裂主要发育于测区中部，以串珠状异常定向排列为主要特征，在区内形成若干北东向展布的磁异常带。由异常带的基本特征可知，断裂带内充填有后期侵入岩岩脉及金属矿（化）体。沿DL-M02、DL-M05一线展布的北东向断裂（DL-F1），断裂的总体异常特征为串珠状磁异常呈带状排列，且间断出现；与地质上F9断裂基本吻合。DL-F2断裂位于DL-M01、DL-M04、DL-M08西侧，穿越了DL-M09磁异常，其向东发展的异常迹象不明显，有可能被东西的DL-F12断裂错断。断裂的磁异常特征为自封闭异常呈串珠状排列带状展布，与地质上F10断裂基本吻合。DL-F3向西南侧磁异常特征较弱，北东侧的为地堡那木冈（DL-M04）与DL-M07磁异常的界线。断裂穿越DL-M04与DL-M07两磁异常，北部被DL-F11断裂错断。断裂的基本磁异常特征为自封闭强磁异常呈带状展布。DL-F5断裂位于DL-M12磁异常西侧，断裂西边主要以弱磁异常为主，断裂东侧主要以串珠状的正磁异常为主，并被DL-F12断裂错断。其向北端延伸的磁异常特征暂不明显。该断裂的磁异常特征为呈断续带状展布的串珠状排列异常。该断裂与地质上的F10断裂位置基本吻合。

北西向断裂：该组断裂主要发育于测区东半部，以串珠状磁异常定向排列带状分布为主要特征。带内磁异常以正、负磁异常为主，表明沿断裂后期充填物质以铁磁性矿物为主。DL-F8断裂穿越了DL-M10、DL-M14、DL-M15、DL-M17等局部强磁异常。其向东南端延伸的异常特征不明显、向西北端延伸被DL-F4断裂错断。该断裂磁异常的主要特征为串珠状自封闭局部异常为主，该断裂切分了DL-M07和DL-M13两主要异常。DL-F9断裂DL-M16、DL-M17强磁异常，向北西方向被DL-F7断裂错断。该断裂的化极垂向一阶导数显示串珠状磁异常，该断裂与已知F7断裂较好的接合，可以推断F7断裂向东南方向延伸。DL-F10断裂穿越了DL-M19、DL-M20强磁异常，但于DL-M19强磁异常南侧，位于正、负磁异常梯度带；位于DL-M20强磁异常北侧，北西方向把DL-F6、DL-F7断裂给错断。从化极垂向一阶导数等值线可以看出，该断裂位于带状展布的串珠状磁异常。该断裂与已知F4断裂基本吻合，但地质上F4断裂在第四系覆盖层反映不明显。

近东西向断裂：区内近东西向断裂（DL-F11、DL-F12）的磁异常特征一般明显，主要体现强磁场区与畸变场区间出现相对较明显的异常反映。本测区推测两条具明显磁异常反映的近东西向深部断裂带。DL-F11断裂穿越了DL-M9和DL-M13强磁异常，该断裂位于DL-M9磁异常北部，位于DL-M13强磁异常南部；从垂向一阶导数图可以看出，该异常以带状展布的串珠状磁异常。且与DL-F1、DL-F2、DL-F5、DL-F6北东向断裂交会，为主要后期的错动断裂。该断裂与已知DL-F2断裂较吻合。DL-F12断裂位于DL-M4和DL-M7强磁异常北部；从垂向一阶导数图可以看出，该异常以带状展布的串珠状正磁异常，位于DL-M7强磁异常北部。且与DL-F3、DL-F4北东向断裂交会。该断裂与已知DL-F7断裂较吻合。

综上所述，本矿集区可引起明显磁异常反映的断裂带以北东向断裂为主，这与地质上认识一致，认为北东向断裂为第二期，为主成矿期次且深部岩浆较为发育；其次为北西向断裂，地质认为北西向断裂为第三期，也是成矿的断裂；近东西向断裂破碎带的磁异常反映较弱，认为东西向断裂为第一期、第四期，为前期断裂、破矿断裂；区内局部磁异常大多受第二期、第三期构造控制，应是以构造控矿为主的铜多金属矿。

3. 多龙矿集区化探异常特征

2009年，多龙矿集区开展1:5万水系沉积物测量900km²，后期开展1:1万岩石地化和土壤化探剖面测量，部分地区开展钻孔岩芯地球化学分析。吴德新（2012）通过对矿集区钻孔岩芯样品地球化学数据进行旋转正交因子处理、成矿元素Cu与稀土元素及微量元素U、Th的相关性分析，发现轻重稀土元素均在Cu矿（化）体部位相对富集，认为稀土元素La、Ce等与微量元素U、Th可能是一种潜在

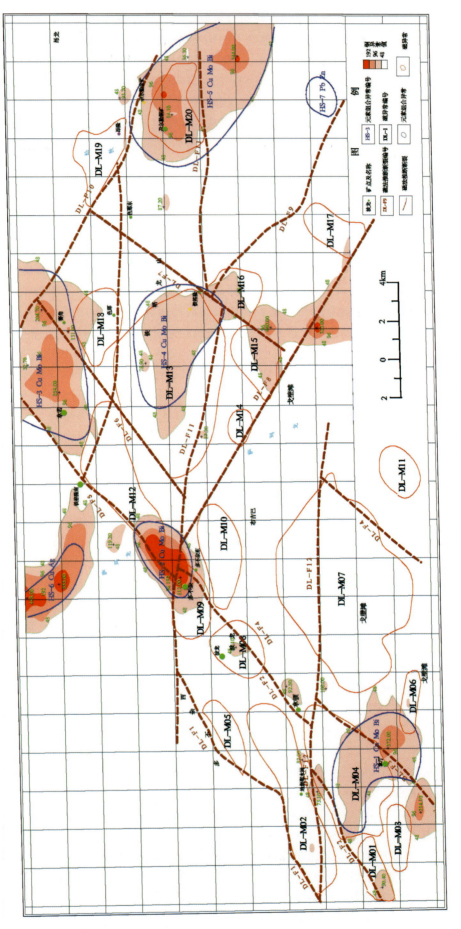

图5-6 多龙矿集区磁测解释成果与化探组合异常图（底图为Cu异常等值线图，● 为矿点）

有效的矿产勘查地球化学指标。通过因子分析：F1 因子主成分表示为一期 Cu、Mo 金属成矿阶段，F2 因子主成分表示为一期 Cu、Mo、Au 金属成矿阶段，F3 因子主成分表示为闪锌矿化与磁铁矿化时期，发生磁铁矿化蚀变；这 3 个因子方差累计贡献率达 60%，说明这 3 个因子包含了该矿集区成矿过程近 60% 的信息。矿床产于 Cu、Au 的高背景区，并与强度高、浓集中心明显的 Cu、Au、Ag、Mo 元素的化探综合异常相对应，在空间上尤其与 Cu 异常分布高度吻合。根据因子分析的元素贡献结果，对 Cu、Mo、Au 等主要元素进行了组合异常划分，得出了 7 个组合异常，分别进行编号，其中推断 5 个为 Cu、Mo 类的组合异常，另 2 个分别为 Cu、Ag 和 Pb、Zn 类的组合异常。多龙矿集区磁测解释成果与化探组合异常图（图 5-6）可以清楚的显示 Cu 元素的分带、成矿元素的异常范围、矿化强度、元素套合等信息；通过 Cu 异常的分带性与组合异常的范围进行对比综合研究，认为 HS-1、HS-2、HS-3、HS-5、HS-6 的找矿前景较好，为以后的地质找矿提供了参考依据。

4. 多龙矿集区物化探综合预测及找矿方向

特征分析又称决策模拟或决策分析，最早由 J M Botbol（1971）提出，是作为解释地质、地球化学、地球物理等区域性多元数据的一种方法而产生的，此方法可应用于暴露很少或某种程度的隐伏矿的预测、不同类型矿床勘查靶区的圈定；其基本原理属于矿床模型法。通过研究模型单元的控矿变量特征，查明变量之间的内在联系，确定各个地质变量的成矿和找矿意义，建立起某种类型矿产资源体的成矿有利度类比模型。本次根据物化探主要找矿标志，优选物探 ΔT 与化探 Cu、Au、Mo 等 4 个元素进行综合分析，得到物化探综合异常图（图 5-2）。预测变量选取后要进行变量的赋值，也就是对预测变量进行数学模型的转换；它的取值主要采用二态取值，即指变量只有两种状态，用数字 1 或 0 表示。当变量对成矿或找矿有利（大于异常下限）时取值为 1，否则取值为 0，对各元素按贡献大小，对各权重系数进行组合测试，认为对 Cu 的 ΔT 取 0.4 的权重系数和对 Au、Mo 取 0.1 的权重系数最为合适，对 4 个元素求和，得到物化探综合异常，有利于综合预测下一步找矿方向。目前的已知矿点大多数位于物化探综合异常的中部与边部，且主要位于异常的边部，仅个别矿点位于异常边部外约 500m，证明根据物化探综合异常可以指导找矿。结合地质资料，根据物化探综合异常，确定找矿方向：拿厅西、地堡拿木冈南、波龙西南、铁格隆西、铁格隆山南、尕尔勤南 6 个重点找矿远景区；其多不杂北、铁格隆南西认为水流方向引起的假异常，不具有找矿潜力。

5. 小结

首先对物性特征进行了系统全面地整理与分析，提出多龙矿集区物化探找矿标志：中高磁异常、中高极化率、低电阻率的"两中高夹一低"的物探特征、其化探特征应为 Cu、Au、Mo、Ag 4 个主要元素异常。其次运用物探垂向二阶导数、线性增强和总梯度模等新方法、新技术对磁测数据进行再处理，并结合最新地质资料进行深入分析解释，提出新的推断解释成果，有利于指导下一步找矿。再次对化探数据采用组合异常与 Cu 元素进行综合解释，重新对地球化学异常合理解释。通过特征分析法对物化探找矿标志进行综合分析，圈出物化探综合异常，提出拿厅西、地堡拿木冈南、波龙西南、铁格隆西、铁格隆山南、尕尔勤南 6 个重点找矿远景区，提高多龙矿集区寻找铜、金矿床的勘查效果，对区域找矿具有重要意义。

三、物探资料在铅锌矿资源潜力评价中的应用实例

西藏山南扎西康整装勘查区在大地构造上位于特提斯-喜马拉雅构造域中段的北喜马拉雅大陆边缘褶冲带内，北邻朗杰学增生杂岩带，南邻藏南拆离系（STDS），其构造演化与雅鲁藏布江新特提斯洋的演化和印度大陆与亚洲大陆的碰撞过程中的大规模造山作用密切相关（聂凤军等，2005；孟祥金等，2008；郑有业等，2012）。其中扎西康铅锌锑多金属矿集区位于整装勘查区中部，位于藏南山南地区隆子县内正西方向，距离隆子县县城约 48 km 处，面积约 313km^2，扎西康矿床是其中重要的大型矿床（曾令森等，2009；张建芳等，2010）。

扎西康地区第四系覆盖层严重，关于扎西康矿集区深部情况及构造特征，需要依靠地球物理、地质工程等技术手段来揭示，由于地层岩性主要以（含碳）钙质板岩为主，对于物探方法来讲是比较大的干

扰（杨竹森等，2006）。近年来，笔者以扎西康矿集区为对象，通过物性、地球物理模型和物探方法试验工作，对典型矿床（剖面）进行精细勘查，以及规律总结研究，认为西藏扎西康矿集区普遍存在"两低（高）一高（低）"的特征，进而结合区域地质背景，从变质改造、地球物理角度探讨本地区的找矿方向问题，以达到快速、有效找矿突破的目的。

（一）区域地质概况及地球物理背景

西藏山南扎西康地区区域构造演化与特提斯洋的演化和印度大陆与亚洲大陆的碰撞作用密切相关，晚古生代以来，区内经历了复杂的地质构造演化历史。在印度大陆与欧亚大陆沿雅鲁藏布江结合带发生碰撞和青藏高原隆升过程中，东西向的藏南拆离系统与代表东西向伸展的南北向构造的发育是影响区内最为广泛和强烈的构造-热事件（梁维等，2013；代鸿章等，2014）。

工作区内地层隶属藏滇地层大区，包括康马-隆子和北喜马拉雅2个地层分区，区内以发育强烈褶皱的中生代地层为特色，主要为侏罗系日当组、陆热组、遮拉组、维美组和侏罗系-白垩系桑秀组浅变质碎屑岩夹火山岩。

区内侵入岩浆活动可分为中基性和中酸性两类，均呈岩株或岩脉状产出，目前资料表明，侵入岩主要形成于燕山期和喜马拉雅期，其中以喜马拉雅期为主（戚学祥等，2008；李关清，2010）。主要的侵入岩岩体有：早晚白垩世马扎拉闪长岩、晚白垩世辉绿玢岩，以及古近纪花岗斑岩和新近纪大型错那洞白云母二长花岗岩基等。

区内构造以近东西向的北倾逆冲推覆构造和近南北向的高角度张扭性构造为主，兼有北东向和北西向的走滑断裂，其中近南北向的和北东向的张扭性断裂走滑断裂是扎西康铅锌矿整装勘查区的主要控矿断裂，而且也是铅锌矿体的容矿断裂构造（图5-7）。

测区重力场宏观呈近南北走向，南宽北窄，西高东低，南高北低，且具中部突起的展布特征，显示为由近南北走向的高密度体引起。中部高重力异常突起的剖面特征为西陡东缓，且有叠加异常的反应，异常带总体走向与已知矿体基本一致，呈南北展布，规模较大，这与区域航磁资料较为吻合，推测与隐伏次火山岩有关。已知矿体两侧出现的与已知矿体走向基本一致的低缓重力异常带，次火山岩与测区内成矿作用密切相关，对寻找隐伏矿体具有一定的指导意义，且多以叠加形式出现，异常强度较低，对于新提出跟成矿有关的岩浆岩探寻，具有某些依据，相对应的地层、构造与岩浆活动对于成矿均十分有利。

（二）矿集区地质与岩石物性的"两低（高）一高（低）"特征研究

1. 矿集区地质特征

矿集区内主要出露第四系（Q）和下侏罗统日当组（J_1r）。日当组（J_1r）：为一套以黑色页岩与泥灰岩、砂岩互层，夹有燧石团块、凝灰质砂岩为主的地层，局部黑色页岩浅蚀变为黑色板岩，可进一步划分为五个岩性段，总体向北东方向倾斜。此外，矿区内发育少量第四系，主要为残坡积物，多分布于坡谷地带，矿区内出露的岩浆岩主要为辉绿岩，位于矿区西部。

由于受区域褶皱束和断裂的影响，矿区断裂构造发育，目前已发现的断裂带有10条，主要断裂分为2组，主要为近南北向与北东向，其中南北向多为张扭性高角度正断层，其中F2、F4、F5、F6、F7为矿区主要含矿构造，F1局部矿化，F3可能对近南北向含矿构造进行后期改造和破坏（表5-13）。扎西康铅锌多金属矿床矿体的产出严格受控于构造破碎带，以南北向张扭性破碎带为主，遇破碎带发育、交会、扭张部位矿体变得厚大、稳定，品位增高。矿区共圈出了10个矿体，其中Ⅴ号铅锌矿体为矿区主矿体，产于矿区西部，地表揭露长度260m，单工程矿体厚度最大10.12m，矿体平均厚度6.67m，深部控制矿体长大于1200m（图5-8）。Ⅴ号矿体赋存于构造破碎带F7中，矿体形态呈不规则脉状、长透镜体状，局部有膨缩变化，矿体产状与构造破碎带产状基本一致，整体上向西倾斜，倾角在55°～69°之间变化。矿体在走向上和倾向上具有舒缓波状的特点，矿体是由长6~9m、宽0.10~0.15m的细脉重叠而构成的，而细矿脉在平面上呈"S"形的变化特点，矿体与围岩呈渐变过渡关系。

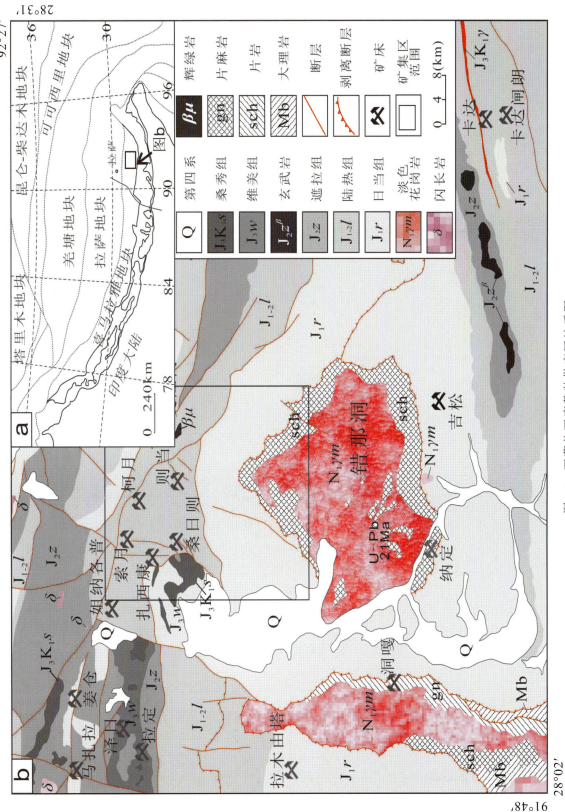

图5-7 西藏扎西康整装勘查区地质图

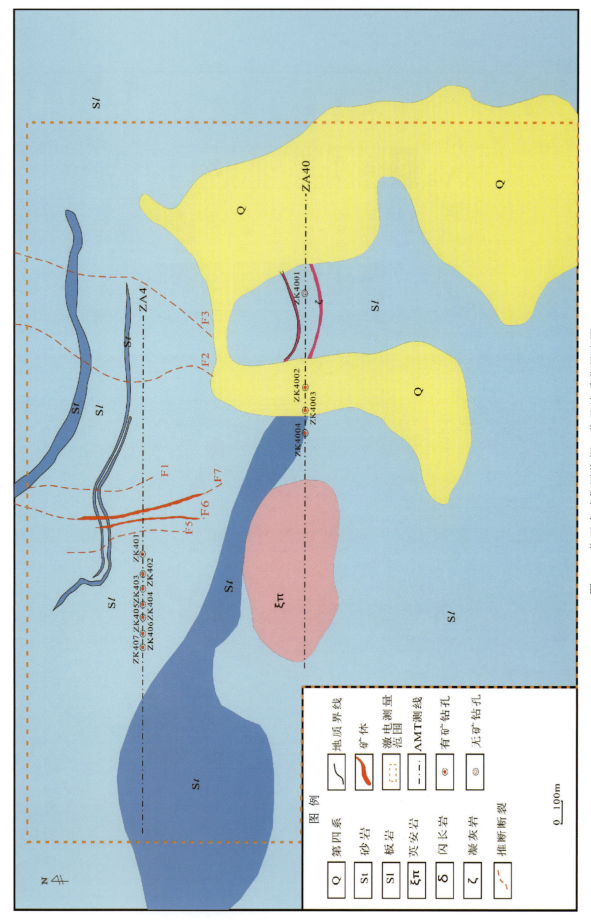

图5-8 扎西康矿集区物探工作及地质背景略图

表 5-13 扎西康矿区主要断裂构造特征表

断裂编号	产出地层	性 质	断裂面产状	长度（m）	宽度（m）	矿化、蚀变
F1	J_1r^4	平移局部张性	近南北走向	1400		弱锑、铅、锌矿化、褐铁矿化、黄铁矿化、硅化
F2	J_1r^4	平移局部张性	近南北走向	1300	1～12	铅锌矿体、褐铁矿化条带、硅化、黄铁矿化
F5	J_1r^4	张性正断层	走向南北	450	5～8	铅锌锑银矿化、褐铁矿化、硅化、方解石化、黏土化
F6	J_1r^4	张性正断层	倾向西，倾角55°	470	2～15	铅锌锑银矿化、褐铁矿化、硅化、黄铁矿化、方解石化、黏土化、石英岩化、绿泥石化
F7	J_1r^4	张性正断层	265°～295° 倾角45°～70°	600	1～30	铅锌锑银矿体、褐铁矿化、硅化、黄铁矿化、方解石化、黏土化、石英岩化、绢云母化、绿泥石化

矿化、蚀变主要有硫锑铅矿化、方铅矿化、闪锌矿化、黄铁矿化、褐铁矿化和硅化、方解石化等，银主要赋存在方铅矿、硫锑铅矿中（张建芳等，2010；朱黎宽等，2012）。围岩蚀变主要表现为硅化、黄铁矿化、褐铁矿化、方解石化、绿泥石化等。而其中以硅化、黄铁矿化、褐铁矿化与铅锌矿化关系最为密切，在强蚀变带的板理化页岩或板岩中往往形成较好的铅锌矿或者富矿体。

从矿区局部来看，根据构造统计数据研究，所有含矿断裂大部分为西倾、高角度、张性断裂。张性断裂的控矿特点是中间膨大，两端尖灭，延长不远。充填在张性断裂的矿脉，一般来说宽度较大，但延长不太远，延深也不大，该类断裂往往是上盘下降，下盘相对上升，水平压力不强烈，矿体多赋存断层本身张开部位，矿液胶结断层角砾。扎西康矿区 Ⅴ 号矿体正符合这种特征，其形态呈现为反复曲折，形态不很规则，有时呈树枝状、有时突然尖灭，大角度转变或分支，但不管怎么样，矿体赋存在高角度断裂存在普遍性（丛丽绢，1997；张旭等，2012）。

2. 岩石物性的"两低（高）一高（低）"特征研究

扎西康地层沉积环境以浅海—深海相砂岩、泥岩及页岩为主，伴有陆相碎屑沉积岩，受后期变质改造，多为浅变质岩性地层。主要以含碳钙质板岩、硅质岩、泥岩和砂岩为主，从地球物理角度，大量的含碳钙质板岩在极化率方面是比较大的干扰因素，往往给推断验证带来困难。

因此，本次岩石物性从区域典型岩石和矿集区钻孔岩芯入手，开展了岩石标本的密度、电阻率和极化性质研究。如图 5-9 所示，图 5-9b 绿色—红色区域主要为矿体空间分布曲面，含铅锌矿岩石密度主要为 2.6～3.2g/cm³，含方铅矿、锑矿、黄铁矿的岩石密度一般都大于 3g/cm³，（含碳）钙质板岩密度较小。因此，一定程度上岩石密度可以区分矿体与围岩。如图 5-9c 所示，碳质板岩、含碳钙质板岩的极化率比较高，其电阻率又比较低；凝灰岩、钙质板岩则表现为高电阻、低极化特征。岩石电阻率和极化率在图 5-9c 上呈垂直两个方向展布，而作为目标体的含铅锌矿角砾岩，主要位于他们的交叉区域（沈远超等，2008；陈伟军等，2009），即极化率：3%～8%，电阻率：100～500Ω·m，说明统计岩石标本极化率具有明显的"两高一低"特征，电阻率则相反。因此从某一范围来讲，可以利用围岩表现出明显的两低或两高特征来进行判断排除，初步避免黄铁矿、（含碳）钙质板岩等干扰因素的影响。

（三）地球物理初始模型

断裂为本区的控矿构造，物性条件显示：断裂表现为相对中高阻，碳质板岩围岩表现为低阻。众所周知，电磁测深对低阻的反应灵敏度远大于高阻，基于最平缓模型约束的 OCCAM 反演尽管能够反映地电断面的基本轮廓，但由于光滑原则是对模型本身进行光滑限制，试验证明它容易让本就对高阻反映不够灵敏的电磁测深变得更加严重。为了改善这一不利因素，我们将对模型本身的光滑约束改为模型修改步长的光滑约束，这样不仅保持了 OCCAM 算法模型光滑的优点，还有利于突出高阻体与电性体边界（梁生贤等，2014）。图 5-10a 为 Sasaki 模型两种反演效果对比，可以看出：OCCAM 反演结果较为模糊，对于地电界面的刻画不够清晰，而改进的 OCCAM 反演则在一定意义上克服了上述缺点（图 5-10b，图 5-10c）。基于上述认识，结合研究区地电特征，在实际工作中以改进的 OCCAM 反演算法为

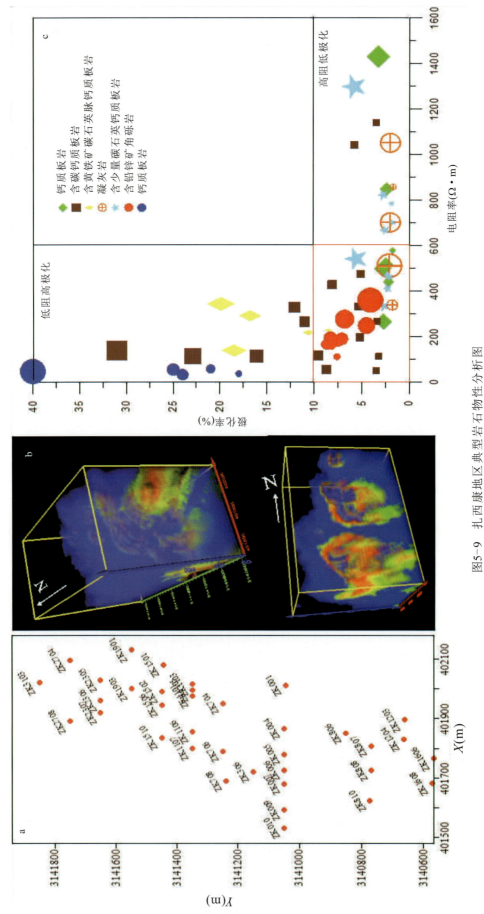

图5-9 扎西康地区典型岩石物性分析图
a.矿集区钻孔分布图；b.岩芯密度立体图；c.岩石电阻率、极化率统计图

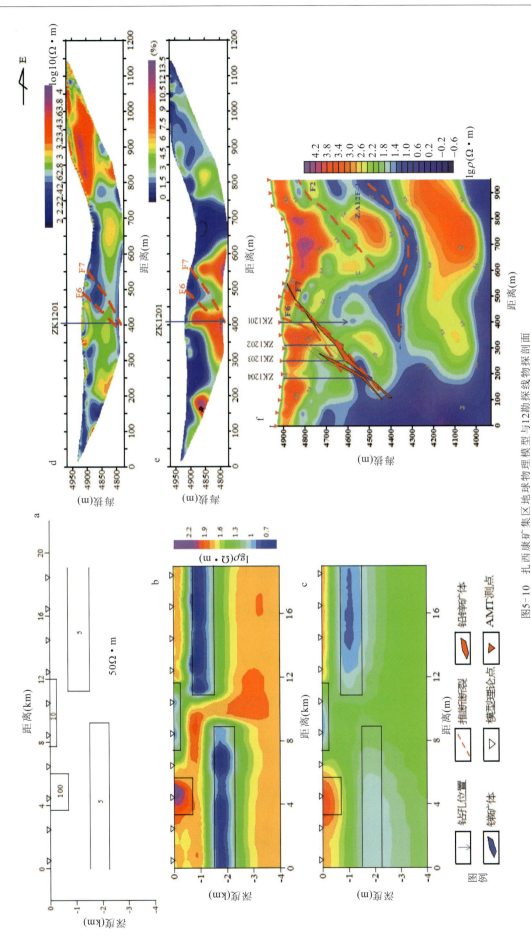

图5-10 扎西康矿集区地球物理模型与12勘探线物探剖面

a.Sasaki模型；b.改进的OCCAM模型；c.OCCAM模型；d.极距10m高密度电阻率断面图；e.极距10m高密度极化率断面图；f.极距50m音频大地电磁测深OCCAM二维反演断面图

主，断裂划分以高低阻之间的梯度带，且靠近高阻位置为依据。

(四) 典型剖面信息表现

为了对Ⅴ号矿体构造断裂、极化情况进行精细勘查，在12勘探线上开展典型矿床的高密度电法、音频大地电磁测深等工作。

ZG12线为东西向高密度电法测线（与12勘探线方位一致），采用120根电极，对称四级装置，电极距（点距）为10m。从图5-10d可以看出，横坐标490m、550m向下延伸并向西（左）倾斜为高、低阻分界线，低阻电阻率为250~500Ω·m，推断为断裂，与地表断裂F6、F7露头位置吻合。

另外，在图5-10e上F6、F7位置处极化率值3%~8%，异常（断裂位置）位于两个极高"山"形异常中间。根据ZK1201钻孔资料显示，在-133m见到工业品位的锑矿体，在-146m见到11.48m厚工业品位的铅锌矿体（F7断裂），说明此方法的有效性以及推断（断裂）异常的准确性。电阻率和极化率异常形态都表现出两个高（低）值异常加一个低（高）值异常，且断裂位置往往不在低电阻率和高极化率高值连线的异常中心。

为了进一步研究中深部地质电性特征，在典型矿床开展音频大地电磁测深（V5-2000），本书只以ZA12线为例说明，测线与12勘探线方位一致、ZG12部分测点重合，点距50m，共20个测点（图5-8）。

依据地球物理初始模型，确定断裂划分依据，并根据钻孔资料及物探探测结果分析（图5-10f），推断断裂F6、F7与实际含矿断裂位置较吻合，表现为明显的中低阻异常，幅值为150~300Ω·m，断裂位置基本为高低电阻率等值线梯度带，断裂倾角较大，延伸至标高4400m。ZK1203验证结果显示，在4715~4655m、4618~4585m分别见到断裂和矿体，说明音频大地电磁测深的效果还是比较明显的。总体来看，在剖面横向上电阻率形态表现为低值异常加高值异常。此外AMT资料可以清楚地划分出F2、ZA12F-1断裂（层间破碎），这为另一角度找矿提供了思路，但在浅部反映断裂能力较弱，需要高密度电法等其他资料补充推断。

(五) 岩石物理性质验证与找矿方向探讨

除了上述的研究工作，我们还对区域岩石物理性质进行了处理研究。如图5-11a，矿区Ⅴ号主矿体主要分布在低（A）区，即中低极化率值区域，赋存于F5、F6、F7断裂中，以条带状异常沿极化率梯度带展布。同样道理，低（C）区分布北东向断裂，赋存Ⅶ、Ⅷ号矿体。而低（B）区主要为验证区，根据40线物探方法综合效果和岩石物性方面的总结，布设孔位ZK4002、ZK4003并验证，结果在-183~-189m见到铅锌矿体，其中H2样品分析Pb、Zn、Sb、Ag的品位分别为3.33%、3.13%、0.013%、118×10^{-6}（ZK4002）。ZK4003分别在-191~-204m、-330~-334m、-390~-392m见到铅锌矿体，其中-191~-204m矿品位较高，样品分析Pb、Zn平均品位达11%（其中6m样品品位达25%以上）。由此可见，矿体赋存与物性情况存在一定的关联，当具有一定构造，极化率中低值的情况下，且面上极化性质具有"两高一低"的特征，则含矿的可能性比较大。

在整个藏南地区发生东西向伸展的动力学背景下（18.3~13.3Ma）（Williams H et al, 2001），受逆冲推覆和拆离滑覆等多次构造变形作用的影响，扎西康地区多呈近东西向展布的复式褶皱样式（图5-11b），多期褶皱叠加现象明显（戚学祥等，2008）。近南北向断裂形成时间明显晚于近东西向断裂，多表现为高角度正断层和走滑性质，常常伴有现代热泉活动，对区内成矿起到了明显的控制作用（梁维等，2013）。通过成矿后叠加变质构造，往往形成断裂面（有位移）、层间滑脱面、硅质和钙质地（岩）层的接触面等成矿构造结构面（叶天竺，2007；贾承造等，2014）。

工作区存在大量的（含碳）钙质板岩、泥质岩（含层凝灰岩），属于沉积环境。成矿物质的富集主要发生在沉积阶段，垂直剖面上含矿岩系常常形成黑色岩系—矿层—浅色岩系的岩性序列（这与钻孔岩芯资料一致）。在后期改造阶段，区域变质作用及其他地质作用，形成主成矿期，同时一系列的断裂形成。由于黑色碳质岩系电阻率较低，而矿体主要在中高电阻率地质体的构造断裂中分布，因此会在反演

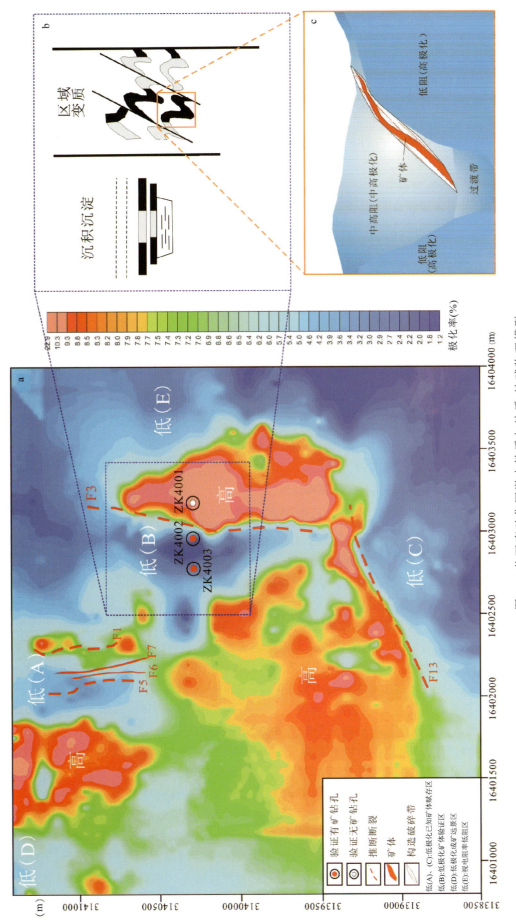

图5-11 扎西康矿集区激电性质与地质-地球物理模型
a.激电等值线图；b.地质演化示意图；c.地质-地球物理模型

断面图上形成"(倒)三角"的异常形态(这在多条物探剖面上均有显示)。

本区近东西向构造主要为区域和层间破碎,往往是规模相对较大的断裂,为热液的主要通道之一。按照岩石物理性质研究及物探验证的结果,结合区域地质背景,初步建立扎西康矿区地球物理模型(图5-11c),认为在低极化率区域存在断裂,且在断裂走向的垂直方向为高极化、低电阻区,那么矿床赋存的可能较大,也就是说低(D)、低(E)区含矿的可能性较大(图5-11a)。另外,当近南北向断裂与近东西向断裂交会连通后,蚀变和矿化的规模随之扩大,在二者之间及其次级构造中往往会形成工业矿体,这也可能是今后重要的找矿方向(叶益信等,2011)。

(六)结 论

本区的构造与矿的关系较为密切,对于构造研究来说,油气地震勘探比较普遍,而精细的非地震地球物理则相对较少。隐伏构造的判别常常根据一些地球物理标志,如重磁不同场区分界线、异常梯度带、突变带、错动带、(线性、串珠状、放射状)异常带等,反映出深部隐伏断裂对地球物理场的影响和控制。但由于地球物理反演的非唯一性和不稳定性,导致构造地球物理学研究有一定的困难,根据已有的"两低(高)一高(低)"的规律特征,加入本地区实际地质模型与反演方法反复对比,以达到找矿方向进一步明确的目的。

另外,分析成矿构造空间特征,成矿构造与控岩构造、区域构造的关系,已成为本区的重要地质问题。加强本区内各级次断裂构造的几何学,了解断裂性质,研究各断裂构造的规模与空间展布规律及相互关系,总结断裂空间组合的样式,对探索矿体的空间分布规律,深化对矿床模型的认识,指导探矿工程的布设与施工有十分重要的意义。如何将多种方法综合运用和分析,发现矿(化)体在空间上各种信息的规律,对地质找矿方向具有清晰的认识和可靠的评价,将是我们下一步研究的内容。

四、物探资料在金矿资源潜力评价中的应用实例

(一)长安金矿综合物探方法找矿实例

金平县长安金矿区位于金平县城270°方向,平距约10km,隶属金平县铜厂乡铜厂村委会管辖。它是云南地质调查院第二地质矿产调查所于2001年调查金铜矿资源时发现,2002年云南地矿资源股份有限公司文山分公司对该区进行了详细调查,2004年云南地质调查院第二地质矿产调查所提交的中国地质调查局国土资源大调查项目《云南金平-绿春金铜矿评价》报告中提到金平县铜厂乡发现9个原生金矿床,统称为长安金矿。

长安金矿在大地构造上属于哀牢山成矿带南段(习惯上把元江-墨江公路以北称为哀牢山成矿带北段,以南称为哀牢山成矿带南段),作为该成矿带上继老王寨金矿、墨江金矿、大坪金矿后的又一新发现的大型金矿床,很快成为地质科研人员研究的热点,并在这些年做出了一些卓有成效的研究,包括应汉龙等(2006)通过对区内岩浆岩及金矿石中黄铁矿硫、铅同位素的研究,认为其成矿物质不是来源于石英正长斑岩,可能是新生代岩浆-构造活动晚期,在断裂构造中循环的热液汲取上地壳沉积围岩中的Au等成矿物质形成含矿流体,在断裂构造带压力和温度较低部位通过充填和交代作用形成;黄勇等(2007)根据长安金矿V5、V3矿体中伊利石黏土的K-Ar测年结果,认为长安金矿存在两期矿化,82.57~73.47Ma为第一期矿化,还存在一期与岩浆作用有关的矿化,同时根据流体包裹体的δD和$\delta^{18}O$,认为其热液来源于岩浆水和地层水的混合,$\delta^{13}C$显示地幔源及海相碳酸盐源特征,金矿石中黄铁矿$\delta^{34}S$显示硫的深源与蚀变岩中沉积硫的特征;和中华等(2008)通过对比分析长安金矿床矿石、地层、岩浆岩中成矿元素的含量,认为Au与As之间具有较好的正相关性,细晶正长岩、辉绿岩、煌斑岩是与长安金矿关系最为密切的岩浆岩,为长安金矿提供了成矿物质来源;刘邦等(2008)通过总结前人的研究成果,同时结合对长安金矿V5矿体的矿石和围岩进行的含金量、主量元素、微量元素、稀土元素(REE)、铂族元素(PGE)分析,认为煌斑岩与正长岩为富碱侵入岩,金成矿与煌斑岩侵位同时发生在新生代,煌斑岩成岩为金成矿提供热动力,是野外的直接找矿标志之一,成矿物质具壳幔混源特

点，成矿作用与地幔活动关系密切，与煌斑岩、正长岩成矿有关的岩浆可能为地幔岩的部分熔融形成；郭春影等（2009）通过对长安金矿床不同类型矿石、岩浆岩和白云岩地层稀土元素地球化学对比研究，认为矿区内石英正长斑岩、正长斑岩、正长岩和中基性煌斑岩、辉绿岩可能为同源岩浆演化的产物，矿化作用可能与煌斑岩和辉绿岩的岩浆活动有关，可能至少存在两期不同成矿流体的叠加成矿作用；张静等（2010）通过对长安金矿岩浆岩的岩石学特征研究，认为矿区内的岩浆岩可能为同源岩浆演化产物，但煌斑岩、辉绿岩与矿化关系更为密切，金成矿物质具有壳幔混源的特点，成矿流体由岩浆水和地层变质水混合而成；李士辉等（2011）对长安金矿成矿流体特征进行了研究，认为其成矿流体具中低温、中低盐度的特点，成矿流体是多来源的，矿区内岩浆活动带来的岩浆热液以及海相碳酸盐岩地层在变质过程分泌的变质热液共同参与了成矿作用。

综上所述我们不难发现，前人的研究方向主要集中在成岩和成矿学、壳幔相互作用、地幔流体与金的成矿作用，矿源层和成矿流体地球化学，岩浆岩的成岩与金的成矿作用之间的关系，深部构造活动与成矿作用等方面，探讨了长安金矿的深部成矿作用以及其与哀牢山成矿带其他金矿床的统一成矿机制，初步建立了长安金矿的成矿模式，但是在找矿方法方面的研究却甚少，然而对于长安金矿这种严格受断裂控矿的金矿床而言，第四系覆盖层较厚，断层地表特征又不明显，通过物探手段来查清断裂的空间分布形态对于指导找矿也具有重要的意义。

1. 地质矿产概况

（1）区域地质背景。

在大地构造上，哀牢山成矿带位于印支板块与扬子板块之间的结合部位——哀牢山断裂带（又称哀牢山-红河断裂带）和金沙江缝合带的南段。宏观上呈 NW-SE 走向，北东、南西两侧分别以红河深大断裂和九甲-安定深大断裂为界，从西藏东南部一直延续至南海地区，全长大约 1000km。带内发育三条主要断裂，从北东至南西依次为红河、哀牢山和九甲-安定 3 条近 NW-SE 向深大断裂组成，3 条断裂向北在弥渡附近合并为一，向南展开经金平延入缅甸和越南，整体形态具有向 NW 端收敛，向 SE 端散开的帚状构造特征（图 5-12），这主要与哀牢山构造带曾发生大规模推覆作用以及受区域抬升速率的影响有关。构造带北段抬升速率较大，剥蚀较深，接近推覆体根部的收敛部位，显得比较窄；南段抬升速率相对较小，剥蚀相对较浅，推覆体保存完整，显得比较宽，决定了哀牢山成矿带具有向 SE 侧伏的特点（郭晓东等，2008）。其中红河断裂陡立倾向东北，哀牢山断裂带两侧莫霍面深度突变，东北侧深，西南侧浅，且该断裂带两侧地壳结构存在差异，为地体或板块之间的古缝合带，是岩石圈内部结构横向差异性的边界断裂（徐鸣洁等，2005）。作为东南亚地区主要的断裂带之一，普遍认为其对东南亚地区第三纪构造演化有重要影响，是研究青藏高原东南部大地动力学过程的重要场所，该断裂带在第三纪的左旋走滑距离被认为在 500～1000km 之间（Tapponnier et al, 1986, 1990, 2001; Leloup et al, 1993, 1995, 2001）。

长安金矿位于哀牢山南段，哀牢山推覆构造带金平推覆体的中南部，属哀牢山金矿带的一部分。哀牢山推覆构造带从东到西有 3 条巨大的冲断带，由南西向北东分别称为前缘（边界）冲断带、中央冲断带、后缘冲断带，即九甲-安定、哀牢山、红河冲断带。这 3 条区域性的冲断带将哀牢山推覆构造带从南西向北东又分为 4 个带（图 5-12）。金平推覆体呈楔形夹于绿春褶皱束和哀牢山断块之间，分别与藤条河大断裂和哀牢山深断裂接壤，区内发育的甘河断裂、三家断裂、金河断裂及大坪-金平断裂构造分别对所控制区块的岩浆活动和成矿作用产生显著影响。原生金矿带处于甘河断裂与三家断裂夹持的三角形断块的中南缘，并跨越甘河断裂与藤条河大断裂夹持的条形断块，受甘河断裂的影响，矿体分布于甘河断裂的破碎带内及其两侧的蚀变基性岩内（和中华等，2008），矿带北西向延伸长几十千米，沿途有懂棕河金矿、长安金矿、银厂坡金矿、长安冲金矿、亚拉坡金矿及马鹿塘金矿等，并与白马寨铜镍矿系列和铜厂-长安冲铜钼矿系列相伴产出，与大坪金铜铅银矿带和勐拉铜矿带间隔并列，形成金平断块多金属成矿集中区。

前人在该区已经做了一定的基础地质及矿产普查工作：1990 年 8 月，云南省地质矿产局物探队提交了《1:20 万金平、河口幅地球化学图说明书》，圈出了铜厂铜、锌、银、金多金属异常，长安金矿

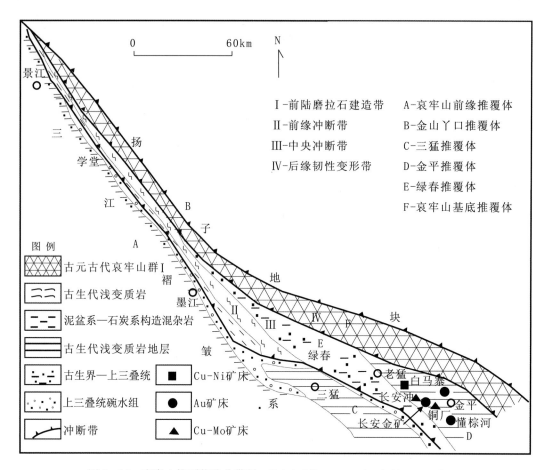

图 5-12 哀牢山推覆构造分带图（据李定谋等，1998；李士辉等，2011 修改）

就处于该异常的西北端；1997—1999 年，云南省地质矿产勘查开发局第二地质大队文山地质矿业总公司在铜厂地区进行了红土型金矿的检查工作，发现了银厂坡和老卡金矿；2001 年云南地勘局为上市募集资金，由云南省地质勘查局第二地质大队所属云南文山矿业总公司编写了《云南省金平县铜厂金矿区详查地质报告》；2001—2002 年，云南地矿资源股份有限公司对长安金矿 V5 矿体进行详查，提交了《云南省金平县长安金矿详查地质报告》；2010 年，云金集团所属的云南地质矿业有限公司对长安金矿及外围开展了地质普查工作；2011 年云金集团所属的云南地质矿业有限公司对长安金矿及外围开展了地质详查工作并提交了《云南省金平县长安金矿 2011 年地质详查增储报告》。

（2）矿床地质特征。

矿区范围内出露的地层为第四系；中、上志留统康朗组（$S_{2-3}k$）白云岩，局部有含金辉绿岩脉穿插，局部溶蚀洼地、溶槽面上具红土型金矿；下奥陶统向阳组（O_1x）粉砂岩、细砂岩为长安矿区主要含矿地层。

矿区褶皱和断裂构造的复合作用是形成长安金矿的重要构造条件（图 5-13）。矿区位于猛谢倒转背斜的南东转折端，矿体赋存于近转折端的南西翼构造碎裂岩带中，呈现奥陶系下统在上，志留系中上统在下的倒转性单斜构造。背斜核部地层为 O_1x^2 碎屑岩（其内部产出形态呈现向斜构造特征），翼部地层为 $S_{2-3}k$ 白云岩，倒转背斜南西翼的地层倾向为 70°～100°，倾角为 25°～55°，而北东翼的地层倾向为 330°，倾角 20°～50°。北西走向的甘河断裂 F5 为区域内主要断裂，总体倾向南，地表局部倾向北，断裂破碎带由碎裂白云岩和断层泥组成，部分地段发育黄铁矿化和金矿化。甘河断裂以北为倾向南东的单斜构造，由下奥陶统碎屑岩，中、上志留统白云岩，泥盆系碳酸盐岩夹细碎屑岩、石炭系和二叠系碳酸盐岩和二叠系峨眉山玄武岩等组成；甘河断裂以南为倾向南西的单斜构造，由中、上志留统白云岩，泥盆系碳酸盐岩夹细碎屑岩、石炭系和二叠系碳酸盐岩、峨眉山玄武岩等组成（应汉龙等，2006）。在背斜转折端，北西向F6构造碎裂带沿S_{2-3}/O_1不整合界面产出，破碎裂隙发育，穿插有许多辉绿岩脉、煌斑岩脉及正长斑岩、细晶正长岩脉等。局部辉绿岩和煌斑岩脉边部具金矿化，部分达工业品位，甚至有较高品位出现。F6构造碎裂带在S_{2-3}/O_1接触面两侧形成宽度大于100m的脆性破碎带，为金矿的形成提供了构造条件。

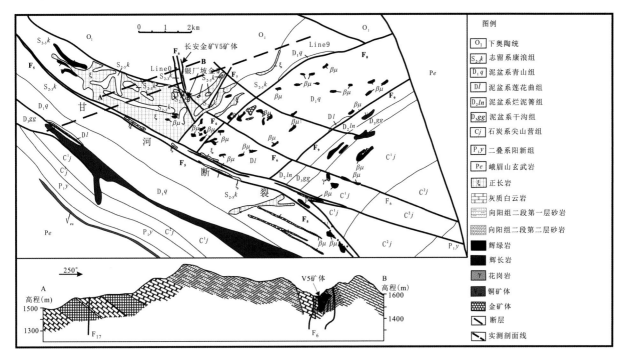

图5-13 长安金矿床地质简图（据和中华等，2008修改）

2001—2002年地质详查认为F6断层主要沿S_{2-3}/O_1地层界面分布，并且认为两地层为不整合接触，总体倾角小于50°；通过2010年及2011年云南黄金矿业集团对长安金矿的地质详查，对F6断层及矿体连接获得了新的认识，认为F6断层并非完全沿白云岩和砂岩的界面分布，此断层具有上缓下陡的特征，对矿区主矿体和银厂坡金矿的形成起着重要作用。该断层总体走向340°，地表向北东东倾斜、倾角在地表和浅部为20°~60°，中深部倾角变陡至60°~90°（1600m标高以下近于直立或反倾），断层在走向及倾向上具有舒缓波状变化特征、呈"S"形变化；在2012年地质详查工作中，认为F6断裂不是线状体，而是一个碎裂岩带，其间发育北西西向、北东东向，近南北向3组次一级裂隙，通过系统的钻探编录及地质修测，基本确定了长安矿段内F6碎裂岩带的空间展布：自西向东可分为3个大的岩性带。①西部以白云质为主要成分的角砾岩、碎裂岩带，底部主要为白云岩质碎裂岩，层间多夹角砾岩，局部岩脉侵入，基本不含矿；中部以角砾岩为主，多见白云岩质碎裂岩角砾、局部有砂泥岩质碎裂岩角砾，呈团块状产出，层间少见岩脉侵入，钻孔揭露深部部分辉绿岩细脉达工业品位，近地表风化层中偶见氧化矿，成分复杂，可能为蚀变辉绿岩交代围岩风化富集而成矿；顶部（东盘）主要是弱蚀变构造角砾岩，见明显胶结物。②中部糜棱岩带，在矿区也是S_{2-3}/O_1岩性分界线，糜棱带以东，原岩成分主要为砂泥岩，糜棱带西侧，原岩成分主要为白云岩。与白云质角砾岩带接触面多伴有细晶正长岩脉侵入。③东部泥砂岩质碎裂岩、碎粒岩带，主矿体主要产于泥砂岩碎裂岩、碎粒岩带下部靠近糜棱岩带，多呈大透镜状产出，上部矿化较弱，矿体多呈细小透镜状、脉状产出。

矿区广泛出露辉绿岩、正长斑岩、细晶正长岩、煌斑岩、橄榄辉长岩等岩浆岩。未蚀变的辉绿岩不含金，经后期热液浸染蚀变的辉绿岩部分含金，矿物成分为斜长石、单斜辉石、橄榄石、石英、白钛石、铬尖晶石、钛铁矿等。正长斑岩、细晶正长岩多呈岩株、岩枝、岩席产出，矿物成分为钾长石、微斜长石、正长石、环带斜长石、黑云母、角闪石、少量石英，副矿物为磷灰石、榍石、独居石、锆石、磷钇矿等。煌斑岩有超基性煌斑岩、基性煌斑岩、碱性煌斑岩、云煌岩等，呈脉体产出，主要产于矿化带内，矿物成分为橄榄石（5%～10%）、辉石（30%～40%）、紫苏辉石（5%）、角闪石（10%）、基性斜长石（25%～35%）、极少量黄铁矿、黄铜矿、钛铁矿、磁铁矿等。橄榄辉长岩产出于长安矿段深部，呈脉状或更深部有岩基，矿物成分为橄榄石、辉石、紫苏辉石、角闪石、基性斜长石、极少量黄铁矿、黄铜矿、镍黄铁矿、钛铁矿等。与金矿化有关的围岩蚀变种类较多，主要有碳酸盐化、硅化、绢云母化、石英细脉化、黄铁矿化、毒砂化，局部尚有黄铜矿化、方铅矿化、闪锌矿化等。

2. 综合物探方法的应用效果

长安金矿的V5矿体是目前所知道的该区最大矿体，而V5矿体严格受控于区内的F6断层破碎带内，该区地质情况最详细，钻孔资料丰富，钻孔资料显示该区海拔1640m以下为主体硫化矿，但下延情况不明。前人的研究成果也从多个角度表明，作为哀牢山金矿带上新近发现的超大型金矿床，长安金矿区极有可能存在深部隐伏矿。所以在充分分析该区地质特征的基础上，以F6断层破碎带为主要研究对象，选择穿过并垂直V5号矿体的0、9线作为物探方法试验剖面进行研究（图5-13），以期能准确界定控矿断裂F6的位置、倾向、断距以及发育规模的空间展布和深部断面的延伸情况以及矿体的赋存空间，对该区深部隐伏矿的勘查以及外围找矿具有重要的指导意义。

由于该区属于高山植被覆盖区，地质情况复杂多样，断裂构造极其发育，断裂在地表迹象不明显，且考虑到地球物理方法本身探测目标具有不确定性和多解性，单靠一种方法手段很难直接达到研究目的，所以我们分别进行了地面高精度磁测、激电、瞬变电磁、大地电磁等多方法的试验研究，各方法取长补短，同时结合钻孔资料进行相互约束、互相验证。

（1）电性结构分析。

之前该区从未做过大比例尺的物探工作，缺少可供参考的地球物理资料，开展物探研究工作前首先对矿区内的各类岩（矿）石（共计250块）的电性参数进行了测定，其结果见表5-14和图5-14所示，从图表中得出如下规律：①矿区的岩（矿）石电阻率主要受岩性及岩石破碎程度影响，而与时代无明显的关系，白云岩、灰岩、辉绿岩，为高电阻率地质体，其平均电阻率大于4500Ω·m；砂岩、煌斑岩、正长岩为中等电阻率地质体，其平均电阻率约1500Ω·m；硫化矿、断层泥、构造角砾岩、含碳质

表5-14 长安金矿区岩（矿）石物性参数

岩（矿）石名称	极化率 F（%）		电阻率 ρ（Ω·m）	
	变化范围	平均值	变化范围	平均值
硫化矿	5.69～29.06	13.5	15.79～1605.07	727.68
白云质灰岩	0.34～5.94	2.22	299.22～12 542.88	7859.7
灰质白云岩	0.11～6.10	2.03	1148.64～12 157.58	7593.27
正长岩	0.23～3.81	1.16	176.62～2312.49	1014.96
风化正长岩	0.10～3.46	1.24	199.70～2503.46	589.95
断层泥	0.58～3.54	1.61	36.45～768.69	288.31
粉砂岩质碎裂岩	0.60～5.66	2.17	390.64～6379.49	2417.86
含碳粉砂岩质碎裂岩	4.18～15.28	8.30	106.55～1351.64	738.99
硅化粉砂岩质碎裂岩	2.16～8.61	5.35	1030.78～3776.53	2184.55
煌斑岩	0.46～2.45	1.24	506.88～4615.57	2695.18
构造角砾岩	0.30～9.95	2.64	77.20～3164.70	749.85
氧化辉绿岩	0.37～2.45	1.02	1174.26～10 770.80	6798.81
辉绿岩	0.20～6.90	2.35	605.34～8788.44	4426.43

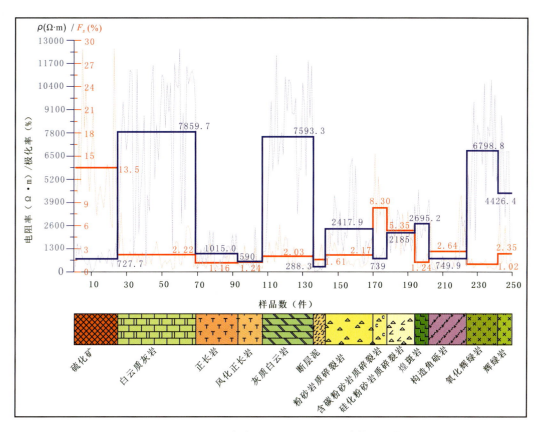

图 5-14　长安金矿区各类岩（矿）石的电性参数对比曲线图

砂岩为低电阻率地质体，其平均电阻率约 300~700Ω·m；无论何种岩（矿）石随破碎程度的增强，电阻率降低，破碎带中的碳质、泥质等充填物的增加，电阻率也随之降低；②矿区的岩（矿）石极化率主要受岩石金属硫化物矿化程度及含碳量影响，硫化金矿由于黄铁矿化较强，是该区的极化率最高的地质体，其平均极化率达 13.5%；在该矿区有不同程度的黄铁矿化或含碳质的砂岩，其极化率也较高，平均值为 5%~8%；在岩石中随金属硫化物矿物及碳质的增加，极化率增高。其他围岩均表现为低极化率地质体，平均值小于 2.6%。

综上所述，长安金矿区深部的硫化（金）矿为中低电阻率、高极化率的地质体，与围岩具有显著的电性差异，具备地球物理勘探前提；断层泥为特低电阻率地质体，是间接找矿的标志；灰岩、白云岩与砂岩的电阻率有 2~3 倍差异。结合地质认真综合研究，该区用电阻率和极化率参数，可大致划分断层带、硫化金矿体、灰岩、砂岩界线。

（2）地面高精度磁测。

地面高精度磁测因为仪器轻便、操作简单、外界影响小、成本低等优点已经成为所有物探方法中应用最广泛的一种方法（管志宁，2005）。它通过观测和分析不同地质体的磁场特征及磁性差异，可以研究断裂构造及其空间分布形态，从而指导找矿工作。本次磁测的目的是大致确定 F6 断层的平面位置以及出露岩体的边界形态，从而进一步确定 V5 矿体可能赋存的位置。

在磁场平稳的矿部驻地附近建立一个日变观测站及仪器校正点，日变观测始于出工前，终于收工后。用 GSM-19T 质子磁力仪观测地磁场总强度 T 值。磁异常（ΔT）除正常的日变改正外，同时进行纬度改正、高度改正。当日工作结束后，对日变数据进行圆滑，利用圆滑后的日变数据对测点数据进行日变改正。然后利用电子表格，按照公式 $\Delta T = T_{测} - T_0 + \delta T_日 + \delta T_总$ 计算测点的磁场总量异常，式中，ΔT 为磁场总量异常；$T_{测}$ 为测点处观测磁场值；T_0 为基点（日变站）磁场值；$\delta T_日$ 为测点日变改正值；$\delta T_总$ 为总基点改正值。

图 5-15 是 0 线上磁测、激电、瞬变电磁及地质的综合成果剖面图。从图 5-15a 可见，虽在矿体

上方出现正、负交替的磁异常（ΔT），但均属单点跳跃，推测是矿山开采的机械设备干扰，没有出现明显的有意义异常，很难对该区找矿工作提供有用信息，无法达到预期的目的，其他几条测线的磁测效果也不理想，所以地面高精度磁测在该区对于找矿指示作用不明显。

（3）激电剖面测量。

激电法是目前唯一能直接发现浸染状金属硫化物矿体的最有效方法之一，可分为时间域激电法和频率域激电法。当供电电极向地下供电，并保持供电电流不变时，测量电极之间的电位差随时间增长会趋于某一饱和值，断电后，在测量电极之间仍然存在着随时间减小的电位差，并逐步衰减趋近于零，这种现象称为"激发极化效应"。金属矿石、石墨等电子导体，地下水等离子导体，具有各不相同的激发极化性质和特点，观察它们的激发极化效应便能达到勘查这些目标并且区分它们的目的。

根据矿区的地质特征，该区主矿体为硫化矿，其中黄铁矿为主要的载金矿物之一，物性测试结果也显示硫化矿与围岩具有明显的激电差异，结合矿区的地形交通条件以及矿体的埋深位置，选择了时间域激电法进行激电测量试验，采用传统的激电中梯装置，MDE6700型发电机作为电源，WDFK-2型智能发射机供电，2.5mm² 多芯铜线作供电及测量导线，供电电极使用1.2m长的铁电极组，每组电极10～15根，电极垂直测线方向布置，电极间距大于1m，双极性脉冲方式供电，占空比1∶1，供电周期16s。供电电极距 $AB=1500m$。WDJS-1型数字直流激电仪观测，第一采样宽度40m，断电延时100s，迭加次数选用1次。测量段基本上在供电极距的0.8区间内；每组供电观测3条测线（主测线及两条旁测线）。在作极化率测量的同时，计算辅助参数电阻率值，未见电阻率按下式计算：

$$\rho_S = K \times \Delta V_1 / I$$
$$K = 2\pi / (1/AM - 1/AN - 1/BM + 1/BN)$$

其中，K 为装置系数，I 为供电电流，ΔV_1 为一次场电位。

从激电剖面图（图5-15a）可见，在V5矿体上方出现明显的极化率（F_s）异常，极值达25%，视电阻率（ρ_S）从西到东逐步降低，陡梯度带反映了含矿断层，矿体则表现为中低阻，说明该矿区岩石与金矿石中含有一定量的金属硫化物矿物，极化率（F_s）、视电阻率（ρ_S）具有一定差异，用激电中梯配合其他物探方法寻找金矿具有良好物性前提。

（4）瞬变电磁测量。

瞬变电磁法是近年来国内外发展得较快、地质效果较好的一种电磁勘探方法。它是利用不接地回线发射一次磁场，在一次磁场的间歇期间利用不同回线接收二次感应磁场，该二次磁场是由地下良导体受激励引起的涡流所产生的非稳磁场。其地球物理基础是地下半空间岩（矿）石电阻率的差异，根据电阻率的分布规律，结合地质推断出地质构造及可能含矿的地质体，本区各种岩性的电性结构显示，断层泥与围岩具有明显的电阻率差异，具备瞬变电磁的勘探前提。

瞬变电磁测量使用了加拿大 Geonics 公司生产的 PROTEM57 瞬变电磁仪，属电磁法类仪器中具世界先进水平的仪器，可以了解地下不同深度的电阻率的变化情况。采用中心回线装置，供电导线为4mm² 多芯铜线，在同点位分别用25Hz和6.25Hz频率供电，供电电流8～9A，供电电压24V，供电回线边长为100 m×100m，接收线圈为高频1D线圈。观测二次电位垂直分量，每点重复观测3次，记录观测点线号、供电电流、电压、频率、增益、积分时间、断电延时、记录号及地质情况等。

在0线上截取经过F6断层的一段测线进行瞬变电磁测量试验，采用25Hz和6.26Hz两种不同的供电频率分别进行测量，最终反演的电阻率断面图如图5-15b和图5-15c所示。从25Hz和6.25Hz工作频率相比较可见：由于受断电延时及测点下方电阻率变化的影响，瞬变电磁法浅部均存在盲区，25Hz工作频率的工作盲区约为30m，探测有效深度230～600m，6.25Hz工作频率的工作盲区约为100m，探测深度310～800m，说明6.25Hz工作频率在低阻屏蔽的地电条件下，其穿透能力大于25Hz工作频率，但浅部盲区较大，遵循已知到未知原则，为了更好地探索矿体与视电阻率之间的关系，由于矿体外围的地质情况不清，面积性工作可采用25Hz频率。

无论是25Hz还是6.25Hz，在距离200m至550m之间段内出现视电阻率小于160Ω·m的中低阻带，在其北东和南西侧均出现高阻区，而在含矿断层F6带上出现视电阻率小于16Ω·m的特低电阻率

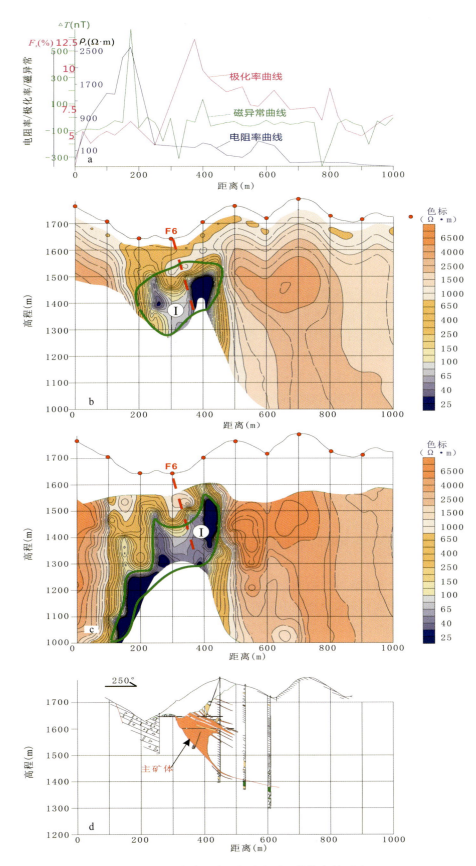

图 5-15 哀牢山南段长安金矿 0 线综合剖面图

a. 激电、磁测综合曲线图；b. 瞬变电磁（25Hz）电阻率断面图；c. 瞬变电磁（6.25Hz）电阻率断面图；d. 地质剖面图

异常带，瞬变（TEM）电阻率断面清晰地反映了容矿空间 F6 断裂破碎带的展布形态，说明在长安金矿及其外围，用瞬变电磁查找埋深 400~800m 以内断裂空间分布形态是有效的，可以为探矿工程的布置提供强有力的物探依据，达到间接指导找矿的目的。

(5) 大地电磁测深。

本次大地电磁测量试验有两个目的：一是在瞬变电磁测量成果的基础上，进一步加大探测深度，摸清控矿断层 F6 往深部延伸的空间形态；二是了解 F6 断层在平面上的展布以及矿体外围的地质情况，扩大测量范围。为此，分别布设了两条平行测线 0 线和 9 线，测线方位角为 250°，线距 500m，0 线长约 3km，9 线长约 7km，测线具体位置如图 5-13 所示。图 5-16 分别展示了 0 线和 9 线的大地电磁反演电阻率断面图，以及在研究矿区地质资料基础上推测的地质推断图。结合地质推断图和矿区的地质简图以及 0 线和 9 线的平面位置（图 5-13）进行对比分析可知，矿区北东部地质情况较为复杂，断层构造发育，且出露各类岩浆岩，说明本区构造活动强烈，大地电磁测深数据点在该区跳动也比较剧烈；矿区西南部岩石相对较完整，以中、上志留统康郎组灰质白云岩为主，大地电磁测深数据点在该区分布非常均匀且很密集。

大地电磁电阻率断面图及地质推断图上可以看出，0 线和 9 线对 F6 断层均有较好的反映，在地质图上标示 F6 断层位置处的下方均表现为明显的低阻异常区（图 5-16c、图 5-16d 中的Ⅰ区），结合本区的电性参数特征，推断这个低阻异常区即为 F6 断层造成的破碎带，从断面图中可以大致判断：F6 断层总体倾向北东，倾角较陡，中部近于直立；断距在 20~600m 之间，向下延伸至海拔约 -800m 处，距地表深度约 2000m 左右，V5 矿体主要赋存于破碎带中部靠近东边的砂泥质碎裂岩、砂泥质碎粒岩中，以上推断均与地表及钻探工程揭示的结果相吻合，浅部的推断结果与瞬变电磁的推断结果也对应良好，说明了本次试验的数据质量是可靠的。从整体上看，电阻率断面图上还发现了多处低阻地质体（图 5-16c、图 5-16d 中的Ⅱ~Ⅵ区），根据本区地质特征以及各类岩石的电性参数，我们推断了 F17~F21 五条断层，这些低阻地质体即为以上 5 条断层引起的破碎带所致，它们大多数也延伸至距地表 1500m 深处，且倾角较陡，断距在 50~700m 之间，整体形态与 F6 非常相似，其中 F17 断层在两条剖面上也均有明显的反映（图 5-16c、图 5-16d 中的Ⅱ区），通过两条测线在平面图上控制的断层位置判断，该断层属于北西向断裂，近似与 F6 平行，现场踏勘测量时还发现了数处民间采坑道，据此推断这些断层与 F6 断层很可能是同一时期相同地质事件造成的断层，具有很大的找矿前景。

3. 讨论

从上述试验成果来看，地面高精度磁测在本区效果不明显，虽然岩石本身具有磁性差异，且理论上构造活动会造成磁力线的扭曲变形或突变，但是前人的研究表明，长安金矿属于热液蚀变型金矿，其经过多期的岩浆热液叠加活动而形成，热液活动可以使赋矿岩石的磁性减弱甚至退磁。另外，区内出露的正长岩、辉绿岩、煌斑岩等中基性岩具有弱—中等磁性，但当风化后磁性减弱，灰岩无磁性，砂岩无或有微磁性。推断以上因素是造成地面高精度磁测效果不明显的主要原因。磁测剖面中跳动的微弱磁异常是否为正长岩、辉绿岩发育所致，有待进一步研究。

虽然此次试验激电异常与矿体位置对应良好，从长安矿区岩（矿）石电性特征分析，碳质粉砂岩、硅化粉砂岩均能产生明显的激电异常，具有与硫化金矿相似的电性特征，二者能产生相似的异常，是区内开展激电工作的最大地质干扰层。综合矿区的钻孔资料，深入研究后发现含碳质粉砂岩、硅化粉砂岩与硫化矿的分布之间无明显的规律可寻，但据现场考察，矿区的碳质砂岩是由 F6 破碎系统内的一些小的构造边部引起的构造碳化产生的，与金矿共生，对硫化金矿体的激电异常是起到了加强的作用，而不是干扰的作用。然而，激电中梯的勘探深度较浅，首先反映的是近地表的电场分布形态，浅地表的第四系及人工堆积物对测量成果影响较大，在应用过程中应实地观察地表地质情况，结合土壤化探异常进行综合分析，才能合理应用显示出其价值。

本次的磁法、激电、瞬变电磁试验工作是由云南黄金矿业集团有限公司 2010 年完成，并在对矿区地质、瞬变（TEM）、激电（IP）、磁测资料综合研究的基础上提出该矿区砂泥岩与灰岩的接触界面与含金矿破碎带不重合，含金矿破碎带近地表向北东倾，中部近于直立，深部微向西倾的观点，后经

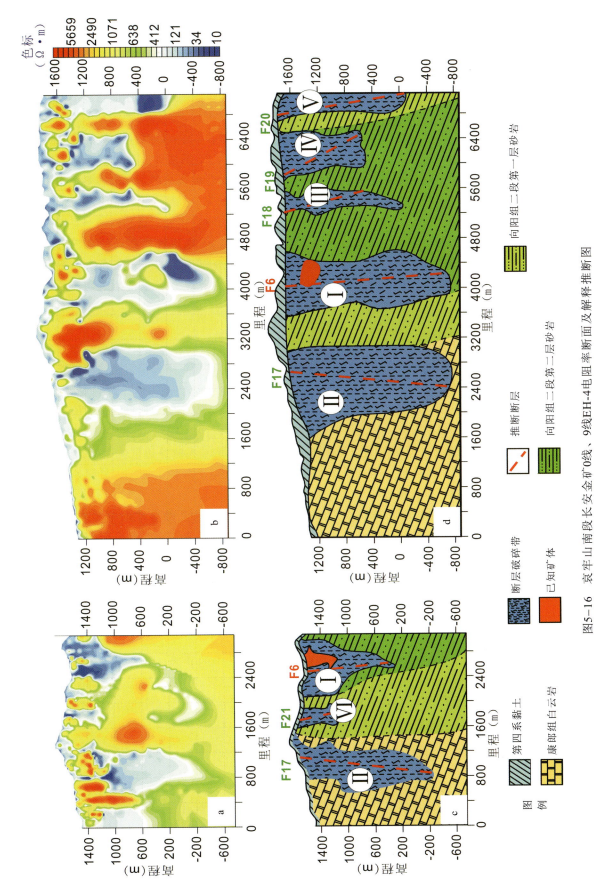

图5-16 哀牢山南段长安金矿0线、9线EH-4电阻率断面及解释推断图

a. 长安金矿0线电阻率断面图；b. 长安金矿9线电阻率断面图；c. 长安金矿0线地质推断图；d. 长安金矿9线地质推断图

ZK006、ZK007 钻孔验证了该观点，彻底改变了长安金矿区的勘探思路和找矿模式，并于 2010 年及 2011 年找矿工作中取得重要进展。据 2012 年的钻孔资料，部分专家认为距地表 600m 深部（海拔约 1350m）F6 断层破碎带已经基本圈闭，找矿已经圈边。但此次 EH-4 大地电磁试验成果显示 F6 断层破碎带一直延伸到距地表约 2000m 处，与前人研究的长安金矿物质来源于深部，矿区深部可能存在隐伏金矿体的观点相吻合（郭晓东等，2008），所以笔者认为，在相同地质背景条件下，长安金矿 V5 矿体埋深 600m 以下完全存在第二找矿空间的可能，值得进一步打深钻验证，这一观点也得到了相关地质专家的认可。

本次的研究成果也可为长安金矿往南 400m 处的银厂坡金矿（图 5-13）隐伏主体矿的勘查提供参考。云南黄金矿业集团有限公司通过 2010 年及 2011 年地质勘查认为 F6 断层并非完全沿白云岩和砂岩的界面分布，此断层具有上缓下陡的特征，对长安金矿的主矿体和银厂坡金矿的形成起着重要作用。目前银厂坡金矿只在浅部找到了氧化矿（红土型金矿），并已基本开采完，然深部一直没有发现硫化矿。其浅部的氧化矿从哪里来？深部是否还存在硫化主体矿？找矿潜力到底有多大？这些问题一直以来都存在比较大的争议。在 2013 年野外考察时，在银厂坡矿段也发现了与 F6 断层性质相同的具压扭性质的断层破碎带，且在平面上的延伸长度大于 200m，结合本次大地电磁的研究成果，地质专家推断银厂坡金矿与长安金矿 V5 矿体很可能是同属走向近南北的 F6 破碎带上的金矿体，如果推断成立，那么意味着银厂坡深部肯定存在原生金矿体，具有非常大的找矿潜力。

4. 小结

地面高精度磁测对该区矿体及断层的反映不明显，对区内出露的岩体磁异常也不明显，该方法在长安金矿地区找矿指示作用不大；通过大功率激电法取得的激电异常与矿体在平面位置上对应良好，如果深入研究各种地球物理参数特征，充分结合矿区地质及岩（矿）石的电性特征可以大致确定有用异常、划分含金破碎带的界限。激电试验所采取的技术参数符合该矿区实际，能较客观地反映金矿体，在该矿区激电（IP）方法是寻找金矿体的有效方法之一；瞬变电磁法则可较好地揭示矿区 F6 断层破碎带在浅部 400~800m 左右向下延伸情况，但是对于深部特别是在断层位置信号无法穿透下去；EH-4 大地电磁法的探测深度比瞬变电磁法要大，能完整地反映了 F6 断层破碎带向下延伸的情况，最深处距地表约为 2000m，但浅部的分辨率要比瞬变电磁相对低一些。

所以我们认为，在长安金矿下一步的深部及边部找矿过程中，包括银厂坡金矿的深部主体矿勘查，在综合研究地质背景的基础上，使用瞬变电磁法和 EH-4 大地电磁测深法结合探测控矿断裂的空间分布形态，大致确定容矿空间的位置是行之有效的，特别是对于第四系覆盖层加厚、断层地表特征不明显的情况，该方法组合效果更显著。在大致确定赋矿空间的前提下，可通过激电法进一步确定矿体在平面以及深部的展布形态，其结果可以用于指导钻孔的布设。

对于大地电磁法新发现的另外几条破碎带（图 5-16）中的 II~VI 区，这些破碎带无论是形态、延伸或是走向与 F6 断层破碎带的特征基本一致，很可能是同一时期、同一级次的构造运动所引起，具有很大的找矿前景，值得进一步开展工作进行验证。特别是图 5-16d 中的 II 区，该区之后野外做了两条剖面的激电工作，在该区中部偏西一侧，出现了明显的低阻高极化异常，且周边有很多民间采坑，很可能存在矿体，应予以高度重视；同时图 5-16d 中的 IV 区，与矿上之前根据 1∶1 万的 Au 化探异常推断的一条北西向断裂位置相吻合，也值得进一步开展详查工作。

（二）北衙金矿重磁场特征与综合找矿实例

北衙金矿整装勘查区在大地构造上隶属大理-宁蒗北东向构造带会合处，属于上扬子陆块的盐源-丽江中生代边缘凹陷带，为晚古生代及早中三叠世的前陆凹陷。该区位于西南三江富碱斑岩成矿带区域金沙江-红河富碱侵入岩带，是我国重要的铜（钼）、金（铅锌）成矿带。北衙铁金矿北自锅厂河，南至金沟坝-鸡鸣寺大沟，西起红泥塘，东到笔架山-黄坪坝子西侧边缘，面积 42km²。

经与区域地层对比，重新确定了矿区地层的时代，将原笼统的第四纪地层"Q"归为全新统"Qh"；原第三系渐新统"丽江组"上段（灰质角砾岩）划归为第四系更新统"Qp"，下段（含砾砂质黏土岩）划归为第四系更新统蛇山组；中三叠统北衙组地层时代不变；原下三叠统碎屑岩确定为下三叠统青天堡组；原二叠系玄武岩划分为上二叠统峨眉山组。矿区构造上位于近南北向鹤庆-松桂复式向斜南段，矿区构造与区域构造线方向一致，均呈近南北向展布。区内构造活动强烈，次级褶皱、断层以及节理（裂隙）发育，见图5-17。

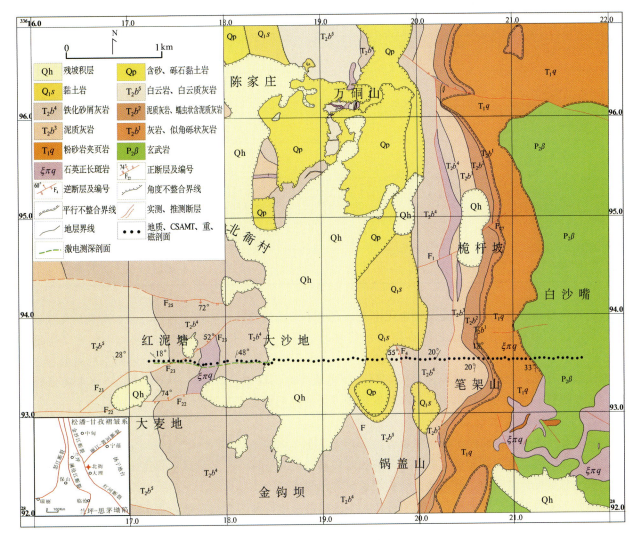

图5-17 北衙矿区地质图

本书介绍利用北衙金矿区地球物理特征、地面重力、磁测、电磁法实测资料，结合区域地质概况及其区内岩矿石出露情况，进行综合处理解释，对矿区矿产分布进行综合评价。

1. 研究区地球物理特征

北衙铁金矿区矿石的物性特征（表5-15）显示含金磁（褐）铁矿属强磁性体，灰岩、砂岩、石英正长斑岩属弱磁性体，风化红土、爆破角砾岩、玄武岩属中等磁性体。岩（矿）石有明显磁性差异，磁法工作探测目标含金磁（褐）铁矿具强磁性；红土、玄武岩具中等磁性，是本次磁法工作的主要干扰层。

磁（褐）铁矿属中阻高极化体，电阻率（ρ）平均值667Ω·m，常见变化范围19.6~3461.6Ω·m，充电率（M）平均值7.4%，常见变化范围0.4%~20.6%，电阻率的高低与褐铁矿化的强弱有关，褐铁矿化强者电阻率低，反之则电阻率高，充电率的高低与黄铁矿化的强弱有关，黄铁矿化强者充电率高，反之则充电率低。斑岩属低阻低极化体，电阻率（ρ）平均值84.3Ω·m，常见变化范围16.4~345.9Ω·m，充电率（M）平均值2.4%，常见变化范围0.3%~9.6%，电阻率的高低与长石的含量有

表 5-15 北衙铁金矿区岩矿石物性特征统计表

参数 岩(矿)石名称	电阻率 ρ ($\Omega \cdot m$)		k ($\times 4\pi \times 10^{-6}$ SI)		备注
	变化范围	平均值	变化范围	平均值	
磁（褐）铁矿	19.6~3048	542.3	2249~167 740	51 570	42 块
石英正长斑岩	15.3~345.9	86.4	721~988	841	18 块
灰岩	829~5264.7	2597.5	2~1183	364	35 块
爆破角砾岩	98.9~531.3	258.2	9~21 780	2835	27 块
构造角砾岩	305.4~1105.4	653.7	69~4780	3564	27 块
红土	39.9~246.6	147.3	651~9019	1.2	15 块
砂岩	794.4~5046.2	2711.7	弱磁	弱磁	24 块
玄武岩	60~83	69	1239~58 104	5147	18 块

关，长石含量高者电阻率低，反之则电阻率高，充电率的高低与黄铁矿化的强弱有关，黄铁矿化强者充电率高，反之则充电率低。灰岩属高阻低极化体，电阻率（ρ）平均值 2597.6$\Omega \cdot m$，常见变化范围 829.6~5264.7$\Omega \cdot m$，充电率（M）平均值 2.1%，常见变化范围 0.8%~4.6%，电阻率的高低与岩石的破碎程度有关，岩石破碎者电阻率低，反之则电阻率高。爆破角砾岩、玄武岩、红土属低阻低极化体。这些物性的差异为大地电磁法、高精度磁测方法的应用奠定了基础。

2. 重力异常基本特征

如图 5-18 所示，北衙矿区布格重力异常均为负值-（252~238）$\times 10^{-5}$ m/s^2，测区面积达 42km^2。由图可知，本区北部异常较低，南部异常则相对较高，由北往南，异常呈弧形梯度带分布，其中，万硐山位于中北部低异常带内，红泥塘及金钩坝位于异常梯度带上。

图 5-19 为本区三维地形图。由图可知，本区地形总体特征为西高东低，高 1550~2750m，高差达 1200m，其中部地势相对平坦，高 1800~2050m，图 5-18 中低异常带主要位于该带。

3. 磁力异常基本特征

本区开展的磁测工作主要有 1∶20 000 磁法测量，并对重点区域进行加密，施行 1∶10 000 的磁法测量，测区总面积达 23.08km^2。图 5-20 为本区 ΔT 异常平面图。由图可知，本区异常呈南北向拉伸分布，异常大小为-1800~3400nT，由南向北，分布 8 处强磁异常区，见图中 M1—M8 编号，其中，M3 异常规模最大，M2 异常不完整。

图 5-21 为本区 ΔT 异常化极结果。由图可知，化极后异常整体北移，M3 异常被分离为多个独立的异常，M2、M5、M6 异常分界不明显，且规模扩大。

4. 重磁资料综合处理

图 5-22 分别为布格重力异常上延 100m、1000m 的结果。由图可知，布格重力异常上延 100m 与上延 1000m 异常特征变化不大，仅东南角局部异常范围缩小或消失。可见，该异常受深部因素影响较大。

利用趋势分析法分离该布格重力异常，得到分离后的异常见图 5-23，其中，图 5-23a 为局部异常，图 5-23b 为区域异常。可见，局部异常呈现负异常被正异常包围特征，且红泥塘南—金钩坝北存在一定规模的正异常，北衙也存在较大规模的正异常，锅盖山东到铁矿塘一线断续出现正异常，异常走

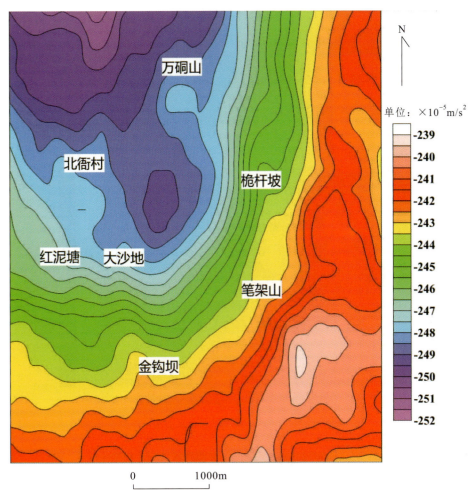

图 5-18 北衙矿区布格重力异常图

图 5-19 北衙矿区三维地形图

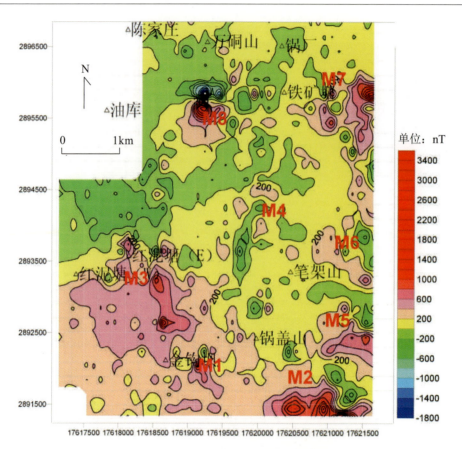

图 5-20　北衙矿区 ΔT 异常平面图

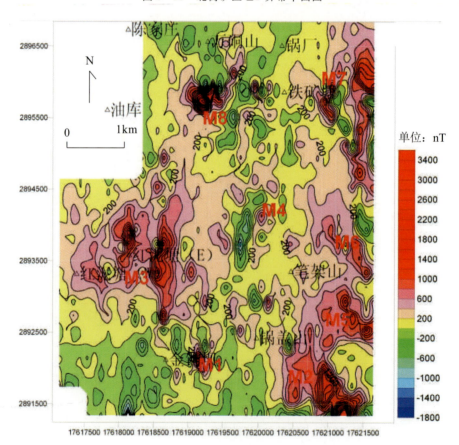

图 5-21　北衙矿区 ΔT 异常化极平面图

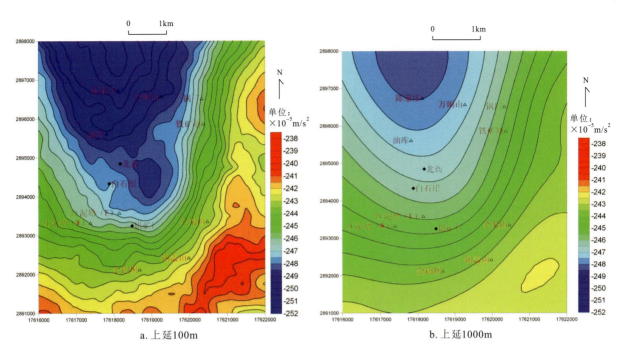

图 5-22 布格重力异常上延图

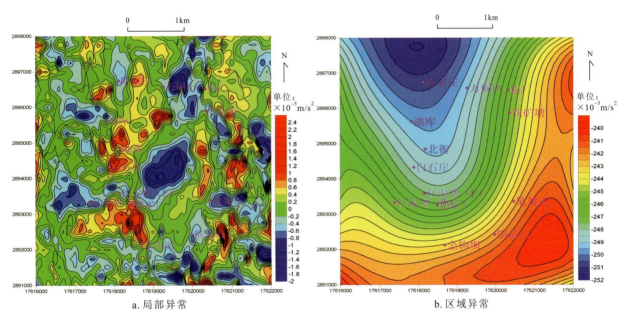

图 5-23 布格重力异常分离图

向近南北向。区内负异常基本上被这些南北向和东西向异常分隔开。

G1异常东西走向，该处出露地层主要是丽江组灰岩质角砾岩及第四系浮土、残坡积层，其北部为F21断裂，沿断裂见煌斑岩脉，异常南侧为F5断裂。推测为断裂破碎，斑岩体倾入所致。G2南北走向分布T_2b^3、T_2b^2、T_2b^1及T_1地层，异常处于F21、F1、F3交会部位，沿断裂有煌斑岩脉、褐铁矿脉出露，推测为低密度的斑岩体的反映。

利用趋势分析法处理化极后的ΔT异常，得到局部异常与区域异常见图5-24。由图5-24a可知，本区区域异常呈东高西低的特征，南部M1、M3处于负异常带内，M2、M5、M6位于强正异常带内，M4、M7异常较为平缓，M8异常位于梯度带上。图5-24b局部异常特征显示，本区异常可分为东、西两个条带，且东部异常条带较西部连续。根据异常分析，以200nT异常为界线，提取局部异常形态及位置见图 5-25 中的异常 M。

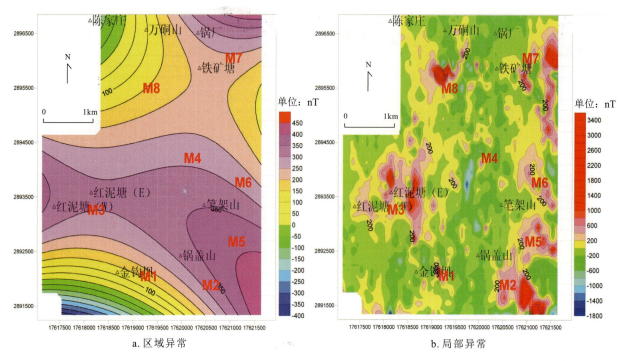

a. 区域异常　　　　　　　　　b. 局部异常

图 5-24　磁测 ΔT 异常分离图

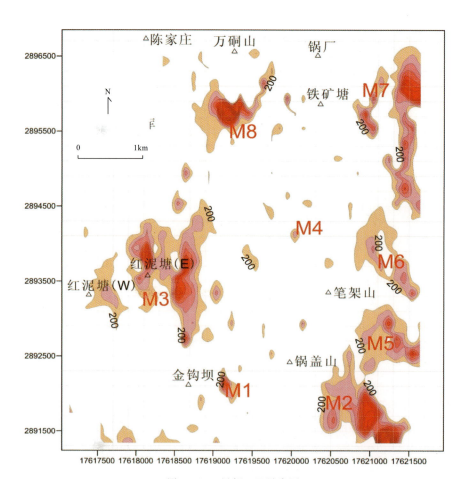

图 5-25　局部 ΔT 异常图

5. 综合剖面勘查方法实验

为了验证选择方法的有效性，我们选择穿越 M8 磁异常布置了一条大地电磁测深（EH-4）剖面（该剖面正是北衙金矿已知主矿段万硐山矿段 48 号勘探线），进行综合实验，点距 50m。从大地电磁测深（EH-4）卡尼亚电阻率 ρ_τ 断面等值线图（图 5-26）可以清晰地看到，地层与石英正长斑岩体之间卡尼亚电阻率（ρ_τ）有明显的差异，灰岩段为高阻异常，古近系—新近系、第四系为低阻异常。从 48 线大地电磁测深（EH-4）成果来看，万硐山矿段深部有大范围石英正长斑岩体侵入，三叠系（碳酸盐岩）被切割成为捕虏体被岩体包裹，岩体侵入的部位主要在构造破碎带。含金磁（褐）铁矿体产于高、低阻过渡带（中阻异常区），即石英正长斑岩体与三叠系（碳酸盐岩）接触带或接触带附近。

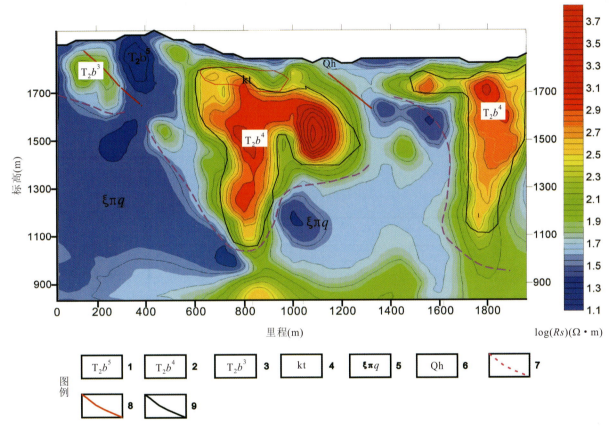

图 5-26 48 线 EH-4 大地电磁二维反演断面图

1. 白云质灰岩；2. 铁化砂屑灰岩；3. 蠕虫状含泥质灰岩；4. 矿体；5. 石英正长斑岩；6. 岩体界线；7. 推测断层；8. 灰岩界线

在该剖面上又开展了 1:5000 高精度磁测（图 5-27），磁法勘查在已知矿体上有高达 2000 多纳特的磁异常（ΔT），异常带宽 450m，ΔT 极大值 2256nT；异常梯度西小、东大，以正异常为主，东部出现较小的负异常。人机二度半反演计算磁参数：有效磁化强度 $5000 \times 10^{-3} \sim 10\,000 \times 10^{-3}$ A/m，有效磁化倾角 90°。计算结果，推测磁性体与主矿体一致。

与已知勘探剖面的对比表明，此成果基本符合当地的地质、矿产特征。表明了该方法组合的有效性，同时两种方法在多方面的相互验证，也增加了成果解释的可信度。

6. 矿区外围应用实例

根据 48 勘探线实验成果，对红泥塘 M3 磁异常进行分析，穿越该异常布置了一条综合剖面（图 5-28 中红线），开展 1:5000 高精度磁测以及大地电磁测深（EH-4），点距 50m。二维反演结果显示电阻率西低东高，等值线形态似条带状或块状分布，可见向斜构造。剖面左端即地理位置西侧，里程 0~1.2km，对应高程 1.9km 以上，电阻率属于中阻分布范围在 300~800Ω·m，呈条带状分布，其下部则显示为大块低阻分布范围在 100Ω·m 以下，中部一椭圆中低阻（150~200Ω·m）穿插于内，推测此处

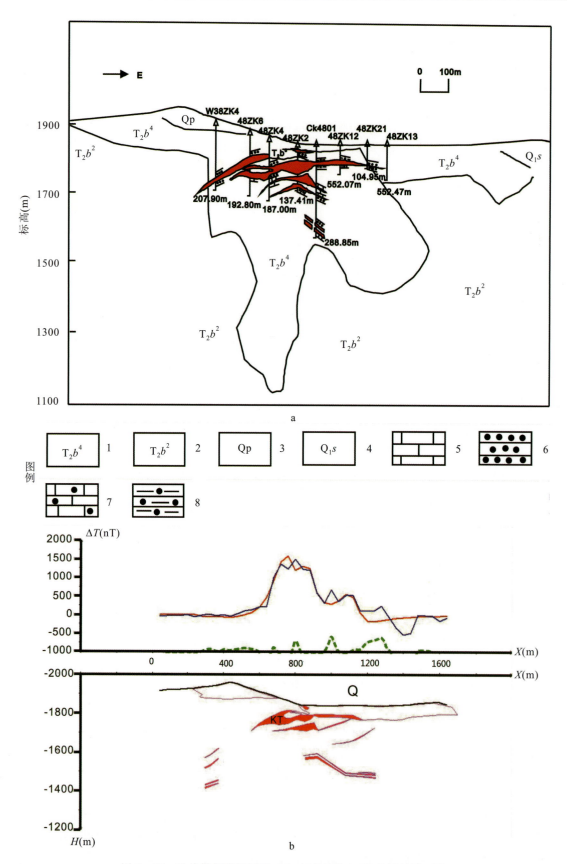

图 5-27 48 线勘探线剖面图（a）与磁异常 2.5D 反演结果（b）
1. 铁化砂屑灰岩；2. 蠕虫状含泥质灰岩；3. 砾石黏土岩；4. 细砂岩；5. 铁化砂屑灰岩；6. 蠕虫状含泥质灰岩；7. 泥质细晶灰岩夹薄层状泥质条带灰岩；8. 灰白色石英正长斑岩

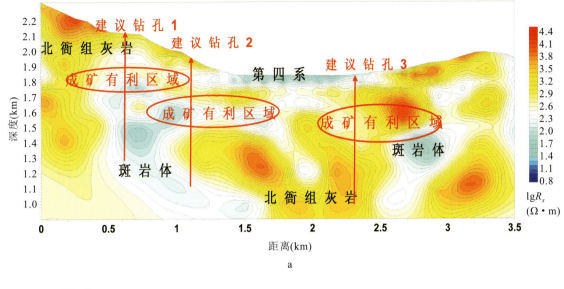

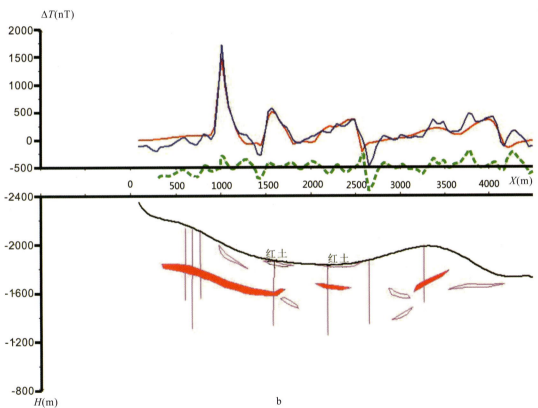

图 5-28 55 线 EH-4 大地电磁二维反演断面图（a）与磁异常 2.5D 反演结果（b）

由北衙组灰岩或斑岩体所引起的异常。里程 1.2～2.4km 段，地表电阻率为低阻被第四系泥土层覆盖，下部则反映为整块的高阻异常体，为北衙组灰岩所致，将该异常体分为上、下两部分，高程 1.6～1.8km 为上部，高阻体异常基本呈条带状，阻值分布在 350～1000Ω·m，高程 1.6km 以下则是连续性较好、扭曲的带状高阻异常体，电阻率 400～3500Ω·m，上部高阻体与下部高阻体中间还零星包着小椭圆型的中、低阻异常体，推测由围岩较强的挤压所引起的破碎带。里程 2.4～3.4km 段，地表电阻率显示高阻，实地测量该处灰岩出露，中下部有一宽约 200m"＜"形中、低阻异常带，推断为断层所引起的（含水）破碎带。根据已知勘探剖面 48 线的实验成果，认为矿体产出在高低阻过渡带附近，也就是斑岩体与北衙组灰岩的内外接触带附近，因此推断了 3 个成矿有利区域，见图 5-28。

另外,该剖面上1:5000高精度磁测显示在大地电磁推断成矿有利区域有高达2000多纳特的磁异常(ΔT),异常带宽300m左右。通过大地电磁和高精度磁测成果,对照地质资料,在该剖面上建议了三个钻孔,后经工程验证,在1号建议钻孔下180.7m深度处遇26.2m厚的矿体;2号建议钻孔下在251m深度处遇约15.2m厚的矿体;具体矿体模型见55号勘探线剖面(图5-29)。

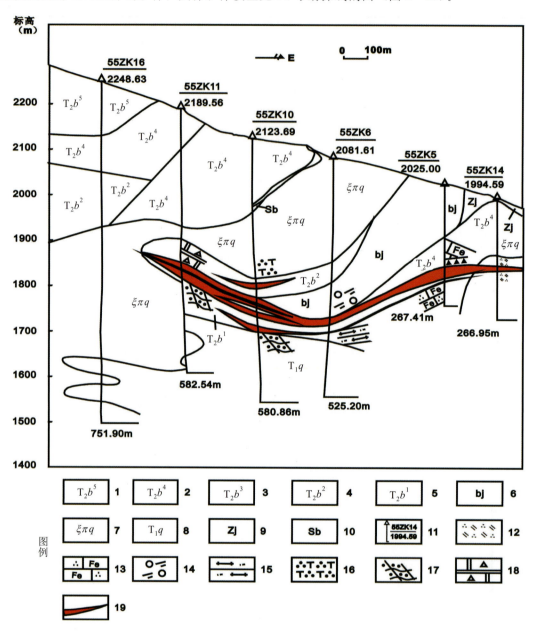

图5-29 55线勘探线剖面图

1.白云质灰岩;2.铁化砂屑灰岩;3.蠕虫状含泥质灰岩;4.泥质细晶灰岩夹薄层状泥质条带灰岩;5.似角砾状灰岩夹长石砂岩;6.隐爆角砾岩;7.灰白色石英正长斑岩;8.砂岩;9.震碎角砾岩;10.角砾岩;11.钻孔编号及井深;12.石英二长斑岩;13.铁化砂屑灰岩;14.构造角砾岩;15.含砂砾黏土岩;16.石英正长斑岩;17.砂砾岩;18.角砾状大理化灰岩;19.矿体

7. 重磁对应分析及其找矿远景区分析

根据区内物性资料可知,区内地层密度由新到老,密度逐渐增高;区内广泛分布中三叠统北衙组碳酸盐岩类,密度较稳定,综合密度为 $2.69 \times 10^3 \text{kg/m}^3$;第三系丽江组密度差异较大,砾岩的密度为 $2.57 \times 10^3 \text{kg/m}^3$,黏土岩的密度为 $2.07 \times 10^3 \text{kg/m}^3$,之间有 $0.5 \times 10^3 \text{kg/m}^3$ 的密度差异;下三叠统青天堡组的粉砂岩密度较高,为 $2.78 \times 10^3 \text{kg/m}^3$,比以往测定的粉砂岩密度明显要高,工作使用时要特别注意；石英正长斑岩除第四系和第三系的黏土岩外，为密度最低，金、褐磁铁矿密度较高。

含金磁（褐）铁矿属强磁性体，灰岩、砂岩、石英正长斑岩属弱磁性体，风化红土、爆破角砾岩、玄武岩具有中等磁性体。岩矿石有明显磁性差异，磁法工作探测目标含金磁（褐）铁矿具强磁性；红土、玄武岩具中等磁性，是本次磁法工作的主要干扰层。

因此，在该区域划分铁金矿找矿靶区，通过地面高精度磁测，寻找高磁异常，通过重力测量寻找高重异常，高磁高重重叠区域铁金矿成矿潜力较大。另石英正长斑岩除第四系和第三系的黏土岩外，为密度最低，成为主要干扰因素。推测北衙矿区高磁高重重叠区域铁金矿成矿潜力较大，单是高磁区域成矿潜力次之，低磁低重区域成矿潜力较小。

结合上述重磁资料的处理与分析，将重、磁局部异常进行综合分析与对比，找出同源性，如图5-30所示，其中，图中填充色块为局部磁异常，红色和蓝色线条为局部重力异常。其中M8→G17异常，为高磁高重，近东西向，推测铁金矿找矿靶区，目前正是北衙金矿万硐山露天开采区，矿种主要为金、

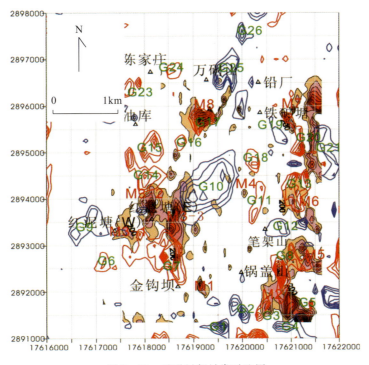

图5-30 重磁局部异常对比图

磁铁矿、褐铁矿；M2→G3、G4、G5异常，M2南北走向，G3北东走向，G4东西走向，G5南北走向，在ΔT化极平面图表现为磁异常南强北弱，由于磁测范围有限，异常不完整，造成异常中心位于测区南端，异常与3个局部重力异常位置重合，其中，G3、G5重力异常为正，G4为负，向上延拓100m时，3个局部重力异常范围扩大，说明其深部仍有一定延伸，异常G3位于玄武岩与灰岩接触部位。根据磁异常特征推测该异常由密度和磁性均相对较大的地层引起。M3→G7异常南北走向，局部强磁高重异常，异常南北宽、东西窄，分布T_2b^5、T_2b^4地层，出露的正长斑岩体，伴随有震碎角砾岩和隐爆角砾岩、褐铁矿脉的产出，沿断层走向有煌斑岩脉析出，该异常类似万硐山M8→G17异常，推测该异常与金、褐磁铁矿有关，推测铁金矿找矿远景靶区；M5→G8近南北走向，该位置对应的磁异常及重力异常规模均较大，其中，原始磁异常中M5异常规模较小，化极后规模增大，与局部重力异常G8对应性较好，分布T_1l和P_2地层。推测该处异常由密度和磁性相对均较大的地层引起。M7→G20、G21南北走向该异常区主要出露三叠系砾屑铁质灰岩，第四系，二叠系粉砂质泥岩、泥质粉砂岩，二叠系玄武岩。推测G21为褐磁铁矿引起，G22则主要为基底构造的反映。M6→G12、G13近南北走向M6南部与局部低重力异常G12对应，而中部和北部与局部高重力异常G13对应。异常主体部分出露T_1l、P_2及T_2b^4地层。推测该处高磁高重异常为磁性和密度都相对较高的地层所致，而高磁低重则可能与第四

系出露有关。另 M1 高磁异常位于红泥塘以南金钩坝异常，该高磁异常区域未见高重异常，可能是由磁铁矿引起，划分为铁矿成矿远景靶区，见图 5-30、图 5-31。

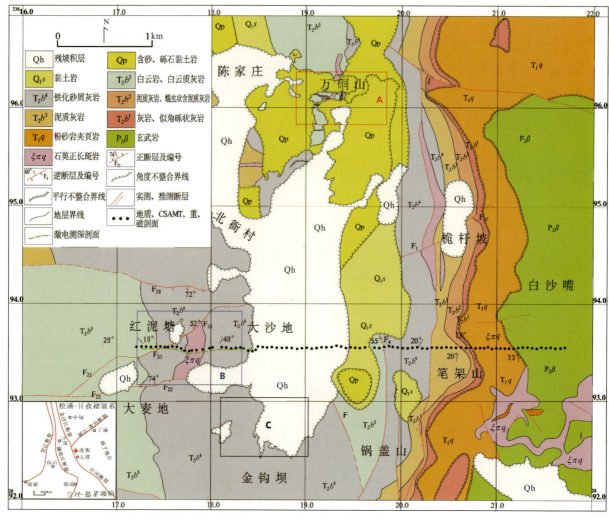

A.铁、金矿成矿区(已露天开采)　　B.铁、金矿成矿远景区　　C.铁矿成矿远景区

图 5-31　北衙矿区成矿远景区

8. 结　论

对重力异常、磁异常做了分析与探讨，利用位场数据处理的方法，对北衙金矿的重磁资料进行了综合处理和解释，结合研究区地质资料，对地质体重磁同源性进行分析，对比正在开采矿山的异常特性，推测北衙矿区高磁高重叠加区域铁金矿成矿潜力较大，单是高磁区域成矿潜力次之，低磁低重区域成矿潜力较小。

在北衙铁金矿地区，利用地面高精度磁测可大致圈定矿体、岩体范围，识别大的构造，但无法识别矿体具体的空间展布，垂向分辨率不足，利用大地电磁方法可有效探测深部有利的控矿地段、矿体的空间位置。大地电磁、高精度磁测两种方法的优势互补，可较好地解决北衙铁金矿地区深部探测的相关找矿地质问题，为矿区外围勘查提供了有力手段。

这几处圈定的找矿靶区将对下一步的探矿和生产起到指导作用。

主要参考文献

陈虹. 扬子地块周缘中生代构造变形与演化[D]. 北京:中国地质科学院,2010.
陈元坤,杨功,计克谦,等. 云南省磁性矿床预测资源量复核报告[R]. 昆明:云南省地质调查院物化探所,2013.
陈元坤,杨功,计克谦,等. 云南省矿产资源潜力评价磁测资料应用综合研究报告[R]. 昆明:云南省地质调查院物化探所,2013.
陈元坤,杨功,计克谦,等. 云南省矿产资源潜力评价重力资料应用研究报告[R]. 昆明:云南省地质调查院,2013.
程军,谭德军,阚泽忠,等. 重庆市矿产资源潜力评价磁测资料应用综合研究报告[R]. 重庆:重庆市地质矿产研究院,2013.
程军,谭德军,阚泽忠,等. 重庆市矿产资源潜力评价重力资料应用研究报告[R]. 成都:四川省地质调查院,2013.
程裕淇. 中国区域地质概论[M]. 北京:地质出版社,1994.
范小平,胡先才,惠广领,等. 西藏自治区矿产资源潜力评价磁测资料应用综合研究报告[R]. 拉萨:西藏自治区地质调查院,2013.
范小平,胡先才,惠广领,等. 西藏自治区矿产资源潜力评价重力资料应用研究报告[R]. 拉萨:西藏自治区地质调查院,2013.
范正国,黄旭钊,熊盛青,等. 磁测资料应用技术要求[M]. 北京:地质出版社,2009.
付修根. 北羌塘中生代沉积盆地演化及油气地质意义[D]. 北京:中国地质科学院,2008.
高建国,王峰,罗大峰. 川滇黔接壤区构造格局对铅锌矿床的控制规律分析[J]. 矿物学报,2011,S1:196-197.
耿涛,刘宽厚. 青藏高原1:100万区域重力研究报告[R]. 西安:陕西省地质矿产勘查开发局第二综合物探大队,2008.
胡平,方慧,钟清. 青藏高原油气资源战略调查与评价中的非地震方法技术[M]. 北京:地质出版社,2012.
胡肇荣. 扬子与华夏地块拼接时代的再研究[J]. 东华理工大学学报(自然科学版),2010,33(2):139-143.
雷永良,李本亮,陈竹新,等. 2010. 上扬子板块西部边界地区构造演化[M]. 北京:石油工业出版社.
李才明,范小平,赵敏. 西藏自治区磁性矿床预测资源量复核报告[R]. 拉萨:西藏自治区地质调查院,2013.
李华,王永华,张星培. 哀牢山南段长安金矿地质特征及找矿方法研究[J]. 地质学报,2015,85(6):1085-1098.
李明雄,杨荣,文辉,等. 四川省矿产资源潜力评价磁测资料应用综合研究报告[R]. 成都:四川省地质调查院,2013.
李明雄,杨荣,文辉,等. 四川省矿产资源潜力评价重力资料应用研究报告[R]. 成都:四川地质调查院,2013.
李志,赵炳坤,杨亚斌,等. 青藏高原构造及邻区重力系列图及说明书[M]. 北京:地质出版社,2013.
刘才泽,张启明,秦建华,等. 区域成矿规律及矿产预测成果报告[R]. 成都:中国地质调查局成都地质调查中心,2013.
刘成英,朱日祥. 试论峨眉山玄武岩的地球动力学含义[J]. 地学前缘,2009,16(2):52-69.
刘应平,李明雄,文辉,等. 四川省磁性矿床预测资源量复核报告[R]. 成都:四川省地质调查院,2013.
骆佳骥,崔效锋,胡幸平,等. 川滇地区活动块体划分与现代构造应力场分区研究综述[J]. 地震研究,2012,35(3):309-317.
牟传龙,葛祥英,许效松,等. 中上扬子地区晚奥陶世岩相古地理及其油气地质意义[J]. 古地理学报,2014,16(4):427-439.
潘桂棠,李兴振,王立全,等. 青藏高原及邻区大地构造单元初步划分[J]. 地质通报,2002,21(11):701-707.
潘桂棠,王立全,张万平,等. 青藏高原构造及邻区大地构造图及说明书[M]. 北京:地质出版社,2013.
潘桂棠,王立全,张万平.《青藏高原及邻区地质图》(1:150万)[M]. 成都:成都地质矿产研究所,2010.
潘桂棠,肖庆辉,陆松年,等. 中国大地构造单元划分[J]. 中国地质,2009,36(1):1-29.
潘桂棠,朱弟成,王立全,等. 班公湖-怒江缝合带作为冈瓦纳大陆北界的地质地球物理证据[J]. 地学前缘,2004,11(4):371-382.
潘杏南,赵济湘,张选阳,等. 西昌-滇中地区地质矿产科研丛书之——康滇构造与裂谷作用[M]. 重庆:重庆出版社,1986.
沈苏,等. 西昌-滇中地区主要矿产成矿规律及找矿方向[M]. 重庆:重庆出版社,1987.
史仁灯,郝艳丽,黄启帅. Re-Os同位素对峨眉山大火成岩省成因制约的探讨[J]. 岩石学报,2008,24(11):2515-2523.

孙文珂,黄崇轲,丁鹏飞,等. 重点成矿区带的区域构造与成矿构造文集[M]. 北京:地质出版社,2001.

汤子余. 西藏地区措勤和比如盆地构造、油气遥感综合解译[D]. 长沙:中南大学,2010

唐文清,刘宇平,陈智梁. 青藏高原东部及邻区地块现今运动特征[J]. 成都理工大学学报(自然科学版),2008,35(1):81-86.

王宝禄,李本茂,王绍明,等. 扬子陆块西南缘地球物理(化学)关于金矿等区域成矿规律探讨[J]. 云南大学学报(自然科学版),2012,34(S2):115-124.

王宝禄,李丽辉,曾普胜. 川滇黔菱形地块地球物理基本特征及其与内生成矿作用的关系[J]. 东华理工学院学报,2004,27(4):301-308.

王德华,王乃东,张永军,等. 青藏高原构造及邻区航磁系列图及说明书[M]. 北京:地质出版社,2013.

王谦身,腾吉文,安玉林,等. 三江成矿带的地球物理场与深部结构及其对成矿作用的制约[J]. 矿床地质,2004,23(增):1-12.

王晓刚,黎荣,蔡俐鹏,等. 川滇黔峨眉山玄武岩铜矿成矿地质特征、成矿条件及找矿远景[J]. 地质学报,2010,30(6):174-182.

王永华,曾琴琴. 区域地球物理调查成果集成与方法技术研究阶段报告[R]. 成都:成都地质调查中心,2014.

熊盛青,丁燕云,李占奎. 西藏及西南三江深断裂构造格局新认识[J]. 地球物理学报,2014,57(12):4097-4109.

熊盛青,丁燕云,李占奎. 西藏羌塘盆地的重磁场特征及地质意义[J]. 石油地球物理勘探,2013,48(6):999-1009.

熊盛青,丁燕云,李占奎. 中国陆域磁性基底深度及其特征[J]. 地球物理学报,2014,57(12):3981-3993.

熊盛青,周伏洪,姚正煦,等. 青藏高原中西部航磁调查[M]. 北京:地质出版社,2001.

熊熊,许厚泽,腾吉文. 青藏高原物质东流的岩石层力学背景探讨[J]. 地壳形变与地震,2001,21(2).

胥颐,刘建华,刘福田,等. 哀牢山-红河断裂带及其邻区的地壳上地幔结构[J]. 中国科学(D辑),2003,33(12):1201-1209.

徐元芳,Barraclough D R,Kerridge D J. 地壳磁化强度模型和居里等温面[J]. 地球物理学报,1997,40(4):481-486.

徐志刚,陈毓川,王登红,等. 全项目系列丛书——中国重要矿产和区域成矿中国成矿区带划分方案[M]. 北京:地质出版社,2008.

杨逢清,殷鸿福,杨恒书,等. 松潘甘孜地块与秦岭褶皱带、扬子地台的关系及其发展史[J]. 地质学报,1994,68(3):208-218.

杨剑,王绪本,王永华,等. 电、磁综合方法在云南北衙铁金矿勘查中的应用[J]. 中国地质,2014,41(2):602-610.

杨剑,王绪本,曾琴琴,等. 北衙金矿重磁场特征与综合找矿评价[J]. 地球物理学进展,2014,29(4):1856-1862.

杨兴科. 藏北羌塘地热力构造作用特征及其演化[D]. 西安:西北大学,2003.

姚炼,朱大友,范祥发,等. 贵州省矿产资源潜力评价磁测资料应用综合研究报告[R]. 贵阳:贵州省地质调查院,2013.

尹福光,孙洁,任飞,等. 西南地区成矿地质背景专题报告[R]. 成都:成都地质调查中心,2013.

尹福光,孙洁,任飞,等. 西南地区大地构造图说明书[R]. 成都:成都地质调查中心,2013.

张明华,乔计花,刘宽厚,等. 重力资料解释应用技术要求[M]. 北京:地质出版社,2009.

张清志,刘宇平,陈智梁,等. 红河断裂带的GPS观测数据反演[J]. 地球物理学进展,2007,22(2):418-421.

张文甫. 川滇毗邻地区新构造运动与活动断裂[J]. 四川地震,1994,5(4):34-41.

张燕,程顺有,赵炳坤,等. 青藏高原构造结构特点:新重力异常成果的启示[J]. 地球物理学报,2013,56(4):1369-1380.

张志斌,李朝阳,涂光炽,等. 川滇黔接坑壤地区铅锌矿床产出的大地构造演化背景及成矿作用[J]. 大地构造与成矿学,2006,30(3):343-352.

郑建中. 攀西裂谷带的地震活动和应力场的基本特征[M]. 北京:地质出版社,1988.

周名魁,刘俨然. 西昌-滇中地区地质构造特征及地史演化[M]. 重庆:重庆出版社,1988.

朱成男,任允文. 从重力异常看三江地区的地壳构造轮廓[J]. 云南地质,1983,2(3):227-235.

朱大友,姚炼,范祥发,等. 贵州省矿产资源潜力评价重力资料应用研究报告[R]. 贵阳:贵州省地质调查院,2013.

Briais A,Patrat P,Tapponnier P. Updated interpretation of magnetic anomalies and seafloor spreading stages in the South China Sea:Implication for the Teriary tectonics of SE Asia[J]. Geophys Res,1993,98(B4):6299-6328.

Harrison T M,Chen W,Lepoup P H,et al. An early Miocene transition in deformation regime on the Red River fault zone,Yunnan,and its implication to Indo-Asia tectonics[J]. Geophys Res,1992,97(B5):7159-7182.